水电站系统动力稳定性

主　编　陈帝伊　王　斌
副主编　许贝贝　张　浩

中国水利水电出版社
www.waterpub.com.cn
·北京·

内 容 提 要

本书介绍了水电站在电网系统中功能角色变化背景下，水力发电系统的建模理论和控制技术。内容主要包括：PSS环节对水力发电系统分岔特性的影响分析；水轮机调节系统瞬态动力学建模与稳定性分析；考虑轴系耦合的水轮机调节系统甩负荷特性分析；水轮机调节系统的鲁棒终端滑模控制；水轮机调节系统的有限时间模糊控制稳定性；工程案例分析。

本书可作为水利工程专业的研究生教材，也可供其他相关专业和从事水电站系统设备研究、设计、制造、安装调试与运行的技术人员参考。

图书在版编目（CIP）数据

水电站系统动力稳定性 / 陈帝伊，王斌主编. -- 北京 : 中国水利水电出版社，2022.9
ISBN 978-7-5226-0897-6

Ⅰ. ①水… Ⅱ. ①陈… ②王… Ⅲ. ①水力发电站—动力稳定性 Ⅳ. ①TV7

中国版本图书馆CIP数据核字(2022)第141186号

书　名	水电站系统动力稳定性 SHUIDIANZHAN XITONG DONGLI WENDINGXING
作　者	主　编　陈帝伊　王　斌 副主编　许贝贝　张　浩
出版发行	中国水利水电出版社 （北京市海淀区玉渊潭南路1号D座　100038） 网址：www.waterpub.com.cn E-mail：sales@mwr.gov.cn 电话：（010）68545888（营销中心）
经　售	北京科水图书销售有限公司 电话：（010）68545874、63202643 全国各地新华书店和相关出版物销售网点
排　版	中国水利水电出版社微机排版中心
印　刷	清淞永业（天津）印刷有限公司
规　格	184mm×260mm　16开本　11.75印张　286千字
版　次	2022年9月第1版　2022年9月第1次印刷
印　数	0001—1000册
定　价	**49.00**元

序

水电站系统动力稳定性是一个新兴、交叉学科领域，其对应课程是高等院校水利类专业的一门非常重要的专业课。长期以来，国内外一直缺乏该领域的专门教材，难以满足课程教学的要求和培养现代水利科技人才的需要。因此，进行《水电站系统动力稳定性》教材建设，对于促进水利类研究生教育具有非常重要的意义。西北农林科技大学长期工作在教学科研第一线的专家教授，依托其在该领域的丰富教学科研经验，以及对该领域发展现状和趋势的准确把握，结合不同类型高校的教学需求，编写了该教材。

该教材通过对本领域前沿研究工作的梳理，系统反映了科学技术发展的最新内容，注重教育规律和学生认知规律，并在强调系统性和前沿性的同时，增加立体感与趣味性。纵观全书，有以下几个突出特点：

（1）符合教育规律与学生认知规律。在教材编写中，适时将哲学基本观点贯穿其中，引导学生用哲学思想看待事物、解决问题。教材在每一小节最后都引入思考环节，引导学生从多角度、多层次辩证性思考和解决问题。

（2）教材内容新颖，并与教育新方法、新技术有机结合。教材内容反映了该前沿交叉领域科学技术发展的最新成果。教材呈现形式上，每章都以二维码的形式附有一定的程序，供读者参考。增加学生学习兴趣，拓宽学生知识层面。

（3）基于问题驱动，引入丰富水利工程案例，培养学生科学思考和系统思维。在最后一章专门引入丰富的水电站系统稳定性案例，并通过问题驱动和总结反思章节，培养学生解决复杂工程问题能力。

该教材适应时代的需要，及时反映该前沿交叉领域科学技术发展的最新内容以及产业和社会经济发展的最新要求。相信这部精心策划、精心编审、精心出版的教材会成为精品教材，能够得到各院校的认可，对于新时期高等学校水利类教学改革和教材建设起到积极的推动作用。

中国工程院院士

2022 年 5 月 27 日

前　言

截至2020年9月底，我国可再生能源发电装机容量达到8.37亿kW。其中，水电装机容量3.65亿kW，居世界第一，预计2025年全国水电装机容量达到4.7亿kW。全球单机容量70万kW以上的水轮发电机组，超过一半在中国。如此巨大的水力发电系统，对其精确建模和开发先进的控制策略，对于保证其安全稳定运行显得尤为重要。为了提高我国水电站自动化水平，培养水电站运行管理方面的专门人才，编写了本书。

本书共分6章，系统地介绍了水电站系统动力稳定性。第1章PSS环节对水力发电系统分岔特性的影响分析，阐述了水力发电系统模型和模型参数不确定性分析；第2章水轮机调节系统瞬态动力学建模与稳定性分析，介绍了多时间尺度和多频率尺度耦合水轮机调节系统动力学模型及其稳定性；第3章考虑轴系耦合的水轮机调节系统甩负荷特性分析，介绍了水轮机调节系统瞬态建模与动力学分析、水轮机调节系统与轴系系统瞬态耦合建模等；第4章水轮机调节系统的鲁棒终端滑模控制，介绍了水轮机调节系统的滑模控制及分数阶水轮机调节系统的控制；第5章水轮机调节系统的有限时间模糊控制稳定性，介绍了水轮机调节系统的有限时间模糊控制；第6章介绍了2个实际工程案例。

本书由陈帝伊、王斌任主编，许贝贝、张浩任副主编。陈帝伊编写第1章，张浩编写第2章和第3章，王斌编写第4章到第5章，许贝贝编写第6章。

由于编者水平和精力有限，书中难免有不妥之处和错误，恳切希望广大读者批评指正。

编者

2022年5月

目 录

第1章 PSS环节对水力发电系统分岔特性的影响分析

1.1 引　　言

水力发电机组系统是一个多参数高维复杂系统，各子系统间强耦合作用使其在运行过程中出现分岔、混沌等复杂的非线性动力学现象。已有的相关研究表明，参数变化引起的分岔现象导致系统结构稳定性突变，从而诱发水力发电机组产生振荡、电压崩溃等现象，置水电站安全稳定运行于潜在危险之中，严重者甚至造成重大水电事故。因此，从参量空间角度研究参数变化导致的水力发电机组非线性动力学特性演变问题具有重要科学意义。

受不确定性负荷需求、调峰调频等因素影响，水力发电机组不可避免地面临着频繁的工况切换等现象，由此导致机组参数（如阻尼系数）、调控参数（PID参数、励磁参数）等在一定范围内不确定性变化。而这些参数的不确定性变化是导致水力发电系统产生分岔等非线性动力学现象的主要诱因。在工程实践中，由于参数变化产生分岔现象进而诱发机组振荡失稳的工程案例很多。

典型工程案例1：1992年6月12日12时46分，美国中西部的Tyson 345kV变电站绝缘体发生故障，引起一系列继电切换动作。故障发生后，Rush Island机组仅通过一个出口回路与输电系统相连，两条主要的南北输电线路被切断，发电机组的输出功率和电压经历了持续振荡，至13时24分左右停止。研究学者依据实际扰动记录数据对这一电力事故进行分析。研究结果表明，持续的继电器动作在推动机组振荡方面发挥了关键作用。在动力学上表现为系统参数穿越了霍普夫（Hopf）分岔边界，使得负实部共轭特征根转变为具有正实部的特征根，系统从事故前的小信号稳定转变为小信号不稳定。

典型工程案例2：1996年7月2日和8月10日，美国西部电力系统出现了夏季大停电事故。事故调查报告指出，在7月2日，励磁系统频繁的切换动作推动了极限点分岔的产生，电力系统运行超越了静态潮流的可行性边界从而导致电压崩溃；8月10日的电力事故则是由于霍普夫分岔行为使得系统小干扰稳定性丧失而导致的。

从上述电力事故可以看出，分岔现象的产生与系统参数的变化密切相关，这是引发机组振荡的主要诱因。因此，探究参数变化场景下系统非线性动力学分岔的演变特性有利于及时制定相应的调控策略，从而为机组的安全稳定运行提供保障。

现有的关于机组非线性动力学现象的研究大都是基于定点分析法，即固定某些运行参数或仅考虑单参数变化情景来探讨可能出现的分岔现象，如基于分岔理论研究了带变顶高尾水洞的水轮机调节系统在特定系统参数下的霍普夫分岔现象。现有研究人员基于水力发电系统的非线性模型研究了PID参数变化下系统的霍普夫分岔现象和分岔图，但对分岔点的位置、类型等属性信息没有进一步挖掘。总结已有的研究成果可知，尽管相关学者对水力发电机组的动力学分岔现象从理论分析和数值模拟方面做了大量的研究工作，且取得了丰富的研究成果，可为水力发电系统分岔特性研究的开展提供坚实的基础。但总的来说，现有研究大都是在确定性理论框架下，局限于单个参数的定点变化，且尚未对不同类型的分岔点展开进一步的信息挖掘，从而导致一些更为复杂的分岔现象（如余维-2 分岔、极限环分岔等）不能够被完全揭示，这可能会隐藏一些威胁水力发电机组安全稳定运行的非线性动力学信息，使水力发电机组处于未知的危险之中，威胁着电力系统的安全稳定性品质。

基于上述工程实际需求和现有研究现状分析，作者认为“系统推进运行参数不确定变化情景下水力发电机组非线性动力学分岔现象的演变规律研究”具有重要性和紧迫性。这一研究的开展，可为加深对水力发电机组在参量空间结构稳定性机理认识奠定基础。基于以上考虑，揭示参数不确定变化下水力发电机组系统的分岔行为演变特性是本章的关键科学问题。这一科学问题的揭示，可为实际工程问题延迟或避免机组振荡现象的措施制定提供现实可行性的理论参考。

围绕上述关键科学问题，本章所开展的研究工作可以概述为：首先，构建考虑 PSS 和不考虑 PSS 的水力发电系统模型；其次，针对参数不确定性变化，即突破固定单一参数取值的限制，运用延拓追踪法搜索运行参数变化时的平衡点曲线，并给出平衡点曲线稳定性及分岔点出现位置和类型等详细信息；进一步，对不同类型分岔进行延拓追踪，以探究运行参数持续变化下的更复杂的动力学现象，如极限环分岔、余维-2 分岔等；最后，运用时域仿真方法给出分岔点邻域水力发电机组动态性能。

1.2　方　法　概　述

水力发电机组系统参数在运行过程中通常主动（如面对负荷需求、间歇能源冲击等影响需主动调节参数设置）或被动（如受设备老化等因素影响参数值被动改变）地发生着变化。合适的运行配套参数是水电机组系统稳定运行的前提。如果参数设置不合理，尤其是参数取值处于临界值则可能会导致系统拓扑结构产生突变，失去结构稳定性，严重影响着机组动态性能。由此可以看出，参数的不确定性变化是水力发电机组系统动态性能发生变化的主要原因，故如何刻画运行参数变化临界状态或系统在什么条件下运行至临界状态、如何详尽考虑参数不确定性变化取值空间以系统性揭示机组动态性能随参数变化的演变规律是两个亟待解决的问题。

针对问题①，鉴于分岔点是参数不确定性演变过程中非线性动力系统稳定性发生突变的临界点，运用非线性动力学分岔理论来表征水力发电机组系统运行的临界参数取值状态，并运用时域仿真法揭示水力发电机组在临界参数值邻域内的动态稳定性能。

针对问题②，运用延拓追踪法在参数取值的合理空间内逐点搜索其平衡边界点以确保在整个参量空间范围内刻画水力发电机组系统的动态特性。

下面从动力学分岔理论的基本概念开始，逐步介绍本章所用研究方法。

1.2.1　分岔理论综述

分岔理论从参量空间角度描述系统结构稳定形态的改变，是研究非线性系统动力学属性的重要工具。分岔现象广泛存在于生物、医学、经济、物理和电气等领域，且在这些领域已得到了广泛的应用。分岔现象的存在可能会导致系统出现一些具有危害性的动力学行为，在不同的研究邻域呈现出不同的表现形式，如机翼颤动、轴承振动等现象。本书所研究的水力发电系统是一个典型的非线性系统，而运行参数的变化往往会导致系统定性形态产生突变，产生极限点分岔、霍普夫分岔、极限环分岔等复杂的非线性动力学现象，从而引发水电机组振荡，严重者甚至引起电压崩溃。因此，为了揭示运行参数变化所导致的水力发电机组运行安全隐患，将分岔理论用于系统非线性动力学演变特性研究，以期为实际工程中参数的设置或优化提供必要理论参考。

1.2.1.1 分岔定义

分岔是指当系统的参数变动经过临界值时，系统平衡点数目及稳定性、周期轨道拓扑结构等定性形态发生突变的现象，反映的是系统的结构稳定性问题。

对于如下的非线性系统：

$$\frac{dx}{dt}=f(x,\mu) \tag{1.1}$$

式中：x、μ 分别为系统状态变量和系统参数。

设系统参数 μ 发生连续变化，在经过参数值 μ_0 处系统结构发生突变，那么此时说明系统发生了分岔现象，μ_0 称为分岔参数值。系统所有分岔参数值所构成的集合称为分岔参数集，其所对应的曲线称为分岔曲线。

1.2.1.2 分岔的分类

根据不同的划分依据，分岔可以有不同的类型。而不同划分依据下的分岔类型是相互关联、相互交叉的。从整体上来说，分岔可以从相空间和研究对象的角度进行划分。

根据所研究的相空间范围的大小可以划分为全局分岔和局部分岔两种（表 1.1）。全局分岔是指从系统整体的角度出发，通过分析状态变量在整个相空间的变化特性来研究系统的分岔特性。局部分岔则研究的是系统在某个平衡点或闭轨邻域的分岔特性。虽然全局分岔研究范围广，但是实施起来非常困难，甚至无法实现。而局部分岔可以看作是分岔的联结，实施起来较为容易，因此在实际应用中大都是从局部分岔的视角进行的。

表 1.1　分 岔 的 分 类

划分依据	相空间范围		研究对象	
	全局分岔	局部分岔	静态分岔	动态分岔
特性	从整体角度出发，变量所处的空间范围比较广，研究困难，难以实现	研究系统在某个平衡点或闭轨邻域的特性；是可行的，有意义的	研究系统平衡点的数目及其稳定性随分岔参数变化行为	研究系统的拓扑结构随分岔参数的变化行为

从不同的研究对象的视角又可以将分岔划分为静态分岔和动态分岔两种。其中静态分岔常见的有音叉分岔、极限点分岔（又叫鞍结分岔）和跨临界分岔。动态分岔常见的有霍普夫分岔和极限环分岔等。极限点分岔和霍普夫分岔均是依据平衡点处雅克比矩阵的特征根进行划分的，故又属于平衡点分岔；极限环分岔是依据庞加莱映射的闭轨所对应的特征乘子的模来划分的。下面将从数学方程的角度对平衡点分岔和极限环分岔进行阐述。

思考	分岔的类型有哪些？它们都是依据什么来划分的？

1.2.1.3　平衡点分岔

对于式（1.1）的非线性系统，设在 x_0 处使得式（1.2）成立，那么 x_0 称为非线性系统的平衡点。

$$f(x_0,\mu)=0 \tag{1.2}$$

对于平衡点方程式（1.2），设其线性化系统所对应的雅克比矩阵为 $\boldsymbol{f}_x$，如果 $\boldsymbol{f}_x$ 特征根不存在实部为 0 的情况，那么称平衡点 x_0 为系统的双曲平衡点，否则为系统的非双曲平衡点。

双曲平衡点的稳定性取决于雅克比矩阵 $\boldsymbol{f}_x$ 特征根的实部是否大于 0。如果由雅克比矩阵所决定的特征根的实部均小于 0，那么此平衡点是渐进稳定的；如果至少有 1 个特征根具有正实部，那么平衡点是不稳定的。

当非线性方程式（1.2）的平衡点为非双曲平衡点时，也就是说雅克比矩阵存在着至少 1 个实部为 0 的特征根，平衡点的稳定性处于稳定与不稳定的临界情形，而实际中是不允许电力系统在临界状态运行的。这时，非线性系统会发生某一类型的分岔，称为平衡点分岔。根据分岔发生所需的分岔参数的个数可以划分为余维-1 分岔、余维-2 分岔等。

1. 余维-1 分岔

根据平衡点分岔的定义，系统雅克比矩阵特征根在复平面虚轴上的分布要么是一个零特征根，要么是一对共轭纯虚特征根。据此，可以对非双曲平衡点属性进一步划分，其中一个零特征根分布形式称为极限点分岔，一对共轭纯虚特征根分布形式称为霍普夫分岔。此外，值得注意的是，在进行平衡点的计算过程中，系统还存在着一类特殊的平衡点，即中性鞍点（Neutral Saddles，NS）。中性鞍点有两个符号相反的实数特征根，它并不具有分岔的动力学意义，但它有助于寻找系统中存在的霍普夫分岔。同时，Bogdanov - Takens（BT）分岔通常是由中性鞍点曲线连接的。

（1）极限点分岔（Limit Point，LP）。系统（1.2）在分岔点 μ_0 的一侧存在着两个稳定性不同的平衡点，这两个平衡点在分岔参数值 μ_0 处汇合，形成一个鞍结点，在分岔点 μ_0 的另一侧不存在平衡点，这种情况下出现的分岔称为极限点分岔，也称鞍结分岔。在极限点分岔处，状态方程的雅克比矩阵为 f_x，有且仅有 1 个 $\lambda=0$ 的特征根。极限点分岔研究的是当分岔参数连续变化时，平衡点的变化情况，即碰撞与消失。同时，平衡点的变化都是发生分岔点（x_0，μ_0）的领域内的，故而，从这一角度来讲，极限点分岔属于局部分岔。可以根据极限点分岔小邻域内的规范型系数来探讨其动力学特性。

在极限点分岔下，设在平衡点邻域的相空间中存在着光滑的一维不变流形 W_0^C，由中心流形的约化定理可将非线性系统在 W_0^C 上通过参数 u 进行约化，其形式为

$$\dot{u}=au^2+O(|u|^3) \tag{1.3}$$

式中：a 为极限点分岔的规范型系数。

如果规范型系数 $a\neq0$，那么极限点分岔是非退化的。如果规范型系数 $a=0$，说明该极限点分岔是退化的，此时为尖点分岔（Cusp Point，CP）。

（2）霍普夫分岔（H）。霍普夫分岔是指非线性动力系统在经由临界分岔参数时，其稳定性遭到破坏，从系统的平衡状态产生闭轨（或称为极限环）的行为。霍普夫分岔描述的是分岔参数变动时非线性系统周期轨道结构的变化状况，属于动态分岔的范畴。同样的，从数学上，可以通过求解非线性方程式（1.2）的雅克比矩阵的特征根来判定。若求得的雅克比矩阵存在着一对纯虚特征根，可以判定为霍普夫分岔。在这种情况下，平衡点的稳定性通过一对纯虚特征根而改变。系统在霍普夫分岔点附近的动态行为依赖于第一 Lyapunov 系数。其求解方法如下：

在霍普夫分岔情形中，设非线性系统平衡点邻域的相空间二维光滑不变流形为 W_0^C，将非线性系统方程参数 z 按如下的形式进行约化：

$$\dot{z}=iw_0z+c_1z\mid z\mid^2+O(\mid z\mid^4) \tag{1.4}$$

将式（1.4）变换到极坐标系中，可以得到：

$$\begin{cases}\dot{\rho}=l_1\rho^3+O(\rho^4)\\ \dot{\varphi}=w_0+O(\rho^2)\end{cases} \tag{1.5}$$

l_1 称为霍普夫分岔的第一 Lyapunov 系数。如果第一 Lyapunov 系数 l_1 小于 0，说明此霍普夫分岔是超临界的，此时极限环产生于大于分岔值 μ_0 的区间范围内；如果第一 Lyapunov 系数 l_1 大于 0，说明霍普夫分岔是亚临界的，此时极限环产生于小于分岔值 μ_0 的区间范围内；如果第一 Lyapunov 系数 l_1 等于 0，则意味着霍普夫分岔是退化的。

对于退化的霍普夫分岔而言，同样可以对其约化，以求得第二 Lyapunov 系数 l_2。当第二 Lyapunov 系数小于 0 时，意味着不稳定的环被稳定的极限环所包围；当第二 Lyapunov 系数大于 0 时，意味着稳定的环被不稳定的极限环所包围。

2. 余维-2 分岔

在非线性系统中，常见的余维-2 分岔有 Zero - Hopf（ZH）、Bogdanov - Takens（BT）、Cusp Point（CP）、Generalized Hopf（GH）和 Double - Hopf（DH），各分岔类型的划分依据见表 1.2。其中，ZH、BT 和 DH 分岔是由非线性系统状态方程雅克比矩阵的结构所决定的。在 BT 分岔中，雅克比矩阵具有两个 0 特征根；在 ZH 分岔情景下，雅克比矩阵同时存在着 0 特征根和一对纯虚特征根；在 DH 分岔中，雅克比矩阵存在着两对纯虚特征根。对于另外两种余维-2 分岔 CP 和 GH，是由余维-1 极限点分岔和 Hopf 分岔的规范型系数所决定的。如果极限点分岔的规范型系数 $a=0$，那么将产生 CP 分岔；如果 Hopf 分岔的第一 Lyapunov 系数消失，那么将产生 GH 分岔。值得一提的是，在余维-2 分岔邻域内的动力学行为是相当复杂的，如同宿轨道的连接、混沌行为的产生等。因此，非常有必要研究系统两参数变化下的余维-2 分岔行为。

表 1.2　　余维-2 分岔类型

划分依据	余维-2分岔类型	判定标准
依据特征根	Zero - Hopf（ZH）	$\lambda_1=0$；$\lambda_{2,3}=\pm w_0 i$
	Bogdanov - Takens（BT）	$\lambda_1=0$；$\lambda_2=0$
	Double - Hopf（DH）	$\lambda_{1,2}=\pm w_1 i$；$\lambda_{3,4}=\pm w_2 i$

续表

划分依据	余维-2 分岔类型	判定标准
依据规范型系数	Cusp Point (CP)	$a=0$
	Generalized Hopf (GH)	$l_1=0$

1.2.1.4　极限环分岔

极限环分岔是基于 Poincare 映射理论来进行研究的。设在分岔参数 $\mu=\mu_0$ 处，非线性系统（1.1）存在着周期轨道 Γ_0。在该周期轨道的 x_0 处引入一个光滑的截面 Σ，周期轨道 Γ_0 与光滑界面在 x_0 处相交。在 x_0 的邻域任取一点 x，如果经过 x 的轨道仍与截面 Σ 相交，从而可以建立起 x 与 Σ 的映射关系为

$$x \mapsto \tilde{x} = P(x) \tag{1.6}$$

根据映射特征乘子的分布情况可以进一步对极限环的分岔进行分类。设 μ_1 为该 Poincare 映射特征乘子，依据特征乘子的分布情况可以将极限环的分岔划分为极限环的 Neimark - Scaker 分岔、倍周期分岔（Double Period Bifurcation of Cycles，DP）、极限环分岔（Limit Point Bifurcation of Cycles，LPC）。其划分依据见表 1.3。由表 1.3 可知，如果 Poincare 映射存在一个大小为 1 的特征乘子，其余特征乘子处于区间［0，1］，那么可以判定为极限环分岔；如果 Poincare 映射存在一个大小为 −1 的特征乘子，其余特征乘子处于区间［−1，0］，那么可以判定极限环发生了倍周期分岔；如果 Poincare 映射存在两个 $\mu_{1,2}=e^{\pm i\theta_0}$ 特征乘子，其余特征乘子处于区间［0，1］，那么可以判定极限环发生了 Neimark - Scaker 分岔。

表 1.3　　极限环的分岔类型

类型	判定依据
极限环分岔（LPC）	$\mu_1=1$，$0<\mu_i<1$（$i=2，3，\cdots，n-1$）
倍周期分岔（DP）	$\mu_1=-1$，$-1<\mu_i<0$（$i=2，3，\cdots，n-1$）
Neimark - Scaker 分岔（NSK）	$\mu_{1,2}=e^{\pm i\theta_0}$，$0<\mu_i<1$（$i=3，4，\cdots，n-1$）

1.2.2　延拓追踪法

对非线性方程的求解可分为以下两类：一类是对不含参数的微分方程的平衡点进行求解，所得到的解是一些孤立的点；另一类是对含参数的微分方程进行求解，所得到的是一条平衡曲线。本章所关注的分岔问题实际上就是求解多参数水力发电机组状态方程的平衡点和极限环的过程。

设 x_0 是式（1.1）的平衡点，且其雅克比矩阵满秩，那么根据隐函数定理，方程式（1.13）有一条通过 x_0 的解的曲线。延拓追踪法考虑到参数所有取值空间，利用预测-修正算法来计算非线性方程平衡解曲线。在具体的分岔问题研究中，利用延拓追踪法可以从简单的平衡点出发，通过预测-修正算法求解越来越复杂的分岔类型。下面将简要概述延拓追踪法的实现过程。

设 x_i 为待求平衡解曲线上的已知平衡点，为计算下一个平衡点，需要根据已知平衡点预测新平衡点、预测点进行校正。

1. 平衡点预测

平衡点的预测通常有切线法和割线法两种方式，两者的不同之处在于预测向量的选取，如图 1.1 所示。

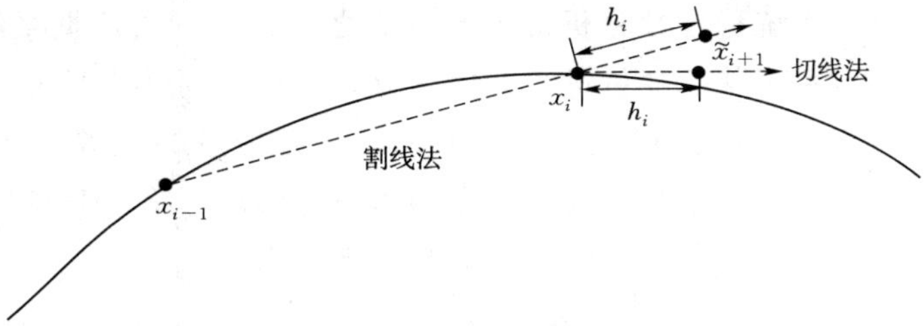

图 1.1 切线/割线法示意图

切向量满足：

$$f_x(x_i)v_i=0,(v_i,v_i)=1 \tag{1.7}$$

割向量可由下式确定：

$$v_i=\frac{y_i-y_{i-1}}{\| y_i-y_{i-1} \|} \tag{1.8}$$

设预测步长 h_i，切/割向量为 v_i，那么可以估算得到一个新的预测平衡点 $\widetilde{x}_{i+1}$：

$$\widetilde{x}_{i+1}=x_i+h_iv_i \tag{1.9}$$

2. 预测点校正

为了保证新平衡点的精度，用牛顿迭代算法对上述预测点进行修正。根据牛顿迭代算法原理，需要设置新的增量方程 $g(x)$，以确保变量数和方程数相等。增广方程组可以表示为

$$\begin{cases} f(x)=0 \\ g(x)=0 \end{cases} \tag{1.10}$$

其中，增广方程组可依据伪弧长法确定，该方法以通过预测点的超平面来确定 $g(x)$，该超平面与 v_i 呈正交关系，那么 $g(x)$ 可以表示为

$$g(x)=(x-\widetilde{x}_{i+1},v_i) \tag{1.11}$$

牛顿迭代法可以表示为

$$\widetilde{x}_{k+1}=\widetilde{x}_k-H_x^{-1}(\widetilde{x}_k)H(\widetilde{x}_k) \tag{1.12}$$

其中

$$H(x)=\begin{pmatrix} f(x) \\ 0 \end{pmatrix}$$

$$H_x(x)=\begin{pmatrix} f_x(x) \\ v_i^T \end{pmatrix}$$

依据牛顿迭代法（1.12）对增广方程组（1.10）进行迭代求解直至收敛，即可得到修正后的新平衡点。

总体来说，基于预测-修正的延拓追踪法计算步骤如下：①确定关于微分方程初始平衡点，以这个初始平衡点为起点，沿着其切线或割线方向移动一定的距离，进而得到一个沿着切线或割线方向的预测点；②以这个预测点为初始点，经过迭代计算得到一个收敛的

点，称之为校正点；③以该校正点为初始点，继续迭代计算可以得到一系列的校正点；④初始点和所得到的校正点即为所求的平衡解曲线。

1.2.3　时域仿真法

时域仿真法是电力系统稳定性分析常用的方法之一。该方法依据系统微分-代数方程组，在给定扰动时，对系统状态变量进行数值积分，从而得到受扰系统相关状态变量随时间的演变过程。这一方法可以直观地反映电力系统状态变量的收敛特性、振荡幅值等信息。时域仿真法主要考虑对处于临界稳定状态的水力发电系统给以参数小扰动，通过时域仿真算法将系统状态变量关于时间的响应清晰地展现出来。

1.3　水力发电系统模型

水力发电系统是多个子系统耦合而成的多参数复杂非线性系统，主要包括引水管道、水轮机、调速器、发电机和励磁系统等，故水力发电系统模型是各模块化模型耦合统一的模型。其中，引水管道模型包括弹性水击模型和刚性水击模型两类；水轮机模型分为线性水轮机模型和非线性水轮机模型；发电机常用阶数模型包括 1 阶、2 阶、3 阶和 5 阶等。根据研究的目的、电站的功能和布置形式的不同，水力发电系统模型的构建并不完全相同。关于引水管道、水轮机及发电机模型的文献见表 1.4。

表 1.4　　关于引水管道、水轮机及发电机模型的已发表文献

文献	引水管道		水轮机		发电机（阶数）				年份
	弹性	刚性	线性	非线性	1 阶	2 阶	3 阶	5 阶	
曾云等	×	√	×	√	×	×	√	×	2008
PÉREZ - DÍAZ 等	√	×	×	√	×	√	×	×	2014
郭文成等	×	√	√	×	√	×	×	×	2016
YANG 等	√	×	√	×	×	×	×	√	2016
XU 等	√	×	×	√	√	×	×	×	2017
XU 等	×	√	×	√	√	×	×	×	2018
XU 等	×	×	×	×	√	×	×	×	2018
LI 等	√	×	×	√	×	×	√	×	2018
SHARAFUTDINOV 等	×	×	×	×	×	×	×	√	2018
ZHANG 等	×	√	√	×	×	√	×	×	2018
GIL - GONZALEZ 等	√	×	×	√	×	×	√	×	2019
ZHANG 等	√	×	×	√	×	×	√	×	2020
XU 等	√	×	×	√	×	×	×	√	2020

注　“√”表示所述文献中使用这种模型；“×”表示所述文献中未使用这种模型。

水力发电机组的运行原理可以简单描述为：经由上游水库的水流通过引水管道进入水

轮机蜗壳，利用水流所携带的能量驱动水轮机转轮旋转，进而由水轮机的转轴带动发电机组转动，经由调速系统、励磁系统等相关控制系统来调控系统功率的输出，从而实现将水能转换为电能。图 1.2 所示为水力发电系统中各子系统间的功能关系及其相关控制。

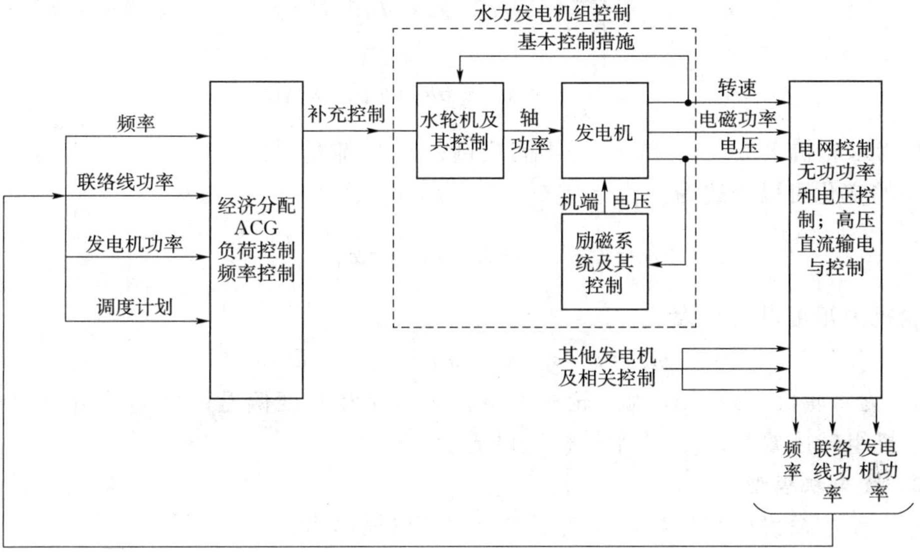

图 1.2　水力发电系统中各子系统间的功能关系及其相关控制

1.3.1　水力发电系统模型构建

1.3.1.1　引水管道及水轮机模型

引水管道的连续性方程和运动方程可以表示为

$$\begin{cases} -\dfrac{\partial H}{\partial L}+\dfrac{1}{gA}\dfrac{\partial Q}{\partial t}+\dfrac{\lambda Q^2}{2gD'A^2}=0 \\ \dfrac{\partial H}{\partial t}-\dfrac{a^2}{gA}\dfrac{\partial Q}{\partial L}=0 \end{cases} \tag{1.13}$$

式中：H 和 L 分别为水头和管道长度；Q 和 A 分别为引水管道流量和截面积；D' 和 a 分别为管道直径和水击波速；g 和 t 分别为重力加速度和时间。

忽略水力摩擦项（即 $\lambda=0$），并将等式（1.13）转换为相对值形式，可以得到：

$$\begin{cases} T_w\dfrac{\partial q}{\partial t}=\dfrac{\partial h}{\partial l} \\ \dfrac{T_w}{T_r^2}\dfrac{\partial q}{\partial l}=\dfrac{\partial h}{\partial t} \end{cases} \tag{1.14}$$

考虑弹性水击效应，压力引水管道模型以传递函数形式描述为

$$G_h(s)=-h_w\frac{T_r s+\dfrac{1}{24}T_r^3 s^3}{1+\dfrac{1}{8}T_r^2 s^2} \tag{1.15}$$

式中：h_w 为引水管道特性系数；T_r 为弹性水击时间常数；s 为拉普拉斯变量。

通过拉普拉斯变换，将式（1.15）转换为状态方程形式，即

$$\begin{cases}\dfrac{\mathrm{d}x_1}{\mathrm{d}t}=24h/(h_w T_r^3)\\ \dfrac{\mathrm{d}x_2}{\mathrm{d}t}=x_1-24x_3/T_r^2\\ \dfrac{\mathrm{d}x_3}{\mathrm{d}t}=x_2+3h/(h_w T_r)\end{cases}\tag{1.16}$$

式中：h 为水轮机水头；x_1 和 x_2 为中间变量；x_3 为流量。

水头的变化可以描述为

$$h=1-h_f-h_t=1-fx_3^2-\frac{x_3^2}{y^2}\tag{1.17}$$

水轮机力矩可以表示为

$$m_t=a_t(x_3/y)^2(x_3-q_{nl})-Dy\omega\tag{1.18}$$

式中：m_t 为水轮机力矩；a_t 为水轮机增益；y 为导叶开度偏差；D 为发电机阻尼系数；ω 为发电机组转速偏差；q_{nl} 为水轮机进口流量。

1.3.1.2　发电机模型

考虑一个三阶发电机模型，其数学表达式可以描述为

$$\begin{cases}U_d=X_q I_q\\ U_q=E'_q-X'_d I_d\\ \dfrac{\mathrm{d}\delta}{\mathrm{d}t}=\omega-1\\ \dfrac{\mathrm{d}\omega}{\mathrm{d}t}=\dfrac{1}{T_{ab}}[m_t-m_e-D(\omega-1)]\\ \dfrac{\mathrm{d}E'_q}{\mathrm{d}t}=\dfrac{1}{T'_{d0}}[E_f-E'_q-(X_d-X'_d)I_d]\end{cases}\tag{1.19}$$

式中：I_d 和 I_q 分别为定子 d 轴和 q 轴电流；δ、T_{ab} 和 E'_q 分别为发电机转子角、惯性时间常数和 q 轴暂态电动势；T'_{d0} 和 E_f 分别为 d 轴暂态时间常数和励磁电压；X_d 和 X_q 分别为 d 轴和 q 轴电抗；m_e 为电磁力矩。

1.3.1.3　调速器模型

调速器通过调节给定参考信号和输出信号之间的误差来调节导叶的开闭，从而控制进入水轮机的水流，以实现系统功率输出的平衡。调速器一般由伺服机构和控制器组成，其中伺服机构模型可以表示为

$$T_y\frac{\mathrm{d}y}{\mathrm{d}t}+y=u\tag{1.20}$$

式中：u 和 T_y 分别为控制器的输出信号和接力器时间常数。

PID 控制器按比例对误差信号、误差积分以及误差微分进行计算，从而实现对误差信号的控制。其数学模型可以描述为

$$u=k_p(r-\omega)+k_i\int_0^t(r-\omega)\mathrm{d}t+k_d\frac{\mathrm{d}}{\mathrm{d}t}(r-\omega)\tag{1.21}$$

式中：k_p、k_i 和 k_d 分别为控制器的比例、积分和微分系数。

1.3.1.4 励磁及其附加电力系统稳定器模型（PSS）

随着大型电力系统和快速励磁系统的发展，系统阻尼不断减小，这将导致机组产生振荡不稳定行为。增加阻尼的有效解决方案之一是在励磁系统上安装 PSS 环节。励磁系统（图 1.3）根据电压偏差调节励磁电流，实现终端电压和无功功率调节。PSS 环节包括增益模块、冲刷模块和超前-滞后补偿块，励磁系统包括励磁机和自动电压调节器（AVR）等模块。

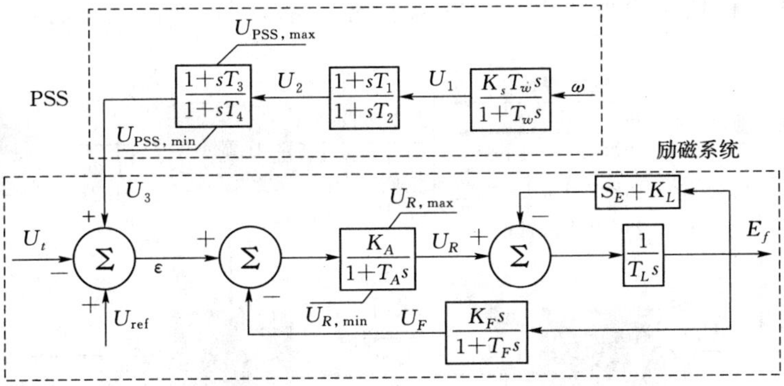

图 1.3 附带 PSS 装置的励磁系统结构框图

励磁系统模型可以表示为

$$\begin{cases}\dfrac{dU_R}{dt}=\dfrac{1}{T_A}[K_A(U_{ref}+U_3-U_t-U_F)-U_R]\\ \dfrac{dU_F}{dt}=\dfrac{1}{T_F}\left(K_F\dfrac{dE_f}{dt}-U_F\right)\\ \dfrac{dE_f}{dt}=\dfrac{1}{T_L}[U_R-(S_E+K_L)E_f]\\ \dfrac{dU_1}{dt}=\dfrac{1}{T_w}\left(K_sT_w\dfrac{d\omega}{dt}-U_1\right)\\ \dfrac{dU_2}{dt}=\dfrac{1}{T_2}\left(T_1\dfrac{dU_1}{dt}+U_1-U_2\right)\\ \dfrac{dU_3}{dt}=\dfrac{1}{T_4}\left(T_3\dfrac{dU_2}{dt}+U_2-U_3\right)\end{cases} \tag{1.22}$$

式中：T_A 为 AVR 的放大时间常数；$T_1 \sim T_4$ 为 PSS 装置超前-滞后环节时间常数；K_A 为励磁增益；U_1 和 U_2 为 PSS 的中间环节输出信号；U_3 为电力系统稳定器输出；S_E 为饱和系数；U_{ref} 为参考电压；K_s 为 PSS 环节放大倍数；K_F 和 T_F 分别为励磁机负反馈放大倍数和相应的时间常数；U_R 为电压调节器输出；U_t 为励磁电压；U_F 为励磁反馈电压；E_f 为励磁系统输出电压；K_L 为外部励磁系数；T_w 为水流惯性时间常数。

1.3.1.5 网络方程

发电机通过输电线路向电网输送电力。然而，发电机的电压和电流方程是在 $d-q$ 坐标系中，而电网方程是在 $x-y$ 坐标系下建立的。因此，坐标变换是实现不同坐标系一致性的关键。假设 F 代表电流和电压，$d-q$ 和 $x-y$ 坐标系之间的关系可以写成：

$$\begin{bmatrix} F_d \\ F_q \end{bmatrix} = \begin{bmatrix} \sin\delta & -\cos\delta \\ \cos\delta & \sin\delta \end{bmatrix} \begin{bmatrix} F_x \\ F_y \end{bmatrix} \tag{1.23}$$

x 轴和 y 轴间的电压和电流的方程可以表示为

$$\begin{bmatrix} U_x - U \\ U_y \end{bmatrix} = \begin{bmatrix} 0 & -X \\ X & 0 \end{bmatrix} \begin{bmatrix} I_x \\ I_y \end{bmatrix} \tag{1.24}$$

水力发电系统统一模型是由各模块化模型进行耦联而得到的一个有机的统一整体。基于上述所考虑的各模块化模型给出水力发电系统建模流程，如图 1.4 所示。

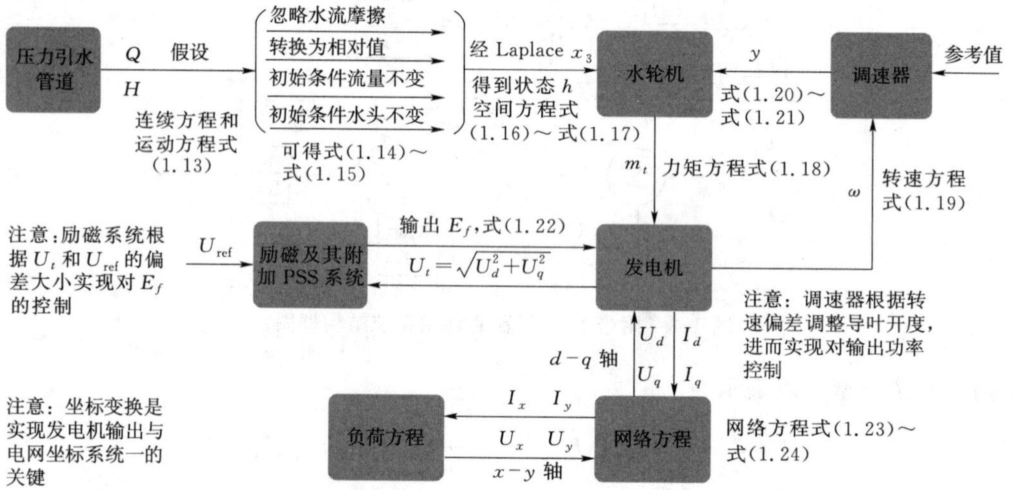

图 1.4　水力发电系统建模流程

思考	(1) 水力发电系统的模型包括哪几部分？ (2) 考虑刚性水击和弹性水击下的压力引水管道模型有何不同？

1.3.2　水力发电系统模型对比验证

为了验证所建模型的有效性和可靠性，将本书所建立的模型定义为模型 1，将参考文献［6］模型定义为模型 2，从不同模型输出变量随时间的演变趋势以及收敛特性角度来对本书所构建的水力发电系统模型进行验证。

通过时域数值仿真，得到模型 1 和模型 2 输出变量 x 和 ω 随时间的演变历程曲线，如图 1.5 所示。从图中可以看出，对于机械系统输出变量 ω_1 和 ω_2 而言，无论是从状态变量波动性还是收敛性角度来看，二者演变历程曲线重合度较高，且初始阶段两模型输出均处于减幅振荡状态，但最终均收敛于平衡状态。对于水力系统输出变量 x_{31} 和 x_{32} 而言，二者虽然在仿真初始阶段经历了不同演变历程，但 x_{32} 和 x_{31} 波动最大幅值基本相等，且最终收敛到稳定值。对于电气系统输出变量 U_{31} 和 U_{32} 而言，二者均经历了减幅振荡直至稳态的时域演变历程，模型 2 的波动幅度略大于模型 1，但最终均收敛于恒定值。综上所述，虽然模型 1 和模型 2 的水力、机械和电气系统状态变量初始时域仿真呈现出了些许的差异，但从整体上看状态变量随时间演变历程基本一致，且最终均能达到平衡态。因此，本书所建立的模型能够较好地反映水力发电系统运行状态，能够用于后续系统的非线性动力演变特性研究。

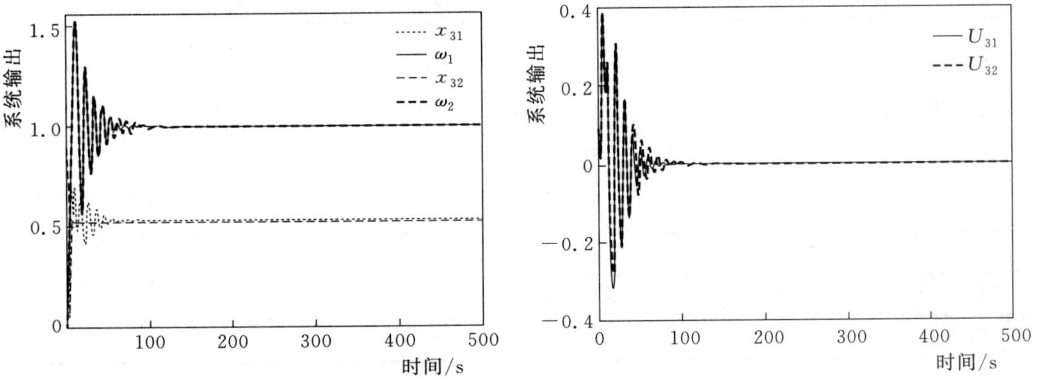

(a)$\omega_1-\omega_2$ 和 $x_{31}-x_{32}$ 时域响应　　(b)$U_{31}-U_{32}$ 时域响应

图 1.5　模型 1 和模型 2 系统输出变量时域响应

1.4　水力发电系统非线性动力学特性分析

水力发电机组频繁的工况切换等现象使得机组参数（如机组阻尼系数）、调控参数（PID 参数、励磁参数）等在一定范围内不确定性变化，进而导致系统产生由非线性动力学分岔等现象诱发的运行稳定性问题。为了研究参数不确定变化下的机组运行稳定性问题，本节致力于可视化以调速器参数 k_p、励磁增益 K_A 和机组参数 D 为代表的典型运行参数变化下水力发电系统的动力学演化特性。这里设置不同的运行情景以探究运行参数对系统稳定性的影响特性：情景 1 为不考虑电力系统稳定器的水力发电系统模型，情景 2 为考虑电力系统稳定器的水力发电系统模型，其余各模块化模型相同，即考虑弹性水击模型、三阶发电机模型、调速器模型和励磁系统模型，详见 1.3 节。模型经验参数取值见表 1.5。基于不同情景下的水力发电系统模型，首先给出单一分岔参数 k_p、K_A 和 D 变化时的平衡点曲线，并定位不同分岔点位置、类型等信息；其次，运用延拓追踪法对分岔点进行数值延拓，分析不同情景下产生于 Hopf 分岔点的极限环以及极限点分岔下的余维-2 分岔等非线性动力学现象；最后，对比分析不同情景下水力发电机组系统在分岔参数点邻域的动态响应特性。

表 1.5　水力发电系统经验参数取值

符　号	数　值	单　位	符　号	数　值	单　位
T_y	0.2	s	a_t	1.3638	
X'_d	0.352		q_{n1}	0.1607	
X_d	2.1		T_r	2.178	s
f	0.06		h_w	0.64	

续表

符　号	数　值	单　位	符　号	数　值	单　位
K_A	2.7		T_4	1	s
T_A	0.05	s	T_{ab}	8	s
U_{ref}	0.01		D	0.5	
X	0.3		K_s	0.9	
T_F	0.715	s	T_L	0.01	s
K_F	0.1		K_L	1	
T_W	2	s	T'_{d0}	7.6	s
T_1	0.2	s	k_p	0.11	
T_2	0.08	s	k_i	0.21	s^{-1}
T_3	1.5	s	k_d	1.1	s

1.4.1　调速器参数影响分析

调速器参数 k_p 能够对偏差信号做出迅速反应，改善调节速度，从而起到降低稳态误差的作用。然而，k_p 不当取值会引起系统产生过大超调，甚至导致系统产生振荡失稳现象。因此，本节的研究重点为揭示调速器参数 k_p 对水力发电机组系统动态行为的影响特性，以期为优化参数设置以尽可能避免机组振荡行为提供理论参考。根据《水轮机调速系统技术条件》(GB/T 9652.1—2019) 的要求，调速器参数 k_p 的变化范围按照最小值不大于 0.5、最大值不小于 20 来设定。

1.4.1.1　k_p 对系统动力学特性影响分析

为了研究调速器参数对水力发电机组动态特性的影响规律，以参数 k_p 为自由变量，依据延拓追踪法得到系统变化下的平衡点曲线如图 1.6 所示。

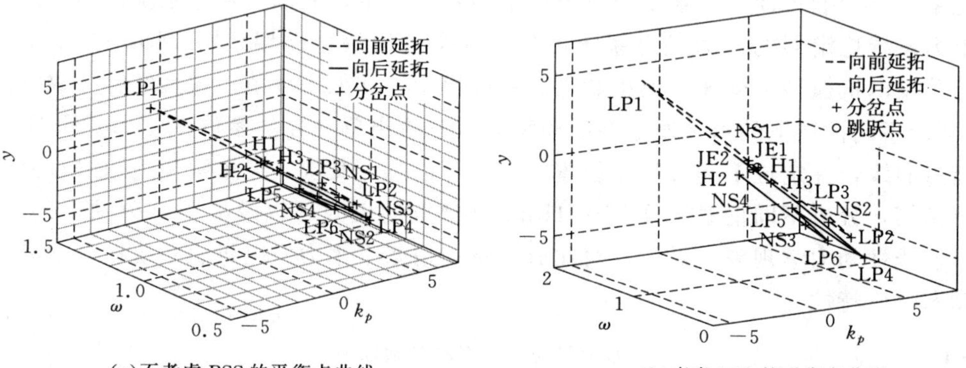

(a)不考虑 PSS 的平衡点曲线　　(b)考虑 PSS 的平衡点曲线

图 1.6　k_p 变化下的平衡点曲线

从图 1.6 (a) 中可以看出，调速器参数 k_p 的不确定性变化导致水力发电机组系统出现了不同类型分岔，如 Hopf 分岔、LP 分岔，这些分岔点的存在说明机组处于临界状态，这将对系统的稳定运行造成一定的威胁。具体来说，在向前延拓的平衡点曲线中，随着调

速器参数 k_p 的变化，系统依次经历了 LP1－H1－NS1－LP2－LP3 数个特殊平衡点。从参数变量物理意义（k_p 参数取值应大于 0）以及分岔点属性（NS 不属于分岔点）双重角度出发，得到仅 H1 为有效的分岔点。也就是说当 $k_p=1.043989$ 时，水力发电机组系统存在着第一 Lyapunov 系数为 0.001681 的亚临界 Hopf 分岔，这将导致水力发电机组产生振荡现象，同时将产生极限环。在向后延拓的平衡点曲线中，随着调速器参数 k_p 的持续变化，水力发电机组系统依次经历了 H2－H3－NS2－NS3－LP4－NS4－LP5－LP6 数个特殊平衡点。同样的，从参数变量的物理意义和分岔点属性的角度考虑，产生于调速器参数 $k_p=0.807636$ 和 1.731471 的 H2 和 H3 为有效分岔点，二者的第一 Lyapunov 系数分别为 0.004047 和－0.007194。这说明当调速器参数 k_p 变化至 0.807636 和 1.731471 时，水力发电机组系统分别经历了亚临界和超临界 Hopf 分岔。对于整个平衡点曲线而言，依据平衡点特征根的分布规律，可将其划分为稳定分支和不稳定分支，其中 LP1－H2 为稳定平衡点分支，其余均为不稳定平衡点分支。

从考虑 PSS 环节影响的平衡点曲线图 1.6（b）可以看出，在调速器参数 k_p 的不确定性变化过程中，水力发电机组系统遍历了 3 个 Hopf 分岔点（H1、H2、H3）、3 个中性鞍点（NS1、NS2、NS3）、6 个极限点分岔（LP1、LP2、LP3、LP4、LP5、LP6）和 1 个特征根发生变化的跳跃点 JE1（$k_p=0.984300$）。具体来说，在向前延拓的平衡点曲线上，随着调速器参数 k_p 的变化，水力发电机组系统依次经历了 LP1－NS1－H1－NS2－LP2－LP3 共 6 个特殊平衡点。值得注意的是，NS1、NS2 和 NS3 并不是真正意义上的分岔点，但其对于 Hopf 分岔的寻找具有重要意义。在向后延拓的平衡点曲线上，随着 k_p 的变化，水力发电机组系统经历了 JE2－H2－H3－LP4－LP5－LP6－NS3－NS4 共 8 个特殊平衡点，其中 JE2 为特征根符号变化跳跃点（$k_p=0.67800$），H2 和 H3 为 Hopf 分岔点，NS3 和 NS4 为中性鞍点。根据平衡点特征根分布情况，将平衡点曲线划分为稳定分支和不稳定分支。其中 LP1－JE1 为稳定平衡点分支，其余均为不稳定平衡点分支。从工程实际出发，考虑到参数变量的有效性（如参数 k_p 为非负值），当参数 k_p 变化至 1.047990、0.808913 和 1.816982 时，水力发电机组系统存在着 H1、H2 和 H3 共 3 个有效分岔点，其第一 Lyapunov 系数分别为 0.001818、0.004080 和－0.006804，这说明 H1 和 H2 均为亚临界 Hopf 分岔，H3 为超临界 Hopf 分岔点，预示着水电机组将在这些参数取值下产生持续的振荡行为。

以上研究结果说明，调速器参数变化时，水力发电机组系统将会产生 Hopf 分岔现象，这将会导致水电机组振荡失稳。故从工程的角度来看，应使 k_p 参数取值远离分岔临界值以保障水力发电机组系统的安全稳定运行。

表 1.6 揭示的是调速器参数 k_p 作用水力发电机组系统有效的非线性动力学分岔信息，包括分岔点位置、类型和属性。从表中可以看出，由于调速器参数 k_p 的变化，两种情景下的水力发现机组系统均产生了分岔现象，这意味着水力发电机组的动态稳定性能将在这些分岔临界值处发生变化。从分岔点的类型和数目方面来说，PSS 的设置并未改变 k_p 参数变化下分岔的类型和数目，即均存在着两个亚临界 Hopf 分岔和一个超临界 Hopf 分岔；从参数临界取值的角度来说，PSS 环节的设置使得调速器参数 k_p 取较大的值时才会产生分岔现象，也就是说不考虑 PSS 环节的系统临界分岔值小于考虑 PSS 环节的临界分岔值。

例如，在不考虑 PSS 环节情景下，调速器参数 k_p 变化至 0.807636 时，水力发电机组系统产生了亚临界 Hopf 分岔 H2；在考虑 PSS 环节情景下，当调速器参数 $k_p=0.808913$ 时，水力发电机组系统产生了亚临界 Hopf 分岔 H2，这意味着 PSS 参数的设置滞后分岔现象的产生。从上述分析可以得出这样的结论，PSS 环节的设置并未改变调速器参数 k_p 变化下的分岔类型和数目，但对临界分岔点位置具有一定的延滞作用，这使得 k_p 参数稳态可调范围变大，这一结果可为水力发电机组系统参数的整定提供理论参考。

表 1.6　k_p 变化时不同情景下的分岔属性

情景设置	不考虑 PSS			考虑 PSS		
分岔类型	H1	H2	H3	H1	H2	H3
k_p	1.043989	0.807636	1.731471	1.047990	0.808913	1.816982
第一 Lyapunov 系数	0.001681	0.004047	−0.007194	0.001818	0.004080	−0.006804
属性	亚临界	亚临界	超临界	亚临界	亚临界	超临界

调速器参数 k_p 的变化使得系统中产生了 Hopf 分岔现象，意味着系统将产生极限环，反映在工程中是一种周期性振荡行为，这可能会造成低质量电能、损坏电力设备等危害。因此为了研究运行至亚临界状态时的水力发电机组系统在持续遭受调速器参数 k_p 扰动下的极限环振荡行为，分别以考虑 PSS 环节的亚临界 Hopf 分岔点 0.808913 和不考虑 PSS 环节的亚临界 Hopf 分岔点 0.807636 为起始点，以调速器参数 k_p 为自由参数进行数值延拓，得到产生于亚临界 Hopf 分岔的极限环曲线，如图 1.7 所示。从图 1.7（a）中可以看出，在不考虑 PSS 的情形下，当调速器参数 k_p 变化至 0.707968 时，水力发电机组系统出现了周期为 4.739464s、规范型系数为−478.323 的极限环分岔（LPC），该极限环分岔存在模为 1 的特征乘子。在该极限环分岔邻域内，存在极限环乘子模大于 1 的情况，也就是说产生于亚临界 Hopf 分岔的极限环是不稳定的。从考虑 PSS 环节的极限环曲线图 1.7（b）中可以看出，由于调速器参数 k_p 的变化，水力发电机组系统也出现了系列的极限环。当调速器参数 k_p 为变化至 0.708050 时，水力发电机组系统产生了极限环分岔，且该分岔存在

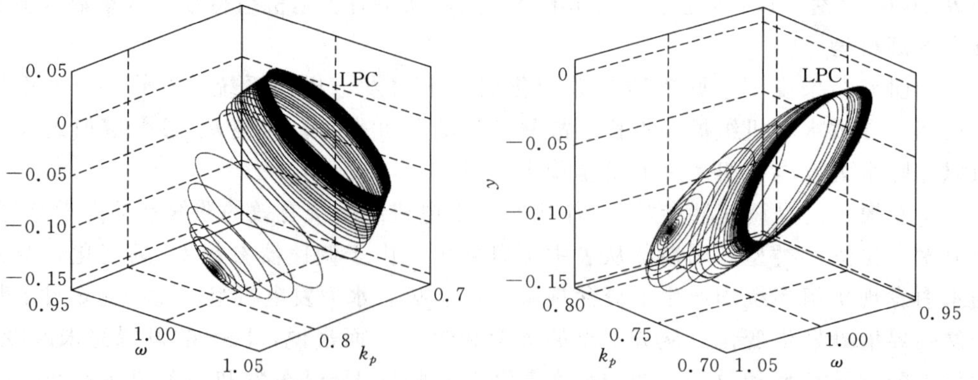

(a)不考虑 PSS的极限环曲线　　(b)考虑 PSS 的极限环曲线

图 1.7　k_p 变化下产生于 H2 的极限环曲线

于 Hopf 分岔点（H2）的左侧，极限环周期为 4.739337s，规范型系数为－480.907。此外，除极限环分岔外，水力发电机组系统中还存在着极限环特征乘子模大于 1 的情形，这说明产生于临界参数 k_p 邻域的极限环是不稳定的。调速器参数 k_p 变化时不同情景下的极限环分岔类型、参数取值、周期和规范型系数等信息见表 1.7。

表 1.7　k_p 变化下 H2 处的极限环分岔

情景设置	类型	k_p	周期/s	规范型系数
不考虑 PSS	LPC	0.707968	4.739464	－478.323
考虑 PSS	LPC	0.708050	4.739337	－480.907

从表 1.7 中可以看出，对于位于亚临界 Hopf 分岔下的调速器参数 k_p 而言，仅仅由于参数自身的改变使得水力发电机组系统结构稳定性突变而产生极限环。无论是否考虑 PSS 环节的设置，在调速器参数取值小于亚临界 Hopf 分岔参数取值的邻域内，均存在着不稳的极限环。通过纵向对比分析还可以发现，在不考虑 PSS 环节和考虑 PSS 环节的两种情景下，极限环分岔出现的位置存在一定的差异性，但极限环周期相差不大。考虑 PSS 环节的水力发电机组系统在较大的调速器参数取值下产生极限环分岔，而不考虑 PSS 环节的水力发电机组系统极限环分岔参数值较小。总结，从调速器参数 k_p 变化下水力发电机组系统的动态特性角度考虑，对亚临界 Hopf 分岔参数值进一步扰动将导致极限环分岔出现，且 PSS 环节对于极限环分岔出现位置具有一定的延滞效应，这一结果用于指导机组稳态配套参数的设置。

为了研究水力发电机组系统调速器参数在超临界状态取值下的动态性能，以超临界 Hopf 分岔（H3）为起始点，分析参数变化过程中系统所呈现的动力学特性，所得到的不考虑 PSS 环节和考虑 PSS 环节情景下的分岔类型、分岔参数值、周期和规范型系数见表 1.8。

表 1.8　k_p 变化下 H3 处的极限环分岔

情景设置	类型	k_p	周期/s	规范型系数
不考虑 PSS	LPC	2.629954	29.38678	0.220569
	LPC	2.628519	35.89449	－0.183557
考虑 PSS	LPC	2.679871	77.172987	3.531755
	LPC	2.679870	80.574606	44.20351
	LPC	2.679873	679.15554	3.5249843
	LPC	2.679874	853.35597	1.838443
	LPC	2.679880	1248.3739	2.091356

从表 1.8 中可以看出，当水力发电系统运行至分岔临界点 H3 时，继续对调速器参数 k_p 进行干扰，水力发电系统随参数变化呈现出极限环分岔等非线性动力学现象。在表 1.8 中，随着调速器参数 k_p 的变化，不考虑 PSS 情景下的水力发电系统分别在 k_p＝2.629954 和 k_p＝2.628519 时产生了极限环分岔现象，而在考虑 PSS 环节的情形下，水力发电系统在 k_p 变化至 2.679871、2.679870、2.679873、2.679874 和 2.679880 时均出现

了极限环分岔，且参数取值变化较为接近，这说明较小的参数扰动会使系统的运行状态发生较大的变化。此外，从不同情景下参数 k_p 取值的角度考虑，PSS 环节的设置对于极限环的类型并无影响，但对其出现的位置和规范型系数影响较大，即 PSS 环节具有延迟极限环分岔产生的效果。

1.4.1.2　分岔点邻域动态稳定性能分析

为了研究调速器参数 k_p 处于分岔临界值情况时的水力发电机组系统动态稳定性能，以分岔点 H2 为临界点，对调速器参数 k_p 进行微小扰动（$k_p=0.80892$）得到了考虑 PSS 和不考虑 PSS 情景下水力发电机组系统输出变量 ω 时间响应曲线和 $\omega-y$ 相轨迹图（图 1.8）。从图 1.8（a）中可以看出，在调速器参数取值一定的情形下，ω 时间响应曲线总体上呈现出减幅振荡并最终趋于平衡的状态。从图 1.8（b）中可以看出，$\omega-y$ 相轨迹图首先呈现出大幅波动状态，而后收敛到平衡态。其中，大幅波动状态对应于图 1.8（a）中 ω 的减幅振荡行为，相图的稳定状态对应于 ω 时间响应曲线的平衡状态。通过对比考虑 PSS 环节和不考虑 PSS 环节下的 ω 时间响应曲线和 $\omega-y$ 相轨迹图可以发现，不同的水力发电机组系统情景对输出变量的波动幅度影响不大。虽然两条轨迹线经过了不同的演化过程，但存在着一定的重叠，且最后均能收敛到平衡点。

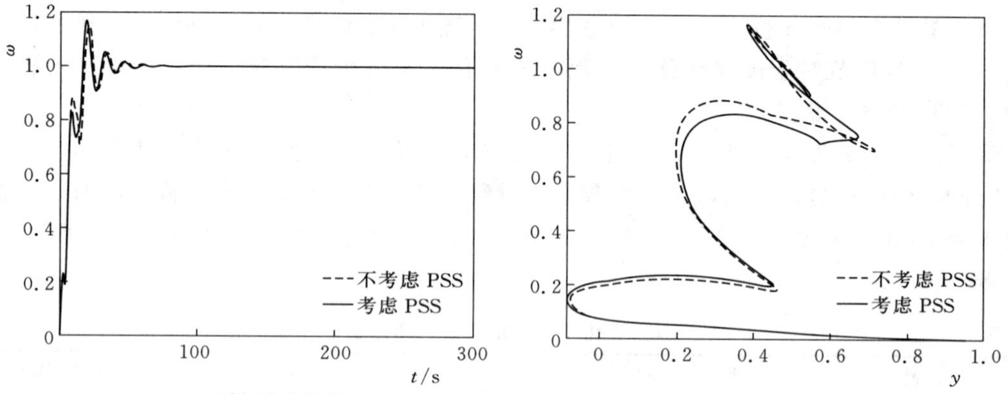

(a)ω 时间响应曲线　　(b)$\omega-y$ 相轨迹图

图 1.8　分岔点（H2）邻域的系统输出响应

思考	考虑电力系统稳定器的水力发电系统模型与不考虑电力系统稳定器的水力发电系统模型的主要区别。

1.4.2　励磁系统参数影响分析

励磁调节系统通过调节发电机端电压和无功功率从而维持水力发电机组与电网的稳定连接。励磁增益 K_A 是励磁调节系统的重要参数，且已有研究表明，其数值的大小对励磁系统的调节品质有着直接影响。因此，研究励磁增益 K_A 对水力发电机组系统动态性能的影响是一项具有工程实际意义的课题。本书励磁增益 K_A 的经验参数取值根据文献推荐，励磁增益标幺值可达几百。在这一情景下，本节主要开展了：①延拓追踪励磁增益 K_A 不确定性变化下水电机组系统的平衡点以确定机组的临界运行状态；②延拓追踪临界状态下的机组受扰动后的动力学行为；③分析励磁增益参数处于临界状态附近时系统的动态演变特性。

1.4.2.1　K_A 作用下动力学特性分析

为了研究系统其他参数保持不变、励磁增益 K_A 不确定性变化情形下水力发电机组系统的动力学特性，运用延拓追踪法计算得到参数 K_A 变化时角速度偏差 ω 和 y 的平衡点分布情况，如图 1.9 所示。

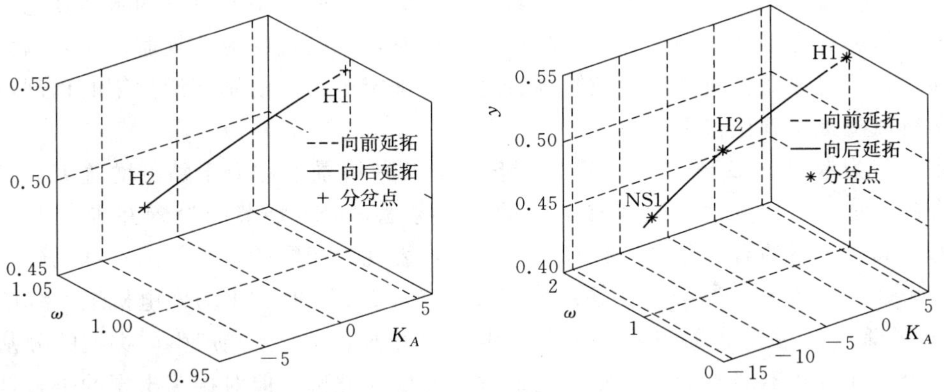

(a)不考虑PSS的平衡点曲线　　(b)考虑 PSS 的平衡点曲线

图 1.9　K_A 变化下的平衡点曲线

从图 1.9（a）中可以看出，角速度偏差 ω 的稳态值恒为 1，导叶开度偏差 y 随着 K_A 的变化而变化，这是由式（1.19）所确定的平衡点特性所决定的。当励磁增益 K_A 变化至 5.726121 时，水力发电机组系统经历了 Hopf 分岔，其第一 Lyapunov 系数为 −0.017076，故 H1 为超临界 Hopf 分岔。随着励磁增益 K_A 进一步先后延拓，水力发电系统在 $K_A=-7.543973$ 处产生了第一 Lyapunov 系数小于 0 的超临界 Hopf 分岔。同时，由于 H1－H2 平衡曲线分支的特征根实部均小于 0，故 H1－H2 分支上存在着稳定平衡点。根据 K_A 的物理意义可知，励磁增益 K_A 取值为非负数，故只有 H1 为有效的分岔点，这说明水力发电系统中励磁增益 K_A 取值应避免落于 5.726121 处以维持机组的稳定运行状态。

从图 1.9（b）中可以看出，随着励磁增益 K_A 的变化，水力发电系统遍历了 1 个中性鞍点（NS1）和 2 个 Hopf 分岔点（H1 和 H2）。在向后的平衡点延拓曲线上，当励磁系统参数 K_A 为 −15.10262 时，曲线上的平衡点为中性鞍点（NS1）。继续增大参数 K_A 值，水力发电系统在 $K_A=-7.52818$ 处产生了 Hopf 分岔（H1），其第一 Lyapunov 系数为负值，说明 H1 是超临界的。在向前延拓平衡点曲线上，随着励磁增益 K_A 的继续增大，水力发电机组系统在 $K_A=5.727996$ 处再次经历 Hopf 分岔（H2），且其第一 Lyapunov 系数为 −0.014563，这说明 H2 为超临界 Hopf 分岔。尽管在励磁增益 K_A 变化情况下水力发电机组系统遍历了 2 个超临界 Hopf 分岔和 1 个中性鞍点，但是 H2 和 NS1 点是在励磁增益 K_A 取值小于 0 的情形下产生的。从工程实际运行的角度考虑，K_A 是励磁增益，其取值为非负数值，也就是说 H2 仅为水力发电系统理论上的分岔点，在实际工程中是不可取的。故在考虑 PSS 环节的情境下，励磁增益 K_A 变化时，水力发电机组系统只存在一个有效的超临界 Hopf 分岔点（H1）。同时，在分岔点 H1 和 H2 之间的平衡点特征根实部均小于 0，这说明在平衡点曲线 H1 - H2 分支之间存在着稳定的平衡点。

总结上述研究结果，励磁增益 K_A 变化时两种情景下的水力发电系统经历了不同的平衡点曲线演变历程，且基于延拓追踪法和分岔理论得到了两个超临界 Hopf 分岔点，但考虑到工程实际意义，两种场景下均存在着一个无效点；同时不同场景的水力发电机组系统存在着类似的稳定平衡点分支。从工程运行角度看，分岔现象应该规避，这是因为分岔引起的振荡是不可取的，故上述有效临界分岔点的确定可为提前制定调整策略以规避机组可能的运行风险提供理论参考。

表 1.9 为考虑 PSS 环节和不考虑 PSS 环节两种情景下，由于励磁增益 K_A 变化所导致的分岔点情形。从分岔点数目和类型的角度考虑，PSS 环节的设置并未产生有效的影响，即不同情形下的有效分岔点数目均为一个，表现为相同的振荡情形；从励磁增益取值的角度来说，不考虑 PSS 环节的系统中，$K_A=5.726121$ 时，水力发电机组系统产生超临界 Hopf 分岔，而在考虑 PSS 环节的系统中，增大 K_A 取值才能产生同类型的分岔。总的来说，PSS 环节并不能改变水力发电机组系统的振荡类型，但对振荡出现的位置具有延迟的作用，即考虑 PSS 环节时，励磁增益临界值右移，这一分析结果可为电力系统稳定器参数的设定提供参考。

表 1.9　K_A 变化时不同情景下的分岔类型

情景设置	不考虑 PSS		考虑 PSS	
分岔类型	H1	H2	H1	H2
K_A	5.726121	−7.543973	5.727996	−7.528185
第一 Lyapunov 系数	−0.017076	-2.12×10^{-6}	−0.014563	-6.04×10^{-7}
属性	超临界	超临界	超临界	超临界

当参数变化至临界 Hopf 分岔点时，系统将从分岔点产生极限环，反映在工程实际中是一种周期振荡行为。为了研究水力发电机组系统在励磁增益冲击下的周期性振荡行为，以超临界 Hopf 分岔点为初始状态时，延拓追踪励磁增益 K_A 扰动下的极限环振荡特性，得到了以 H1 为起始点的极限环曲线，如图 1.10 所示。从图 1.10（a）中可以看出，总的来说随着励磁增益的增加，极限环的幅值呈增加趋势。当励磁增益 K_A 变化至 6.883607 时，水力发电系统产生极限环 Neimark Sacker（NSK）分岔，此 NSK 分岔存在着一对模为 1 的共轭复特征乘子，其周期为 4.052344s，规范型系数实部大于 0，这说明一个不稳定的圆环面从 NSK 分离出来；随着励磁增益的进一步增大，在 $K_A=6.893951$ 处产生了周期为 4.033259s 的 Neutral Saddle 极限环（NSC），NSC 并不属于极限环的分岔类型；继续增大励磁增益 K_A，在 $K_A=6.894642$ 处产生了周期为 4.030614s 极限环分岔（LPC）。在图 1.10（b）中，在考虑 PSS 环节的情景下，从超临界分岔点 $K_A=5.727996$ 出发，当励磁增益 K_A 变化至 6.886217 时，水力发电机组系统产生了 NSK 分岔，其周

期为 4.049103s，规范型系数实部大于 0，这说明 NSK 分岔是亚临界的，当分岔参数越过 NSK 时，不稳定的极限环将从 NSK 中分离出来；随着 K_A 的进一步变化，当励磁增益 $K_A=6.896613$ 时，水力发电机组系统产生了 NSC，其周期为 4.029785s；当 $K_A=6.897258$ 时，水力发电系统产生了极限环分岔（LPC）行为，其周期为 4.027232s，规范型系数为 31.68953。以上现象说明，K_A 的变化对水力发电系统的动力学特性具有一定的影响，不合适的参数取值可能会导致系统处于分岔的临界状态，这对机组的安全稳定运行是极为不利的，故在实际工程中应避免参数取值落于临界分岔点处。

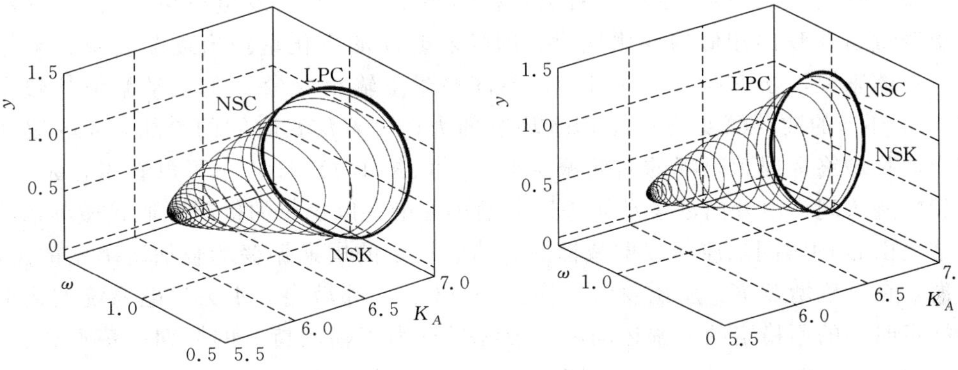

(a)不考虑 PSS 的极限环曲线　　(b)考虑 PSS 的极限环曲线

图 1.10　K_A 变化下产生于 H1 的极限环

在表 1.10 中，从极限环分岔类型考虑，无论水力发电系统模型是否考虑 PSS 环节，励磁增益 K_A 的变化均会引起系统产生极限环分岔（LPC）、NSK 分岔和 NSC，这说明 PSS 的设置并没有改变系统中极限环的类型。从极限环分岔数目的角度考虑，在考虑 PSS 环节和不考虑 PSS 环节的情况下，水力发电系统 LPC、NSK 和 NSC 的数目均为 1，也就是说 PSS 环节的设置并未改变极限环分岔的数目；从励磁系统参数取值的角度考虑，极限环分岔现象均产生于大于 Hopf 分岔参数值的范围内，且在相同的极限环分岔类型下，不考虑 PSS 环节的系统中分岔参数值较考虑 PSS 的系统小。以上这些现象说明励磁增益 K_A 的变化对分岔模式有强烈的影响，且 PSS 的设置与否并不影响极限环的分岔类型，但对极限环分岔出现的位置影响较大。

表 1.10　K_A 变化下 H1 处的极限环曲线

情景设置	类型	K_A	周期/s	规范型系数
不考虑 PSS	NSK	6.883607	4.052344	0.000164547−0.000223592i
	NSC	6.893951	4.033259	—
	LPC	6.894642	4.030614	31.82807
考虑 PSS	NSK	6.886217	4.049103	0.000140968−0.000192083i
	NSC	6.896613	4.029785	—
	LPC	6.897258	4.027232	31.68953

1.4.2.2　分岔点邻域动态稳定性能分析

在水力发电系统中，Hopf 分岔是导致水力发电机组产生持续振荡的诱因之一。为了分析励磁系统参数变化产生的 Hopf 分岔对机组运行特性的影响，以临界励磁增益为切入点，分析小扰动下即分岔点邻域内水力发电系统输出变量 ω 和 y 的动力学演变特性。

励磁增益 K_A 处于分岔临界值邻域时考虑 PSS 环节和不考虑 PSS 环节情景下水力发电机组系统输出变量 ω 的时间响应曲线和 $\omega-y$ 相轨迹图如图 1.11 所示。其中图 1.11（a）为励磁增益 $K_A=5.7280$ 时的 ω 时间响应曲线，图 1.11（b）为相应的 $\omega-y$ 二维空间相轨迹图。从图 1.11（a）中可以看出，在两种不同的水力发电机组运行情景模式下，系统输出变量 ω 呈现出相似的变化规律，即随着时间的变化呈现出逐渐衰减直至等幅振荡趋势。具体来说，在仿真的初始时刻，不同情景下输出变量 ω 的波动幅值均较大，且不考虑 PSS 环节的波动幅度较考虑 PSS 环节的大；随着仿真时间的增加，ω 的波动幅值逐渐减小，且最终呈现为等幅的周期振荡形式。从图 1.11（b）中可以看出，$\omega-y$ 二维空间的相轨迹表现为由外向内运动轨迹逐渐缩小并最终以稳定的极限环形式做等幅的周期运动，这是由 ω 的时间响应曲线即减幅的振荡和稳定的周期振荡的叠加所决定的。据此，可以得出，在励磁增益 K_A 所诱发的超临界 Hopf 分岔邻域内，水力发电系统的输出变量在历经一定时间的不稳定的减幅运动后，最终呈现为等幅的持续的周期振荡形式。此外，PSS 环节的设置能够缩小系统超调范围，减弱机组的振荡幅度。

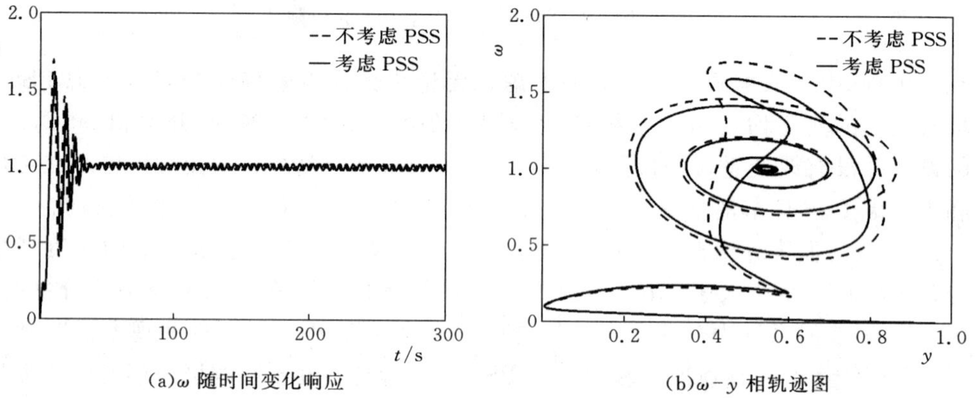

图 1.11　分岔点（H2）邻域的系统输出响应

1.4.3　机组参数影响分析

发电机的阻尼系数 D 反映了发电机的固有阻尼水平，对与电网相连的发电机组的稳定性有重大影响，故本节主要考虑阻尼系数 D 变化对水力发电机组系统动态性能的影响分析。所开展的主要研究内容有：①运用 1.2.2 节的延拓追踪法确定水力发电机组系统平衡点曲线，并依据动力学分岔理论确定单参数变化下机组临界运行状态；②以单参数临界分岔为切入点，延拓追踪参数持续变化下的临界阈值；③运用时域仿真方法探究机组在临界状态邻域内的动态性能。

1.4.3.1　D 作用下动力学特性分析

图 1.12 为发电机阻尼系数 D 变化下水力发电机组系统平衡点曲线演变历程。

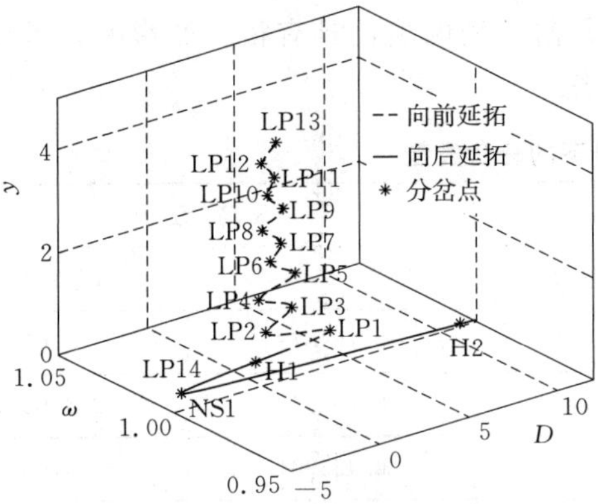

(a)不考虑 PSS 的平衡点曲线

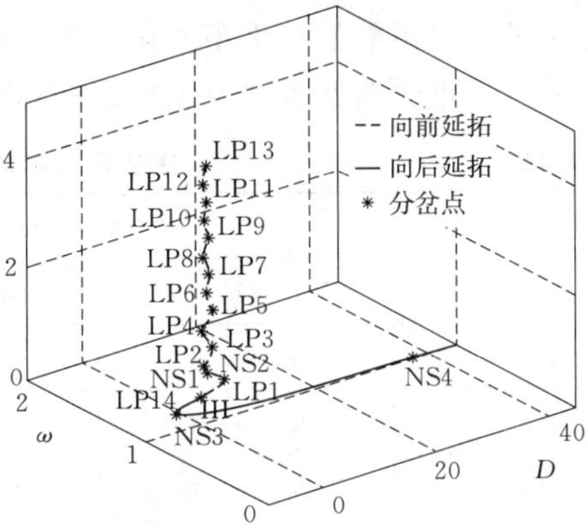

(b)考虑 PSS 的平衡点曲线

图 1.12 D 变化下的平衡点曲线

从图 1.12 (a) 可以看出，在向前延拓的平衡点曲线上，随着阻尼系数 D 的变化，水力发电系统依次经历了 LP1 - LP1 - LP3 - LP4 - LP5 - LP6 - LP7 - LP8 - LP9 - LP10 - LP11 - LP12 - LP13 共 13 个极限点分岔，且所有的极限点分岔的规范型系数均不为 0，这说明这些极限点分岔是非退化的。当阻尼系数不确定变化时，从向后延拓的平衡点曲线可以看出，水力发电机组系统依次经历了 H1 - LP14 - NS1 - H2 点，由于 NS1 为中性鞍点，并不具有分岔意义，所以不予考虑。由于 LP14 的规范型系数不为 0，那么此分岔点是非退化的。H1 和 H2 的第一 Lyapunov 系数分别为 0.007513 和 −0.249500，也就是说二者分别属于亚临界和超临界 Hopf 分岔。此外，从参数变量实际工程意义角度考虑，虽然阻尼系数的变化导致水力发电系统出现了数个分岔点，但只有分岔点 LP1、NS2、LP2、LP6、LP8 和 LP10 是有效的。

在图 1.12 (b) 中，发电机阻尼系数 D 的变化导致水力发电系统产生了 LP 分岔、Hopf 分岔和中性鞍点，这意味着水力发电机组将在 LP 和 Hopf 分岔临界阻尼系数 D 处产生不利于系统稳定的振荡行为。根据平衡点曲线特征根的分布概况可以判断 LP2 和 LP3 之间、LP6 和 LP7 之间、LP8 和 LP9 之间以及 LP10 和 LP11 之间的平衡点曲线分支是稳定的，平衡点曲线的其他分支则由不稳定平衡点组成。考虑到水电系统实际运行状态，认为只有分岔点 LP1、LP2、LP6、LP8 和 L10 处的参数取值具有工程实际意义。

总结以上分析可以得出，阻尼系数 D 的变化使得水力发电机组系统产生了分岔现象，这是系统稳定性产生突变的临界点。故可根据实际需要，重点监测这些分岔临界值，提前调整阻尼系数的配套参数取值以规避可能的运行风险，从而满足系统稳定性运行的要求。

表 1.11 汇总了不同情景下水力发电系统在阻尼系数影响下的非线性动力学行为信息。从分岔类型和数量的角度考虑，不考虑 PSS 环节的情景下，受阻尼系数的影响，水力发电机组系统产生了两种不同类型的分岔，即 LP 和 Hopf 分岔，这意味着系统存在着非线性振荡甚至崩溃的风险；而在考虑 PSS 环节的情景下，阻尼系数的变化导致系统产生了 LP 分岔，但尚未发现 Hopf 分岔。从分岔临界阻尼系数值的角度考虑，两种情景下相同的阻尼系数值均能导致 LP 分岔的产生，但当 D 增加至 11.059317 时，只有不考虑 PSS

的系统产生了 Hopf 分岔现象。以上这些结果说明，在阻尼系数值变化的过程中，PSS 的设置对临界阻尼系数值几乎不产生影响，但对分岔类型的演化具有很大的影响，可以改变分岔的类型，进而改变水力发电机组的运行状态。

表 1.11　D 变化时不同情景下的分岔类型

分岔类型	考虑 PSS		不考虑 PSS	
	D	分岔系数值	D	分岔系数值
LP1	3.769973	−0.107402	3.769973	−0.107402
LP2	0.224610	−2.430862	0.224610	2.430861
LP6	0.453901	−0.708394	0.453901	−0.708394
LP8	0.013448	−0.255345	0.013448	0.255343
LP10	0.293623	0.723557	0.293623	−0.723558
H2	—	—	11.059317	−0.249500

为了进一步探究临界阻尼系数扰动下水力发电机组系统的动态性能，以阻尼系数 D 和调速器微分增益 k_d 为自由变量，运用数值延拓算法进行分析。依据临界阻尼系数数值延拓结果，分别绘制了考虑 PSS 和不考虑 PSS 两种不同情境下 ω 关于两个阻尼系数 D 和 k_d 的余维-2 分岔曲线，如图 1.13 所示。

从图 1.13 (a) 可以看出，当阻尼系数 D 和 k_d 变化时，水力发电系统经历了 3 个余维-2 分岔，即 ZH1、ZH2 和 ZH3。在 ZH2 点处，k_d 的数值小于 0，这在工程实际中是不允许的，因此判定 ZH2 为无效的分岔点。此外，还可以发现，在有效的余维-2 分岔点处，k_d 的取值是发生变化的，而阻尼系数 D 的取值保持不变，这说明阻尼系数 D 对于余维-2 分岔点并不产生影响。从图 1.13 (b) 可以看出，通过调整阻尼系数 D 和 k_d 进行数值延拓计算，可以得到 4 个特殊类型的点，即 ZH1、ZH2、ZH3 和 ZH4。其中，ZH1 和 ZH4 是 Zero - Hopf 分岔点，ZH2 和 ZH3 是中性鞍点，也就是说 ZH2 和 ZH3 并不具有余维-2 分岔点的振荡属性。此外，ZH4 点的 k_d 小于 0，因此认为 ZH4 仅为理论分析上的分岔点，在工程实际中是无意义的。总结上述现象可知，尽管双自由参数变化下水力发电系统理论上遍历了不同的余维-2 分岔，但考虑到工程实际，要求余维-2 分岔是确定的。

从表 1.12 可以看出，PSS 的设置会改变系统分岔点的类型，并对分岔点临界参数取值产生一定的影响，这说明 PSS 影响相同参数取值下水力发电系统的动态稳定性能。就分岔数目而言，PSS 环节使得水力发电系统中 Zero - Hopf 分岔数目减少，这意味着考虑 PSS 的系统中参数的可调范围变大。就分岔类型而言，在 $k_d = 6.733486$ 时，不考虑 PSS 的情境下，水力发电机组系统产生 Zero - Hopf 分岔，而 PSS 的设置使得这一分岔现象消失，这一现象将影响机组的运行状况。值得注意的是，无论 PSS 环节设置与否，余维-2 分岔主要受 k_d 的影响，而阻尼系数则保持不变。在 Zero - Hopf 点附近会出现复杂的非线性动力学现象，例如会产生复杂的不变集和混沌的局部，因此在工程应用中应当注意调整参数的取值以减弱或避免系统中混沌现象的出现。

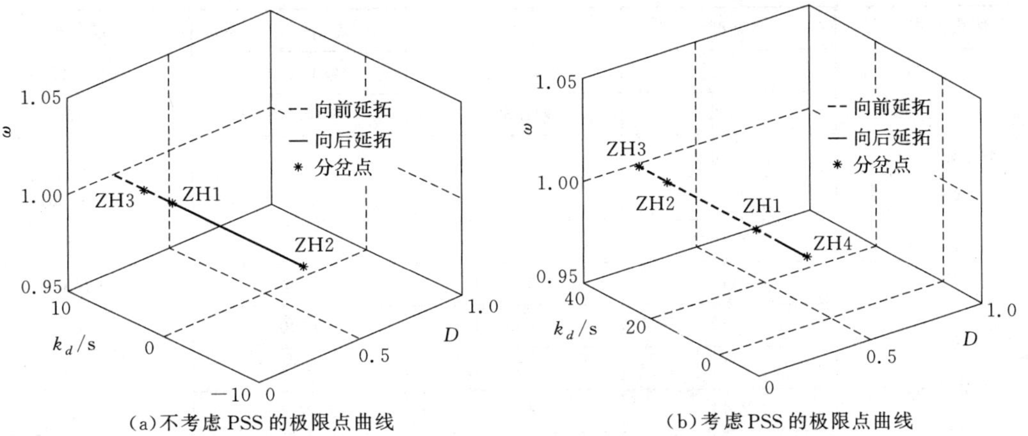

图 1.13 D 和 k_d 变化下的基于 LP2 的极限点延拓曲线

表 1.12　　极限点分岔（LP2）的数值延拓信息

情景设置	类型	D	k_d	属　性
不考虑 PSS	ZH1	0.224610	3.751672	Zero - Hopf
	ZH2	0.224610	−9.962959	Zero - Hopf
	ZH3	0.224610	6.733486	Zero - Hopf
考虑 PSS	ZH1	0.224610	3.69067	Zero - Hopf
	ZH2	0.224610	30.11107	NS
	ZH3	0.224610	38.574946	NS
	ZH4	0.224610	−11.25272	Zero - Hopf

在以 LP6 点为初始点，以阻尼系数和调速器微分增益为变量的情景中，对水力发电机组系统继续施以参数扰动，得到了考虑 PSS 和不考虑 PSS 的不同情景下的余维-2 分岔，见表 1.13。从表 1.13 可以看出，在不考虑 PSS 环节的水力发电系统中，随着阻尼系数和微分增益的变化，系统在 $D=0.453901$ 和 $k_d=4.114721$ 处产生了 Zero - Hopf 分岔；进一步调整自由参数取值，依次在（0.453901，6.084298）、（0.453901，29.813508）、（0.453901，40.220518）和（0.453901，50.768799）处出现了 NS 点、NS 点、Zero - Hopf 分岔点和 NS 点。在考虑 PSS 环节的系统中，在阻尼系数和微分增益的影响下，水力发电机组系统在（0.453901，12.486012）、（0.453901，9.739033）、（0.453901，4.061297）、（0.453901，29.816854）、（0.453901，40.042461）和（0.453901，56.084477）处依次产生了 NS 点、NS 点、NS 点、NS 点、Zero - Hopf 分岔点和 NS 点。对上述研究结果纵向对比分析可以发现，在这些 Zero - Hopf 和 NS 点中，D 的取值依然保持不变，且与延拓初始点 LP6 的取值相同，k_d 的取值发生着变化，即 D 并未对余维-2 分岔产生作用，而 k_d 则起主导作用。

表 1.13　　极限点分岔（LP6）的数值延拓信息

情景设置	类型	D	k_d	属　性
不考虑 PSS	ZH1	0.453901	4.114721	Zero - Hopf
	ZH2	0.453901	6.084298	NS
	ZH3	0.453901	29.813508	NS
	ZH4	0.453901	40.220518	Zero - Hopf
	ZH5	0.453901	50.768799	NS
考虑 PSS	ZH1	0.453901	12.486012	NS
	ZH2	0.453901	9.739033	NS
	ZH3	0.453901	4.061297	NS
	ZH4	0.453901	29.816854	NS
	ZH5	0.453901	40.042461	Zero - Hopf
	ZH6	0.453901	56.084477	NS

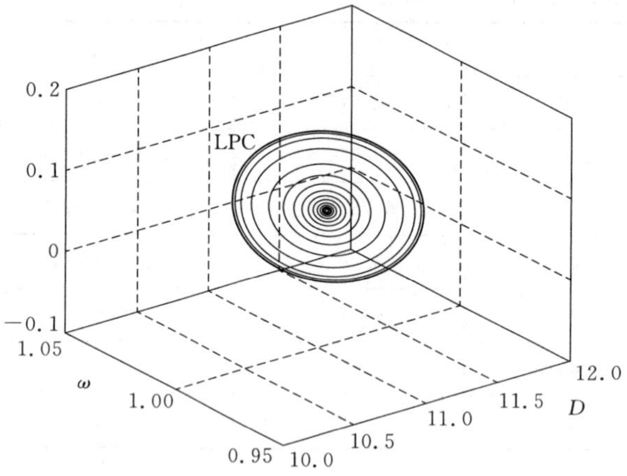

图 1.14　不考虑 PSS 情景时 D 变化下产生于 H2 的极限环

为了研究水力发电系统在超临界阻尼系数值下受扰后的动态性能，得到了不考虑 PSS 情景时以 H2 为起始点的极限环曲线，如图 1.14 所示。从图 1.14 可以看出，总的来说随着阻尼系数的增加，极限环的幅值呈增加趋势。在阻尼系数变化至 11.074038 时，水力发电机组系统产生了极限环分岔现象，其中极限环周期和规范型系数等见表 1.14。极限环分岔的周期为 2.432865s，规范型系数为−277.7131。此外，产生于超临界 Hopf 分岔（H2）的极限环参数值大于超临界 Hopf 分岔参数值，即在超临界 Hopf 分岔下，极限环分岔存在于 Hopf 分岔的右侧范围内。

表 1.14　　D 变化下 H2 处的极限环周期和规范型系数

类型	D	周期/s	规范型系数
LPC	11.074038	2.432865	−277.7131

1.4.3.2　分岔点邻域动态稳定性能分析

为研究临界阻尼系数 D 附近的水力发电机组系统动态稳定性能，以 LP2 为起始点，对参数 D 进行微小扰动，得到了考虑 PSS 和不考虑 PSS 情景下水力发电机组系统输出变量 ω 的时间响应曲线和 $\omega - y$ 相轨迹图，如图 1.15 所示。从图 1.15（a）可以看出，两种情景下的输出变量 ω 总体的响应趋势呈现为减幅的振荡直至收敛到稳定值。具体来讲，在初始扰动时刻，输出变量 ω 呈现出不稳定的振荡状态。相较于稳定状态而言，此情景下 ω 的振荡幅值较大且呈逐渐衰减趋势。随着仿真时间的延长，输出变量 ω 最终收敛到平衡态。从图 1.15（b）可以看出，系统变量运动轨迹最初由大的振荡组成，这些振荡逐渐衰减，最后收敛到一个稳定的平衡点，也就是说输出变量的运动轨迹由外向内呈现出明显的收敛趋势，同时也说明输出变量 y 具有与 ω 相同的演变趋势。此外，通过纵向对比可以发现，考虑 PSS 环节的系数输出的振荡幅值相对不考虑 PSS 环节大，且收敛到平衡点的时间延长，这说明此种参数取值范围下，PSS 的设置是不利于水力发电系统在受到扰动后迅速恢复到平衡状态的。

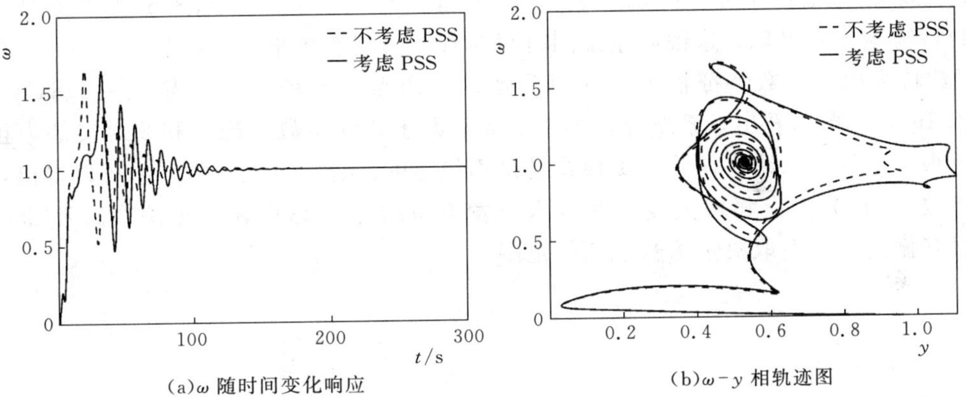

图 1.15　极限分岔点（LP2）邻域的系统输出响应

1.5　不考虑 PSS 环节的振荡特性分析

低频振荡的产生主要与系统的负阻尼有关，而在高增益的快速励磁系统中更容易产生负阻尼效应，从而促进这一振荡的产生。调速系统对振荡也有直接作用，尤其调速系统参数设计不合理可能会恶化振荡阻尼，是引发频率更低的超低频振荡的主要原因。故此本节主要考虑调速系统参数和励磁系统参数对水力发电机组振荡稳定性的影响。

1.5.1　调速器参数作用下的振荡特性

分岔点是参数变化过程中导致系统稳定性发生突变的临界点，其直接影响水力机组的振动，故关注分岔临界参数扰动对水力机组系统稳定性具有重要的意义。鉴于此，本小节主要关注调速器参数 k_p 影响下水力发电机组振荡稳定性问题。为实现这一目标，依据第 2 章所获得的分岔临界调速器参数值为融合点，运用特征分析法、列向量规格化法和能量级思想分析所有临界调速器参数取值邻域内机组的振荡稳定性概况，包括特征根分布、振荡频率、振荡阻尼、参与因子以及振荡能量等指标。

1.5.1.1　分岔点邻域振荡稳定性分析

调速器参数 k_p 的取值不同可能导致水力发电机组呈现出不同的振荡稳定形态，为了探究这一影响特性，以机组临界运行工况为切入点，确定了临界调速器参数 k_p 取值邻域的特征根分布，如图 1.16 所示，根据特征根实部的符号可以判定水力发电机组系统平衡点稳定性。总体上来说，当调速器参数 k_p 在有效分岔点邻域内变化时，水力发电机组系统均存在着实数特征根和复数特征根，分别对应着非振荡模态和振荡模态。具体来说，在图 1.16（a）中，当调速器参数 $k_p=0.670129$ 时，水力发电机组系统存在着 2 对共轭特征根，对应着两种不同的振荡模式，且所有特征根的实部均小于 0，说明此情形下系统平衡点是渐进稳定的。当调速器参数 $k_p=0.839106$ 时，从图 1.16（b）中可以看出水力发电机组系统存在着 2 对共轭复数特征根和 1 个实部大于 0 的实数特征根，也就是说系统在此小扰动下是不稳定的。从图 1.16（c）和图 1.16（d）可以看出，当 $k_p=0.920051$ 和 1.094724 时，水力发电机组系统均存在着 2 对共轭特征根和 2 个实部大于 0 的实数特征根，这意味着系统平衡点是不稳定的。在图 1.16（e）中，$k_p=1.638258$ 导致复数特征根和实数特征根同时出现，这说明系统同时存在着振荡模态和非振荡模态；此外，实部大于 0 的复数特征根和实数特征根的存在说明系统平衡点是不稳定的。当 $k_p=1.847674$ 时，从图 1.16（f）可以看出，系统存在着 1 个实部大于 0 的实数特征根和 2 对实部为正的共轭特征根，这说明系统存在着振荡模式且是不稳定的。总结以上分析结果可以得出，当调速器参数 k_p 在分岔点邻域内变化时，水力发电机组系统总存在着振荡模式和非振荡模式，且其振荡稳定性取决于参数取值的范围。

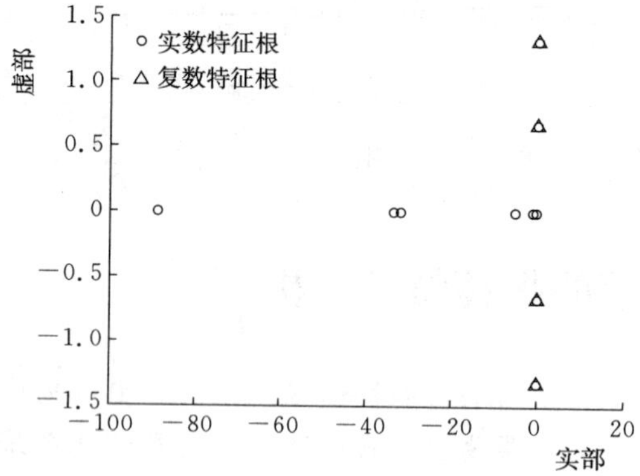

(a) $k_p=0.670129$

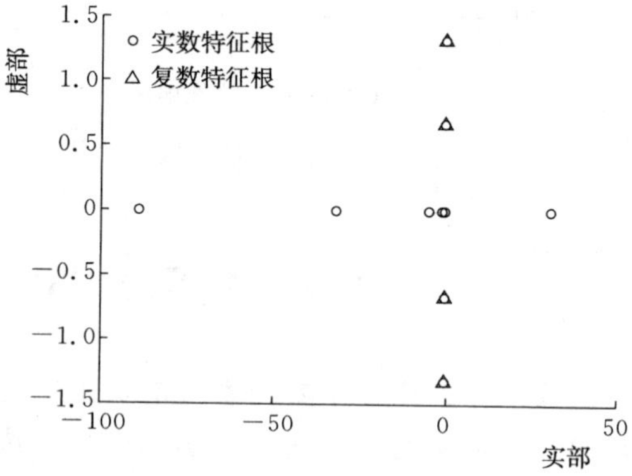

(b) $k_p=0.839106$

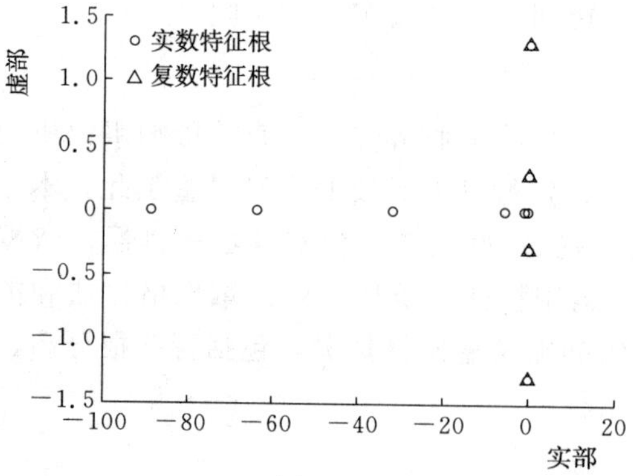

(c) $k_p=0.920051$

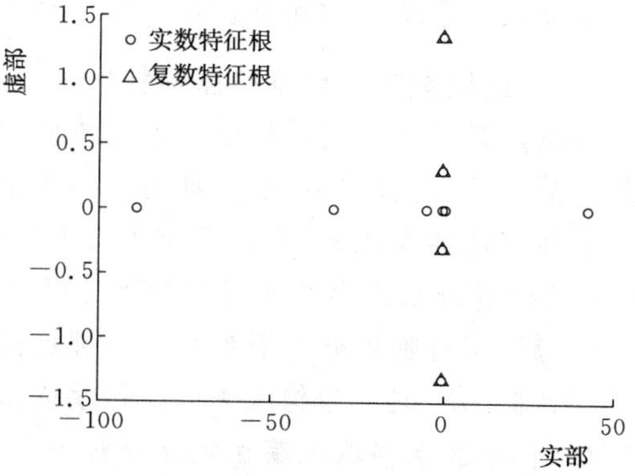

(d) $k_p=1.094724$

图 1.16（一）　k_p 变化下分岔点邻域的特征根分布

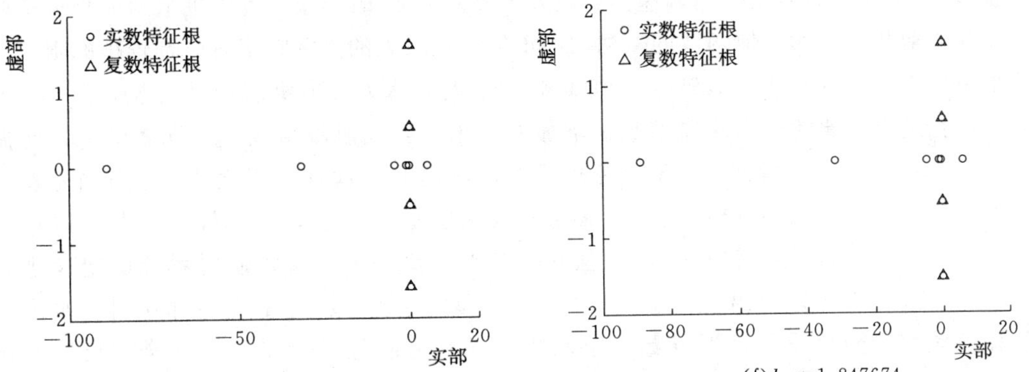

(e) $k_p=1.638258$　　(f) $k_p=1.847674$

图 1.16（二）　k_p 变化下分岔点邻域的特征根分布

表 1.15　　**k_p 变化下振荡模式特征根分布**

k_p	序号	特征根	k_p	序号	特征根
0.670129	$\lambda_{1,2}$	$-0.0232\pm1.314i$	0.839106	$\lambda_{2,3}$	$0.00528\pm1.343i$
	$\lambda_{3,4}$	$-0.0569\pm0.667i$		$\lambda_{4,5}$	$-0.0498\pm0.651i$
0.920051	$\lambda_{2,3}$	$-0.0325\pm1.303i$	1.094724	$\lambda_{3,4}$	$0.0128\pm1.331i$
	$\lambda_{4,5}$	$-0.479\pm0.286i$		$\lambda_{5,6}$	$-0.458\pm0.301i$
1.638258	$\lambda_{2,3}$	$0.132\pm1.524i$	1.847674	$\lambda_{2,3}$	$0.1628\pm1.574i$
	$\lambda_{4,5}$	$-0.00590\pm0.543i$		$\lambda_{4,5}$	$0.00755\pm0.516i$

从表 1.15 可以看出，在 $k_p=0.670129$ 和 0.920051 时，水力发电机组系统的两对共轭特征根实部均小于 0，这说明在此情形下，机组的振荡模式为衰减型振荡。当 $k_p=0.839106$、1.094724 和 1.638258 时，水力发电系统存在着符号相反的两对共轭特征根，这说明这些参数取值下机组的振荡模式为增幅型振荡和减幅型振荡共存。$k_p=1.847674$ 时，两对共轭特征根实部均大于 0，也就是说系统仅存在着增幅型振荡模态。此外，调速器参数 k_p 变化时，复数特征根的实部和虚部存在着较大的差异，这导致振荡模态即频率和阻尼也随之变化。为了定量描述调速器参数 k_p 对振荡过程的影响特性，不同调速器参数取值下的振荡频率和阻尼分布概况描述见表 1.16。

表 1.16　　**k_p 变化下振荡模式指标**

k_p	模式 1		模式 2	
	频率/Hz	阻尼	频率/Hz	阻尼
0.670129	0.209187	0.017661	0.106308	0.084880
0.839106	0.213756	−0.003931	0.103659	0.076360
0.920051	0.207523	0.024942	0.045638	0.858234
1.094724	0.211953	−0.009684	0.048024	0.835153
1.638258	0.242663	−0.086567	0.086556	0.010860
1.847674	0.250625	−0.102835	0.082221	−0.01463

从表 1.16 中可以看出，当调速器参数 $k_p=0.670129$ 时，水力发电机组的两种振荡模式的频率和阻尼相差较大，但两者的阻尼均为正值，且较大的振荡频率对应着较小的阻尼。当调速器参数 $k_p=0.839106$、1.094724 和 1.638258 时，水力发电机组均存在着一正一负的两种阻尼，且负阻尼比随着调速器参数的增加而减小。当调速器参数 $k_p=0.920051$，就振荡频率而言，模式 1 大于模式 2；就振荡阻尼而言，模式 2 远远大于模式 1。当调速器参数 $k_p=1.847674$ 时，水力发电机组两种振荡模式为阻尼均小于 0 的增幅型振荡，这意味着较大的调速器参数取值给水力发电机组系统引入了负阻尼，这将使得系统稳定性遭到破坏。总结上述结果可以得出，当系统运行在临界调速器参数 k_p 的左右邻域时，水力发电机组振荡频率和阻尼受调速器参数影响较大，尤其是阻尼甚至呈现出完全相反的变化效应。同一分岔点的左右邻域内，较大的调速器参数导致阻尼较小的低频模式的产生，而超低频模式则不同；而在同一参数取值下，振荡频率和阻尼变化趋势相反。

1.5.1.2　振荡模式识别

为了明晰影响水力发电机组振荡稳定性的原因，首先计算状态变量对机组振荡模式的参与程度；进一步将参与因子按列规格化；最后依据规格化后的参与因子排序确定了同机组振荡模式密切相关的状态变量，确定了振荡模态。主要的分析结果如图 1.17、表 1.17 和表 1.18 所示。

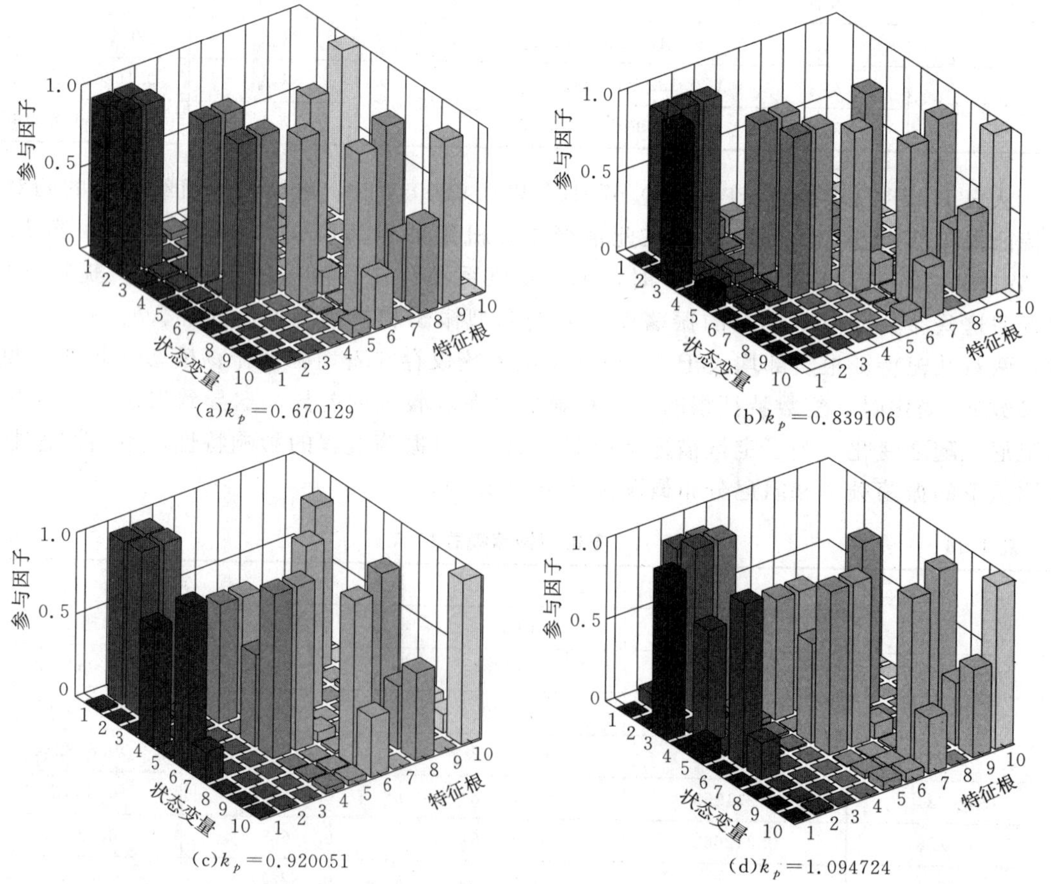

(a) $k_p=0.670129$　(b) $k_p=0.839106$

(c) $k_p=0.920051$　(d) $k_p=1.094724$

图 1.17（一）　状态变量对分岔点邻域振荡模式的参与程度

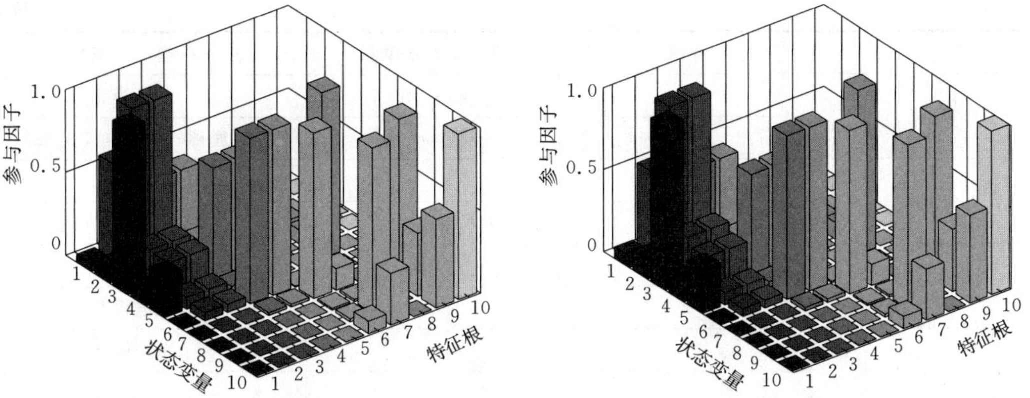

(e) $k_p=1.638258$　　(f) $k_p=1.847674$

图 1.17（二） 状态变量对分岔点邻域振荡模式的参与程度

图 1.17 是调速器参数变化下参与因子所量化的状态变量对机组振荡过程的影响程度。从图 1.17 可以看出，随着调速器参数的变化，状态变量对振荡和非振荡模式的影响程度呈现出一定的差异性。振荡模式是引起水电机组振荡失稳的主要原因，即分析振荡模式下的主要影响因素更有意义，故在以下的状态变量参与程度分析中着重考虑振荡模式。在图 1.17（a）中，当调速器参数 $k_p=0.670129$，状态变量 x_1 和 x_2 分别以数值 0.964331 和 1 强烈参与了振荡模式 1，这表明该振荡模式属于水击模态；状态变量为 ω 和 δ 对于振荡模式 2 的参与程度分别为 0.987263 和 1，即 ω 和 δ 为强相关状态变量，这说明振荡模式 2 属于机电模态也就是低频振荡。相似地可以得到调速器参数 $k_p=0.839106$ 时，水电机组振荡模式与 $k_p=0.670129$ 相同，这里不再赘述。在图 1.17（c）～（d）中，当调速器参数 $k_p=0.920051$ 和 1.094724 时，从参与因子角度考虑，对振荡模式 1 参与程度较为强烈状态变量为 x_1 和 x_2，二者均来自于水力系统，故振荡模式 1 类属于水击模态；对振荡模式 2 而言，强相关状态变量为 E_q'、ω 和 δ，这说明该振荡模式与励磁-机械-电气系统强相关。从图 1.17（e）可以看出，状态变量 x_1 和 x_2 对振荡模式 1 的参与程度较大分别为 1 和 0.593810，这说明该振荡模式为水击模态；状态变量 δ 和 ω 分别以数值 0.678343 和 1 强烈参与到振荡模式 2，故振荡模式 2 为机电模态。在图 1.17（f）中，状态变量 x_1 和 x_2 对振荡模态 1 的参与程度分别为 0.529882 和 1，其余状态变量的参与程度均小于 0.5，这说明正当模式 1 为水击模态；对振荡模式 2 而言，状态变量 δ 和 ω 的参与程度最为强烈，其数值分别为 1 和 0.620542，这说明振荡模式 2 为机电模态。将上述不同调速器参数影响下的机组振荡模态分析结果汇总于表 1.17。

表 1.17　　振荡模态强相关状态变量识别

k_p	模式	强相关状态变量	模　态
0.670129	1	x_1，x_2	水击模态
	2	ω，δ	机电模态
0.839106	1	x_2，x_1	水击模态
	2	δ，ω	机电模态

续表

k_p	模式	强相关状态变量	模　　态
0.920051	1	x_2，x_1	水击模态
	2	E_q'，ω，δ	励磁-机械-电气模态
1.094724	1	x_2，x_1	水击模态
	2	E_q'，ω，δ	励磁-机械-电气模态
1.638258	1	x_2，x_1	水击模态
	2	δ，ω	机电模态
1.847674	1	x_2，x_1	水击模态
	2	δ，ω	机电模态

从表 1.17 的汇总结果可以看出，无论调速器参数 k_p 取值如何，水力发电机组总是存在着水击模态，而机电模态则受调速器参数 k_p 的影响较大。进一步分析还可以发现，在相同的临界调速器参数 k_p 取值下，其左右邻域的振荡模态具有相似性，即影响机组振荡过程的状态变量是相同的，而不同的调速器参数 k_p 作用下的影响程度存在一定的差异性，即振荡影响因素不同。

表 1.18　　k_p 变化下振荡模式能量值

k_p		0.670129	0.839106	0.920051	1.094724	1.638258	1.847674
能量值	模式 1	341.053544	573.154136	48.109816	114.453145	4116.66354	6324.36989
	模式 2	332.242037	474.54941	0.024363	0.062368	2158.5279	3134.54774

从表 1.18 不同调速器参数 k_p 影响下的振荡模式能量分布可以看出，调速器参数影响下的振荡能量存在着较大的差异。例如，调速器参数 $k_p=0.920051$ 的模式 1 的振荡能量是模式 2 的近 2000 倍，这意味着模式 1 为该调速器参数取值下的主导振荡模态。同时依据表 1.18 可以知道模式 1 为水击模态，故在应对机组振荡的调控方面应重点关注水力系统的影响。同理可以得到，调速器参数 k_p 作用下，水电机组的主导振荡模态为水击模态。因此，当调速器参数在上述参数内变化时，应及时调整与水力系统相关的参数变量取值来改善机组的振荡特性。

1.5.2　励磁参数作用下振荡特性分析

本节主要针对励磁增益 K_A 影响下水力发电机组系统的振荡稳定性进行展开。以分岔临界励磁系统参数取值为依托点，重点关注水力发电机组随临界值邻域的变化而呈现出的振荡特性。

1.5.2.1　分岔点邻域振荡稳定性分析

为了分析励磁增益 K_A 对水力发电机组运行稳定性的影响，以机组临界运行工况为切入点，研究系统在临界励磁参数附近的运行特性。临界值附近水力发电机组系统的特征根分布情况如图 1.18 所示。总的来说，励磁增益 K_A 的变化使得水力发电机组系统产生四对共轭特征根和两个实数特征根，这意味着水力发电机组系统中存在着四种不同的振荡模式和两种非振荡模式。具体来说，从图 1.18（a）可以看出，当励磁增益

$K_A=5.714822$ 时，水力发电机组系统的特征根实部均小于0，这说明此情形下的水力发电机组系统是渐进稳定的。当 $K_A=5.734262$ 时，由图1.18（b）可知，水力发电机组系统的四对复数特征根中有一对共轭特征根实部大于0，说明此时的水力发电机组系统是不稳定的。总结上述分析结果可以知道，励磁增益的取值对水力发电机的振荡过程存在着较大的影响。

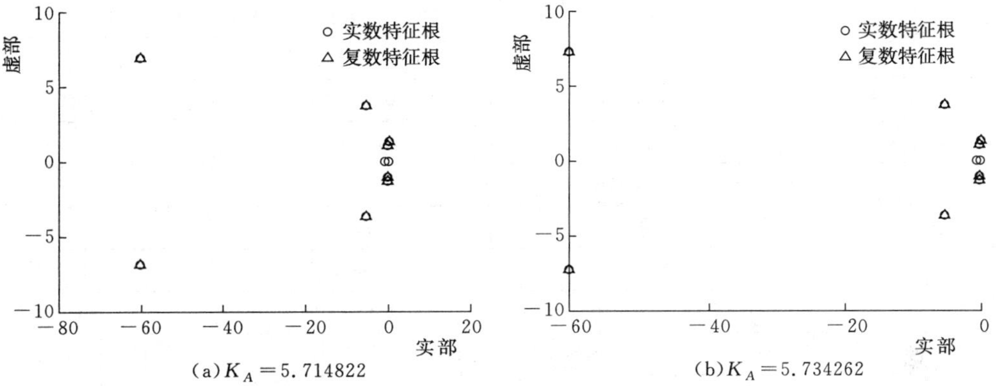

图1.18　K_A 变化下分岔点邻域特征根分布

表1.19为不同励磁增益取值下的复数特征根分布情况。从表中可以看出，在励磁增益 K_A 取值为5.714822时，由于水力发电机组系统的复数特征根实部均小于0，那么机组振荡阻尼大于0，也就是说该振荡模态属于衰减振荡；同时，由于特征根实部和虚部相差较大，这意味着振荡的阻尼和频率存在着较大的不同。当励磁增益 $K_A=5.734262$ 时，一对正的共轭特征根的存在意味着水力发电机组将经历增幅型振荡，而负的共轭特征根的存在则导致振荡类型为减幅型振荡。

表1.19　K_A 变化下振荡模式特征根分布

特征根	特征根		特征根	特征根	
	$K_A=5.714822$	$K_A=5.734262$		$K_A=5.714822$	$K_A=5.734262$
1	−0.00124−1.286i	0.000894−1.288i	5	−5.503−3.683i	−5.502−3.683i
2	−0.00124+1.286i	0.000894+1.288i	6	−5.503+3.683i	−5.502+3.683i
3	−0.217−1.043i	−0.219−1.045i	7	−60.411−6.891i	−60.412−7.281i
4	−0.217+1.043i	−0.219+1.045i	8	−60.411+6.891i	−60.412+7.281i

振荡频率和阻尼是衡量机组振荡程度的两个基本指标，二者分别由复数特征根的虚部和实部所决定。为了进一步分析励磁增益作用下机组振荡特性，将振荡模式指标统计信息列于表1.20。从表中可以看出，当励磁增益 $K_A=5.714822$，从振荡阻尼的角度考虑，四种振荡模式的阻尼均为正值，其中最大阻尼为0.993556，最小阻尼为0.000966，数值相差很大；从振荡频率的角度看，四种振荡模式下，最小的振荡频率为0.203831Hz，最大的振荡频率为1.096821Hz，均在0.1～2.5Hz内。当 $K_A=5.734262$ 时，振荡模式1的阻尼为负值，这说明该振荡模式是增幅型的，而振荡模式2、3和4的阻尼均为正值，则意味着

这三种振荡模式是衰减型的；对于振荡频率而言，机组最小振荡频率为 0.166455Hz，最大振荡频率为 1.158894Hz，均在 0.1～2.5Hz 内。总结上述分析结果可得，在励磁增益 K_A 变化下，水电机组振荡频率均处于低频振荡区间内，且参数的微小变化对机组振荡频率影响不大，但是足以改变振荡阻尼的状态。

表 1.20　K_A 变化下振荡模式指标

模式	指标	特征根	
		K_A=5.714822	K_A=5.734262
模式 1	频率/Hz	0.204787	0.205074
	阻尼	0.000966	−0.000694
模式 2	频率/Hz	0.166005	0.166455
	阻尼	0.203831	0.205563
模式 3	频率/Hz	0.586259	0.586205
	阻尼	0.831038	0.831027
模式 4	频率/Hz	1.096821	1.158894
	阻尼	0.993556	0.992814

1.5.2.2　振荡模式识别

为了进一步影响水力发电机组稳定性的因素来源，依据上节的振荡分析结果，运用列向量规格化的方法研究状态变量对每一振荡模式的影响程度，相应的分析结果如图 1.19 所示。

图 1.19
对应程序

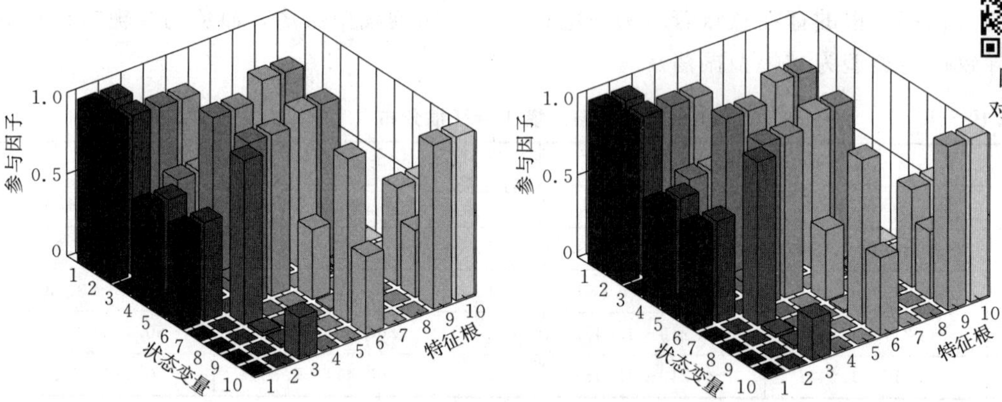

(a)K_A=5.714822　　(b)K_A=5.734262

图 1.19　状态变量对分岔点邻域振荡模式参与程度

图 1.19 为 K_A=5.714822 和 K_A=5.734262 时，水力发电机组系统状态变量对振荡和非振荡模式的参与程度柱状图。值得说明的是，该柱状图是按列向量规格化后的图形，柱状图的高度代表参与因子的数值，柱状图越高表示状态变量参与程度越强烈。考虑到振荡模式是导致水电机组振荡失稳的主要原因，故在下面的分析中对非振荡模式不再进行论述。从图 1.19 (a) 可以看出，对于共轭特征根 1 和 2（振荡模式 1），状态变量 x_1 和 x_2

参与程度最高，二者均来自于水力系统，这说明该振荡模式属于水击模态；特征根4和5为共轭特征根，对应于振荡模式2，参与程度最大的状态变量为ω和δ，这说明状态变量ω和δ对振荡模式2的影响程度最大，又考虑到该模式下振荡频率为0.166005Hz，落于区间［0.1，2.5］Hz，故而判定该振荡模式为机电模态即低频振荡模态；对于共轭特征根7和8（振荡模式3），强烈参与该振荡模式的状态变量为x_3和y，这说明该振荡模式与水力系统和调速系统密切相关；对于共轭特征根9和10（振荡模式4），来自于励磁系统的状态变量E_f和U_R参与程度最高，故该振荡模式属于励磁模态。在图1.19（b）中，共轭特征根1和2（振荡模式1）的最相关状态变量为x_1和x_2，其参与程度分别为1和0.976897，这说明该振荡模式属于水击模态；对于共轭特征根4和5（振荡模式2），其强相关状态变量为ω和δ，参与程度分别为1和0.984227，同时该模态的振荡频率为0.166455Hz，故判定该振荡模式为机电模态即低频振荡模态；对于共轭特征根7和8（振荡模式3），水力系统变量x_3和调速系统变量y强烈参与了该振荡模式；对于振荡模式4（共轭特征根9和10），状态变量U_R和E_f参与程度最高，分别为0.598070和1，而这两个状态变量隶属于励磁系统，故判定振荡模式4为励磁模态。不同励磁增益取值下振荡模式的强相关状态变量划分结果见表1.21。

表1.21　振荡模态中强相关状态变量识别

K_A	模式	强相关状态变量	模　态
5.714822	1	x_1，x_2	水击模态
	2	ω，δ	机电模态
	3	x_3，y	水击-调速模态
	4	E_f，U_R	励磁模态
5.734262	1	x_1，x_2	水击模态
	2	ω，δ	机电模态
	3	x_3，y	水击-调速模态
	4	E_f，U_R	励磁模态

在表1.21中，从变化的励磁参数的角度考虑，励磁增益K_A并未影响振荡模态的类别，即均存在着水击模态、机电模态、水击-调速模态和励磁模态；从固定励磁参数的角度考虑，不同的振荡模式下的强相关状态变量不同，这说明水力发电机组系统中多种振荡模态共存，这是由水力发电系统是一个高维的复杂非线性系统，其平衡解不唯一的特点所决定的。

从表1.22可以看出，同一励磁参数取值下，即当励磁增益分别为5.714822和5.734262时，振荡模式2的能量级高于其他振荡模式，这说明模式2为主要的振荡模式，同时综合表1.21振荡模态分类可得机电模态为主要振荡模态，机械-电气系统的作用对水力发电机组系统的稳定性影响较大，相关的调整措施制定应关注于这两个子系统。不同的励磁参数取值下，水力发电机组系统的振荡能量几乎不发生变化，即主导振荡模式相同，这说明励磁参数在分岔临界邻域内的变化并未能显著影响系统振荡过程。

表 1.22　　K_A 变化下振荡模式能量值

K_A		5.714822	5.734262
能量值	模式 1	7072.959	7064.3721
	模式 2	9606.8171	9639.235
	模式 3	544.60652	554.99832
	模式 4	0.0085938	0.0077522

思考	在不考虑 PSS 环节调速器参数作用下，振荡特性分析都包括哪些指标？

1.6　考虑 PSS 环节的振荡特性分析

水力发电机组在临界点邻域内稳定性分析的主要任务包括：①揭示水力发电机组在临界点附近的振荡特性；②定位水力发电机组主要的振荡模式，以便于及时制定调整策略从而规避振荡区域。针对研究任务①，运用特征分析法等技术手段挖掘机组分岔临界点附近的特征根分布、振荡频率、振荡阻尼以及振荡模态等信息。针对研究任务②，运用规格化列向量方法对任务①所探讨的振荡问题进一步挖掘，识别出机组振荡模态信息，并利用能量级理论定位主导振荡模态。本节主要针对考虑 PSS 环节时调速器参数 k_p 和励磁增益 K_A 对水力发电机组系统的振荡稳定性问题进行阐述，以便于与 1.3 节进行对比分析，从而揭示 PSS 设置对机组振荡特性的影响规律。

1.6.1　调速器参数作用下振荡特性分析

为了直观显示调速器参数 k_p 作用下水力发电机组系统的稳定性，本节首先给出了临界参数 k_p 邻域内的特征根分布概况，然后确定水力发电机组振荡频率、振荡阻尼和振荡模态等振荡属性。

1.6.1.1　分岔点邻域振荡稳定性分析

为了分析调速器参数 k_p 影响水力发电机组所呈现出的不同的振荡稳定形态，以特征根分布为切入点，通过判定特征根实部的正负来给出系统稳定性的结果。临界调速器参数 k_p 邻域内的特征根分布如图 1.20 所示。从图 1.20（a）可以看出，分岔临界点邻域处的雅克比矩阵存在着 2 对共轭特征根和 9 个实数特征根，且所有特征根的实部均小于 0，这说明水力发电机组系统在工况下是渐进稳定的。在图 1.20（b）中，当 $k_p=0.839106$ 时，水力发电机组系统存在着 1 对实部大于 0 的复数特征根，1 对实部小于 0 的复数特征根，1 个正实数特征根和 8 个负实数特征根，这些特征根的分布结果说明系统是不稳定的。在图 1.20（c）中，水力发电机组系统存在着 1 个正实数特征根，这说明系统是不稳定的。从图 1.20（d）中可以看出，当 $k_p=1.094724$ 时，实数特征根和共轭特征根共存，且存在特征根实部大于 0 的情形，这说明水力发电机组系统是不稳定的。在图 1.20（e）中，当 $k_p=1.638258$ 时，水力发电机组系统共有 3 个实部大于 0 的特征根和 10 个实部小于 0 的特征根，也就是说系统是不稳定的。在图 1.20（f）中，当 $k_p=1.847674$ 时，2 对实部大于 0 的共轭特征根意味着系统在此平衡点是不稳定的。总结上述分析结果可以得出，调速器参数 k_p 的取值对特征根的分布，包括实数特征根以及复数特征根实部的正负情况均具有很大的影响，这将导致水力发电机组的振荡稳定性随着调速器参数的变化而呈现出较大的不同。

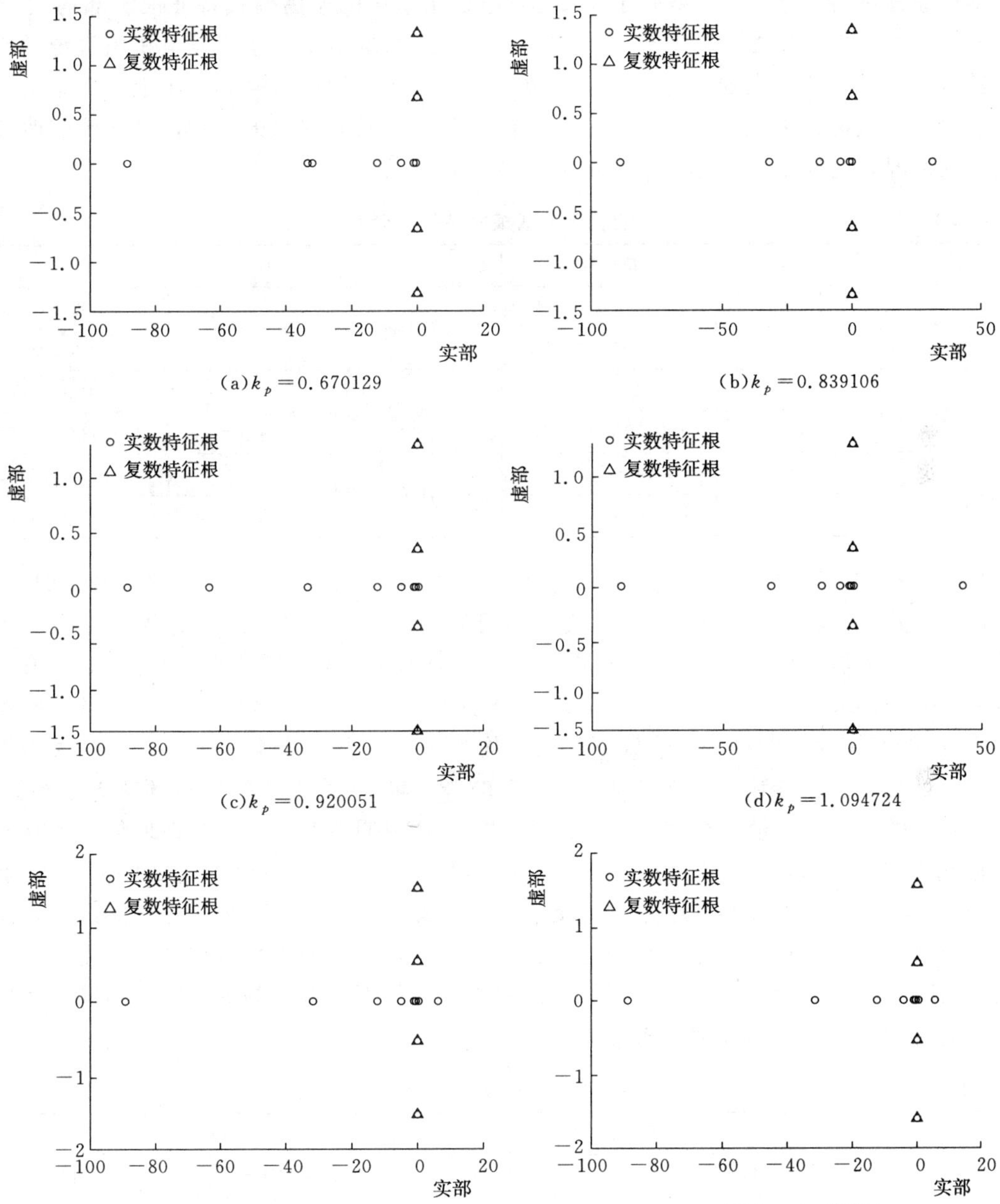

(a) $k_p=0.670129$　(b) $k_p=0.839106$

(c) $k_p=0.920051$　(d) $k_p=1.094724$

(e) $k_p=1.638258$　(f) $k_p=1.847674$

图 1.20　k_p 变化下分岔点邻域特征根分布

表 1.23 为调速器参数变化下振荡模式特征根分布概况。从表中可以清晰地看出，调速器参数在临界点领域内变化时，水力发电机组系统的复数特征根数目并未发生变化，但其实部的符号有很大的不同。例如，当调速器参数 $k_p=0.670129$ 和 0.920051 时，复数特

征根实部均小于 0，这说明在此种情形下水力发电机组系统且存在着两种衰减型振荡模式。当调速器参数取值达到 0.839106、1.094724 和 1.638258 时，水力发电机组系统存在着一正一负两对符号相反的复数特征根，这将导致系统产生增幅型和减幅型两种振荡模式。当调速器参数 $k_p=1.847674$ 时，水力发电机组系统的振荡模式特征根实部均大于 0，这意味着机组是增幅型振荡。此外，相同的调速器参数取值下，水力发电机组系统的不同振荡模式间也存在着较大的差异，这主要体现在复数特征根的符号和大小上。总结上述结果可以得出，调速器参数对于水力发电机组的振荡特性具有很大的影响，甚至能够改变振荡稳定性情况，这在工程实际中参数的调整方面要尤其注意。

表 1.23　k_p 变化下振荡模式特征根分布

k_p	序号	特征根	k_p	序号	特征根
0.670129	$\lambda_{1,2}$	$-0.0232\pm1.314i$	0.839106	$\lambda_{2,3}$	$0.00502\pm1.343i$
	$\lambda_{5,6}$	$-0.0586\pm0.668i$		$\lambda_{4,5}$	$-0.0525\pm0.652i$
0.920051	$\lambda_{2,3}$	$-0.0327\pm1.303i$	1.094724	$\lambda_{3,4}$	$0.0115\pm1.331i$
	$\lambda_{4,5}$	$-0.562\pm0.353i$		$\lambda_{6,7}$	$-0.532\pm0.359i$
1.638258	$\lambda_{2,3}$	$0.130\pm1.524i$	1.847674	$\lambda_{2,3}$	$0.161\pm1.574i$
	$\lambda_{4,5}$	$-0.0112\pm0.546i$		$\lambda_{4,5}$	$0.002002\pm0.519i$

从表 1.24 可以看出，在调速器参数 $k_p=0.670129$ 时，模式 1 的振荡频率（0.209185Hz）大于振荡模式 2（0.106408Hz），而模式 2 的阻尼却大于模式 1，即振荡频率和阻尼大小不同步。当调速器参数 $k_p=0.839106$ 时，模式 1 和模式 2 的振荡频率均大于 0.1Hz，但其阻尼却差异很大，模式 1 和模式 2 的阻尼分别为−0.003741 和 0.080310；当调速器参数 $k_p=0.920051$ 时，两种振荡模式下的阻尼均为正值，也就是说这两种振荡模式均为衰减型振荡；当调速器参数 $k_p=1.094724$ 和 1.638258 时，模式 1 的振荡频率大于模式 2，但是模式 1 的阻尼为负值，模式 2 的阻尼为正值，这说明在此调速器参数取值处存在着相似的振荡模式；当调速器参数历经 1.847674 时，振荡模式 1 和模式 2 的频率分别为 0.250569Hz 和 0.082642Hz，阻尼均为负值，即在参数取值下系统的稳定性能最差。总结上述结果可以得出，在调速器参数变化情景下，振荡模式 2 的阻尼先增加再减小，而振荡模式 1 的阻尼变化更为复杂；在相同的调速器参数取值下，振荡频率和阻尼不同步，即振荡频率大者阻尼小，振荡频率小者最大。

表 1.24　k_p 变化下振荡模式指标

k_p	模式 1		模式 2	
	频率/Hz	阻尼	频率/Hz	阻尼
0.670129	0.209185	0.017712	0.106408	0.087365
0.839106	0.213749	−0.003741	0.103830	0.080310
0.920051	0.207517	0.025114	0.056289	0.846482
1.094724	0.211919	−0.008700	0.057140	0.828981
1.638258	0.242618	−0.085593	0.086957	0.020613
1.847674	0.250569	−0.101781	0.082642	−0.003856

1.6.1.2 振荡模态识别

为了探究各状态变量对水力发电机组振荡稳定性的影响程度，以列向量规格化的方法确定不同调速器参数作用下，系统状态变量与振荡模式的关联程度，进一步确立不同参数取值下的主导振荡模态。主要的研究结果如图 1.21、表 1.25 和表 1.26 所示。

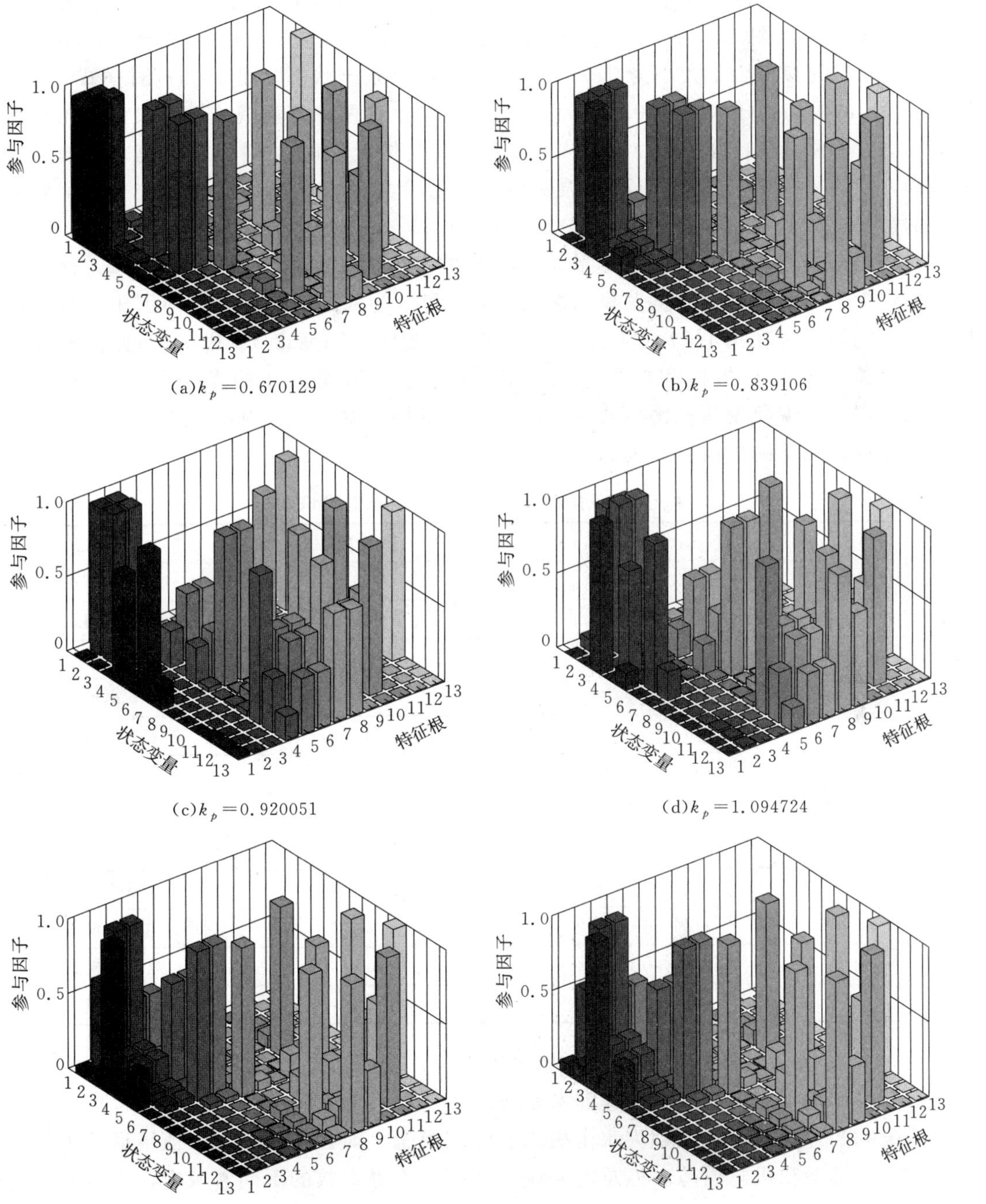

(a) $k_p=0.670129$ (b) $k_p=0.839106$

(c) $k_p=0.920051$ (d) $k_p=1.094724$

(e) $k_p=1.638258$ (f) $k_p=1.847674$

图 1.21 状态变量对分岔点邻域振荡模式的参与程度

图 1.21 所示为调速器参数 k_p 变化下 13 个状态变量对水力发电机组系统振荡和非振荡模式参与程度的量化评估结果。从图 1.21（a）可以看出，当调速器参数 $k_p=0.670129$ 时，对于振荡模式 1（对应特征根 1 和 2）影响程度最大的两个状态变量均来自于水力系统的 x_1 和 x_2，其参与因子大小为 0.96436 和 1；状态变量 δ 和 ω 对振荡模式 2（对应特征根 3 和 4）的参与因子大小为 1 和 0.98679，故此情形下的两种振荡模式分别为水击模态和机电模态。从图 1.21（b）可以看出，水力系统状态变量 x_1 和 x_2 对振荡模式 1（特征根 2 和 3）的参与因子大小为 0.902490 和 1，机电系统状态变量 ω 和 δ 对模式 2（特征根 4 和 5）的参与因子大小为 0.940624 和 1，相似地这两种振荡模式被定义为水击模态和机电模态。在图 1.21（c）和（d）中，水力系统变量 x_1 和 x_2 对于振荡模式 1 的参与程度最高，状态变量 E_q'、U_1 和 U_2 对振荡模式 2 的参与程度最高，这说明在这两个参数取值处的振荡模式为水击模态和励磁模态。在图 1.21（e）中，当调速器参数 $k_p=1.638258$ 时，对于振荡模式 1 而言，状态变量 x_1 和 x_2 的参与因子大小为 0.59408 和 1，这说明该振荡模式为水击模态；对于振荡模式 2 而言，δ 和 ω 为强的状态变量参与因子，故此振荡模式为机电模态。在图 1.21（f）中，来自水力系统的状态变量 x_1 和 x_2 对振荡模式 1 的影响程度最高，来自机械和电气系统的 δ 和 ω 对振荡模式 2 的参与因子大小为 1 和 0.618110，这些现象说明振荡模式 1 和模式 2 分别属于水击模态和机电模态。将上述不同调速器参数影响下的机组振荡模态分析结果汇总于表 1.25。

表 1.25　k_p 变化下振荡模态中强相关状态变量识别

k_p	模式	强相关变量	模　态
0.670129	1	x_2，x_1	水击模态
	2	ω，δ	机电模态
0.839106	1	x_1，x_2	水击模态
	2	ω，δ	机电模态
0.920051	1	x_1，x_2	水击模态
	2	E_q'，U_1，U_2	励磁模态
1.094724	1	x_1，x_2	水击模态
	2	E_q'，U_1，U_2	励磁模态
1.638258	1	x_1，x_2	水击模态
	2	ω，δ	机电模态
1.847674	1	x_1，x_2	水击模态
	2	ω，δ	机电模态

从表 1.25 强相关状态变量识别结果可以看出，调速器参数 k_p 影响着水力发电机组系统振荡模态的类别。例如，当调速器参数 k_p 取值为 0.920051 和 1.094724 时，水力发电机组系统的两种振荡模态分别为水击模态和励磁模态，而在其他参数取值情形下机组振荡模态为水击模态和机电模态。但总的来说，在同一临界参数的不同邻域内，水力发电机组振荡模式具有相似性；无论调速器参数 k_p 如何变化，水力发电机组系统始终存在着水击模态，且其与其他振荡模态共存，这正是水力发电机组系统具有高维、复杂非线性的

体现。

表 1.26　k_p 变化下振荡模式能量值

k_p		0.670129	0.839106	0.920051	1.094724	1.638258	1.847674
能量值	模式 1	342.02227	576.22316	50.301121	117.09022	4230.0503	6538.3701
	模式 2	499.93288	652.94533	0.009638	0.018663	2430.854	3456.6862

由表 1.26 可以看出，当调速器参数 k_p 取值为 0.670129 和 0.839106 时，振荡模式 2 的能量级高于模式 1，这说明在此工况下模式 2 为主要的振荡模式。而在调速器参数 k_p 的其他取值下，振荡模式 2 的能量级与模式 1 的能量级具有较大的差异，且振荡模式 1 的能量级高于振荡模式 2，也就是说，当调速器参数历经 0.920051、1.094724、1.638258 和 1.847674 时，水力发电机组的主导振荡模态分别为励磁模态、励磁模态、机电模态和机电模态。总结上述分析结果可以得出，调速器参数对于水力发电机组振荡能量级存在着较大的影响，这将影响着水力机组不同的振荡过程的演化。同时主导振荡模态的识别及时定位了影响机组振荡的主要状态变量的来源，可为工程上及时制定相应的调控措施提供指导。

1.6.2　励磁参数作用下振荡特性分析

围绕励磁增益 K_A 对水力发电机组系统的振荡稳定性影响问题，本节以励磁增益 K_A 变化下的临界运行工况为切入点，重点研究水力发电机组随临界 K_A 值邻域的变化而呈现出的振荡稳定特性。

1.6.2.1　分岔点邻域的特征根分布

受励磁增益 K_A 的作用，水力发电机组系统将呈现出不同的动态稳定性能，为了研究这一影响特性，以临界励磁增益取值为基点，确定了 K_A 变化下分岔点邻域特征根分布如图 1.22 所示，进而可以根据特征根实部的符号初步判定系统的稳定性能。从图 1.22（a）可以看出，$K_A=5.714822$ 情景下的水力发电机组系统共有 13 个特征根，且这些特征根的实部均小于 0，这说明系统在此处是渐进稳定的。同时，在这 13 个特征根中有 4 对共轭特征根，也就是说系统存在着 4 种振荡模式。在图 1.22（b）中，水力发电机组系统的

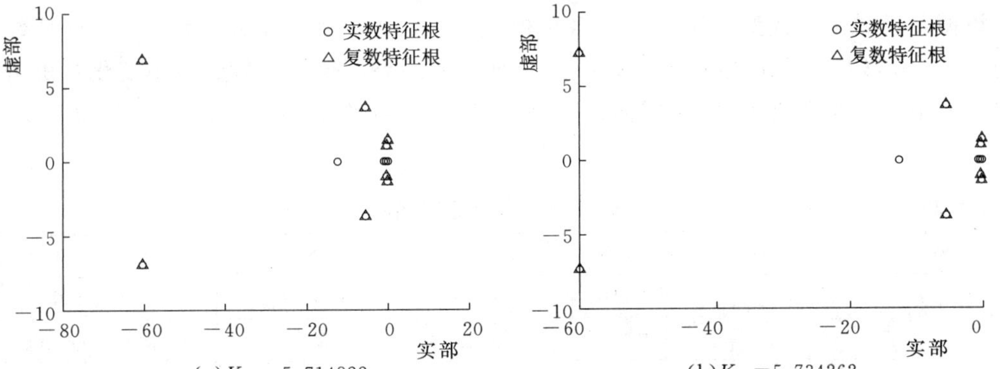

(a) $K_A=5.714822$　　(b) $K_A=5.734262$

图 1.22　K_A 变化下分岔点邻域特征根分布

5 个实数特征根均小于 0，这说明系统存在着非振荡模态；4 对复数特征根中有一对特征根的实部大于 0，其余 3 对实部小于 0，这些现象说明水力发电机组系统在 $K_A=5.734262$ 情景下是不稳定的。总结上述分析结果可以得出，励磁增益 K_A 的取值对水力发电机组系统的特征根实部具有很大的影响，而这正是直接决定水力发电机组系统稳定性能的主要因素，也就是说励磁系统参数的变化将导致水力发电机组的振荡稳定性随之发生变化。

从表 1.27 可以看出，当励磁增益 $K_A=5.714822$ 时，振荡模式的复数特征根实部均小于 0，且实部和虚数值在不同的振荡模式下相差很大，这说明水力发电机组在此情形下的振荡模式为减幅型且四种振荡模式的频率和阻尼值具有较大的差异。当励磁增益 $K_A=5.734262$ 时，水力发电机组系统具有一对实部大于 0 的共轭特征根，这意味着该振荡模式是衰减型的，而在其余振荡模式下，特征根实部均小于 0 则意味着增幅型振荡模式的存在。由以上的分析结果可以看出，励磁增益 K_A 的微小变化可以改变水力发电机组系统的运行状态，如由稳定运行变为不稳定运行，也可以改变振荡特性，如由衰减型振荡变为增幅型振荡。

表 1.27　K_A 变化下振荡模式特征根

序号	特征根		序号	特征根	
	$K_A=5.714822$	$K_A=5.734262$		$K_A=5.714822$	$K_A=5.734262$
λ_1	$-0.00146-1.286i$	$0.000693-1.287i$	λ_5	$-5.503-3.683i$	$-5.503-3.683i$
λ_2	$-0.00146+1.286i$	$0.000693+1.287i$	λ_6	$-5.503+3.683i$	$-5.503+3.683i$
λ_3	$-0.216-1.042i$	$-0.218-1.045i$	λ_7	$-60.411-6.891i$	$-60.412-7.281i$
λ_4	$-0.216+1.042i$	$-0.218+1.045i$	λ_8	$-60.411+6.891i$	$-60.412+7.281i$

为了分析不同励磁增益 K_A 下水力发电机组振荡稳定性能，依据式（1.22）～式（1.24）计算得到系统不同增益参数取值下的振荡频率和阻尼效应，见表 1.28。从表 1.28 可以看出，当 $K_A=5.714822$ 时，表中所示的四种振荡模式的阻尼虽然数值相差很大，但均大于 0，也就是说这些振荡模式都是衰减型的；同时，同一临界参数取值不同，邻域内振荡模式相同。当 $K_A=5.734262$ 时，振荡模式 1 的阻尼为-0.000538，小于 0 的阻尼意味着该振荡模式为增幅型振荡，而在振荡模式 2、3 和 4 时，阻尼均大于 0，且其数值大小与 $K_A=5.714822$ 处的数值较为接近。总结上述结果可知，参数的微小变化对机组振荡频率影响不大，但是足以改变振荡阻尼的状态，且四种振荡模式的频率均处于低频区间内。

表 1.28　K_A 变化下振荡模式指标

模　态	指　标	$K_A=5.714822$	$K_A=5.734262$
1	频率/Hz	0.204686	0.204973
	阻尼	0.001135	-0.000538
2	频率/Hz	0.165977	0.166428
	阻尼	0.202995	0.204752

续表

模　态	指　标	K_A=5.714822	K_A=5.734262
3	频率/Hz	0.586249	0.586195
	阻尼	0.831050	0.831040
4	频率/Hz	1.096740	1.158818
	阻尼	0.993557	0.992815

1.6.2.2 振荡模式识别

为了进一步分析不同状态变量对水力发电机组振荡稳定性能的影响程度大小，采用按列进行规格化参与因子的思想确定参与因子，进而根据状态变量对振荡模式的参与程度确定机组振荡模态，所得到的分析结果如图 1.23 所示。

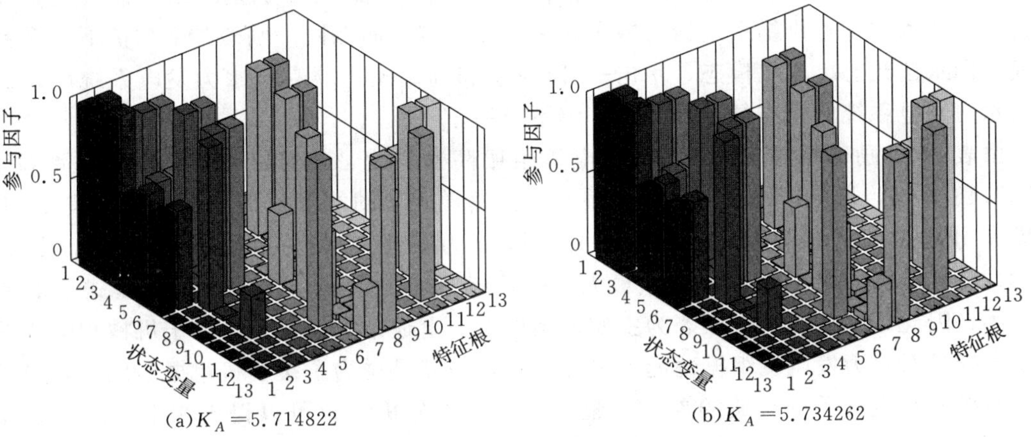

图 1.23　状态变量对分岔点邻域振荡模式的参与程度

从图 1.23（a）可以看出，特征根 1 和 2 即振荡模式 1 的强相关变量为 x_1 和 x_2，二者对该振荡模式的参与程度分别为 1 和 0.971411，也就是说该振荡模式为水击模态；特征根 4 和 5 即振荡模式 2 所对应的强相关状态变量为 ω 和 δ，且该振荡模式的频率为 0.165977Hz，这意味着该振荡模式为机电模态；对于特征根 9 和 10（振荡模式 3），x_3 和 y 的参与因子较大为 1 和 0.945477，这说明水力系统和调速系统强烈参与了该振荡模式；对于特征根 12 和 13（振荡模式 4），强相关状态变量为 U_R 和 E_f，也就是说励磁系统深度参与了该振荡模式，故该模式属于励磁模态。当 K_A=5.734262 时，图 1.23（b）显示，状态变量为 x_1 和 x_2 分别以参与因子值 0.971412 和 1 居于振荡模式 1 的强相关因素之列，模式 1 为水击模态；对于振荡模式 2 而言，ω 和 δ 对其影响程度达到 1 和 0.984330，这说明该模式为机电模态；状态变量 x_3 和 y 对模式 3 的参与程度较大为 1 和 0.945477，即模式 3 为水击-调速模态；对于振荡模式 4 时，强相关状态变量为 U_R 和 E_f，其参与程度分别为 0.59760 和 1，这说明该模式为励磁模态。将上述不同励磁增益影响下的机组振荡模态分析结果汇总于表 1.29。

表 1.29　　K_A 变化下振荡模式强相关状态变量识别

K_A	模式	强相关状态变量	模　态
5.714822	1	x_1，x_2	水击模态
	2	ω，δ	机电模态
	3	x_3，y	水击-调速模态
	4	U_R，E_f	励磁模态
5.734262	1	x_1，x_2	水击模态
	2	ω，δ	机电模态
	3	x_3，y	水击-调速模态
	4	U_R，E_f	励磁模态

从表 1.29 励磁增益 K_A 变化下振荡模式的强相关状态变量识别结果可以看出，励磁增益 K_A 对水力发电机组系统振荡模态并无显著影响；而在同一励磁参数取值下，多种振荡模态即水击模态、机电模态、水击-调速模态和励磁模态共存于水力发电系统中，这是因为水力发电系统的高维复杂性导致其解不唯一。

由表 1.30 励磁增益变化下水力发电机组振荡模式能量值可以看出，当励磁增益 $K_A=5.714822$ 时，振荡模式 2 的能量值最高，振荡模式 4 的能量值最小，又依据表 1.21 振荡模态分类，可以得出此情形下的主导模态为机电模态。当励磁增益 K_A 取值为 5.734262 时，振荡模式 2 的能量值最大，振荡模式 1 的能量值次之，振荡模式 4 的能量值最小，因此模式 2 即机电模态为主要振荡模态。上述结果说明，来自于机械和电气系统的状态变量对水力发电机组振荡起着主导作用，也就是说为了缓解机组振荡风险，应及时关注与机械和电气系统有关的参数调整。总结上述分析结果可以得出在不同的励磁参数下，同一振荡模态的振荡能量相差不大，而同一励磁增益取值下，不同振荡模式的能量值存在较大的差异。

表 1.30　　K_A 变化下振荡模式能量值

K_A		5.714822	5.734262
能量值	模式 1	8364.0101	8378.9759
	模式 2	12353.77	12332.37
	模式 3	568.65007	579.55587
	模式 4	0.002398	0.002142

思考	水力发电机组在临界点邻域内稳定性分析的主要任务有哪些？

1.7　本　章　小　结

水力发电机组系统是一个多参数系统，而这些参数在系统运行过程中往往被动或主动地改变着。如果参数值变化不合理，尤其是变化至临界值则会导致机组运行状态的突变，严重影响着机组稳定性能，故研究参数变化下水力发电机组系统的动态演变特性具有重要的意义。鉴于此，本章主要开展了以下两个方面的研究：①系统参数如何影响水力发电机组系统的动态性能或者系统在什么样的临界参数取值下会失去稳定性；②系统在临界失稳点附近的动态演变特性。针对这两部主要研究内容，所得到的研究结果可以简述如下：

（1）针对第一个研究内容，考虑两种不同的工程场景，即不考虑 PSS 环节和考虑 PSS 环节，运用分岔理论、延拓追踪等技术手段探究了调速器参数 k_p、励磁增益 K_A 和阻尼系数 D 不确定变化下水力发电机组系统的平衡解，定位了诱发机组产生振荡行为的临界参数取值，并揭示了 PSS 环节的设置对系统临界参数取值的影响。主要的研究结果表明：

1）受调速器参数 k_p 的影响，两种不同工程场景下的水力发电机组系统均出现了亚临界和超临界 Hopf 分岔现象；励磁增益 K_A 的变化导致两种工程场景下的水力发电机组系统均产生了超临界 Hopf 分岔现象；受阻尼系数 D 的影响，不考虑 PSS 环节的水力发电系统产生了极限点分岔（LP）和超临界 Hopf 分岔，而考虑 PSS 环节的水力发电系统中仅存在着极限点分岔（LP）。从工程运行角度看，分岔引起的振荡是不可取的，故上述临界分岔点的确定可为提前制定调整策略以规避机组可能的运行风险提供理论参考。

2）两种不同工程场景下，通过对临界调速器参数 k_p 延拓追踪，水力发电机组系统从亚临界和超临界 Hopf 分岔分别衍生出不稳定和稳定的极限环振荡行为；对临界励磁增益 K_A 延拓追踪，水力发电机组系统产生了稳定极限环振荡；对阻尼系数 D 开展了余维-2 延拓追踪，水力发电机组系统产生了 Zero - Hopf 分岔。以上结果可为进一步研究水力发电机组周期振荡、混沌等问题提供理论参考。

3）PSS 环节的设置与否对不同场景下的水力发电机组系统分岔点数目和临界参数取值（k_p、K_A 和 D）具有一定程度的影响，即 PSS 的设置使得 k_p、K_A 和 D 临界参数取值产生了延迟，且规避了阻尼系数 D 变化下的 Hopf 分岔所诱发的振荡风险，使得机组运行参数的可调范围更广，这一结果可用于指导水力发电机组稳态运行配套参数的优化设置。

（2）针对第二个研究内容，运用时域仿真法对临界调速器参数 k_p、励磁增益 K_A 和阻尼系数 D 邻域内机组的运行特性进行分析。研究结果表明：k_p 临界参数取值邻域内，虽然两种环节下的时间响应曲线经历了不同的演化过程，但总体上均呈现出先减幅振荡并最终趋于平衡的状态，且 PSS 环节的设置对波动幅度影响不大；K_A 临界参数取值邻域内，两种不同场景下的时间响应曲线在历经一定时间减幅振荡后，最终呈现为等幅的周期振荡形式，且 PSS 的设置能够缩小系统超调范围，减弱机组振荡幅值；D 临界参数取值邻域内，考虑 PSS 环节的机组振荡幅值相较于不考虑 PSS 环节大，且收敛到平衡态的时间延长，即 PSS 的设置不利于水力发电系统在受到扰动后迅速恢复到平衡状态。

课后阅读

［1］ Kumari, Rupesh, Prabhakaran, et al. Improved hydroturbine control and future prospects of variable speed hydropower plant [J]. IEEE Transactions on Industry Applications, 2021, 57 (1): 941 - 952.

［2］ 凌代俭，沈祖诒．水轮机调节系统的非线性模型、PID 控制及其 Hopf 分叉［J］．中国电机工程学报，2005（10）：97－102.

［3］ ZHANG Hao，CHEN Diyi，XU Beibei，et al. The slow－fast dynamical behaviors of a hydro－turbine governing system under periodic excitations［J］. Nonlinear Dynamics，2017，87（4）：2519－2528.

课后思考题

（1）水力发电系统产生分岔等非线性动力学现象的主要诱因是什么？

（2）水力发电系统模型是如何推导的？

（3）在是否考虑 PSS 环节下振荡特性的主要区别有哪些？

（4）系统在临界失稳点附近的动态演变特性有哪些？

第 2 章　水轮机调节系统瞬态动力学建模与稳定性分析

2.1　引　　言

多尺度动力学作为非线性动力学重要组成部分，可以从动力学角度揭示多尺度对象非线性本质特征。快慢效应不仅来自于变化快慢速率，还来自于几何尺寸尺度效应。例如，飞行器相对高速平移与低速旋转之间的耦合是典型快-慢模型；生物细胞快速代谢过程和缓慢遗传变化也是快-慢行为。在数学建模过程中，快慢变化通常表现在变化率上，通过无量纲转换的状态变量变化率可以反映这种变化。

由于水轮机调节系统瞬态过程中水力、机械和电气等子系统之间存在不同响应速率，难以在同一时间尺度上获得精确水轮机调节系统瞬态模型。水轮机调节系统涉及多尺度耦合效应，这种多尺度耦合效应可能导致簇发振荡和混沌等复杂动力学现象，这些现象将严重影响水电站安全稳定运行。因此，迫切需要对水轮机调节系统进行瞬态多尺度建模和稳定性分析。

为了研究多尺度效应对水轮机调节系统动态特性及稳定性影响，本章考虑机械系统由于惯性和间隙影响，使其响应速度明显低于水力系统，在水轮机调节系统中引入标度因子，建立存在多时间尺度的水轮机调节系统，并分析在不同时间尺度下水轮机调节系统动力学行为变化规律。进一步地，考虑水轮机调节系统工况点在瞬态过程中持续变化，通过引入周期激励形式传递系数来描述水轮机调节系统瞬态特性，并详细分析激励频率和强度对水轮机调节系统瞬态特性影响规律，在不同激励影响下，分析水轮机调节系统快慢效应变化规律，进而给出抑制水轮机调节系统快慢效应的有效措施。

2.2　多时间尺度耦合水轮机调节系统

水轮机调节系统多尺度建模是水电站精确建模的关键。迄今为止，大部分研究都是基于水轮机调节系统各个状态变量在同一尺度下，而在实际运行情况下，由于水力、机械和电气等子系统动作和响应时间不同，水轮机调节系统往往涉及不同时间尺度。对于水轮机调节系统多时间尺度耦合模型，目前还没有比较深入的研究。本节基于慢变化导叶开度条件下，对水轮机调节系统进行重新标度，得到多时间尺度下水轮机调节系统模型。通过数值模拟分析多时间尺度对水轮机调节系统动力学行为影响规律，研究不同时间尺度下水轮机调节系统快-慢动力学行为和演化机理，并对系统稳定区域进行理论分析和仿真验证，为探究多时间尺度耦合水轮机调节系统瞬态特性和稳定性提供新思路。

2.2.1　多时间尺度水轮机调节系统动力学模型

混流式水轮机动力特征方程可描述为

$$\begin{cases} M_t = M_t(H, N, Y) \\ Q = Q(H, N, Y) \end{cases} \tag{2.1}$$

式中：M_t、Q、H、N 和 Y 分别为水轮机转矩、流量、水头、转速和导叶开度。

利用泰勒级数展开，式（2.1）可以表示为

$$\begin{cases} \dfrac{M_t - M_{t0}}{M_{tR}} = \dfrac{\partial \dfrac{M_t}{M_{tR}}}{\partial \dfrac{n}{n_R}} \dfrac{n - n_0}{n_R} + \dfrac{\partial \dfrac{M_t}{M_{tR}}}{\partial \dfrac{Y}{Y_{\max}}} \dfrac{Y - Y_0}{Y_{\max}} + \dfrac{\partial \dfrac{M_t}{M_{tR}}}{\partial \dfrac{H}{H_R}} \dfrac{H - H_0}{H_R} \\ \dfrac{Q - Q_0}{Q_R} = \dfrac{\partial \dfrac{Q}{Q_R}}{\partial \dfrac{n}{n_R}} \dfrac{Y - Y_0}{n_R} + \dfrac{\partial \dfrac{Q}{Q_R}}{\partial \dfrac{Y}{Y_{\max}}} \dfrac{Y - Y_0}{Y_{max}} + \dfrac{\partial \dfrac{Q}{Q_R}}{\partial \dfrac{H}{H_R}} \dfrac{Y - Y_0}{H_R} \end{cases} \tag{2.2}$$

式中：下标 0 和 R 分别为该参数在初始条件和标称条件下的实际值。

然后，式（2.2）可以简化为

$$\begin{cases} \dfrac{\Delta M_t}{M_{tR}} = \dfrac{\partial m_t}{\partial x} \dfrac{n - n_0}{n_R} + \dfrac{\partial m_t}{\partial y} \dfrac{Y - Y_0}{Y_{\max}} + \dfrac{\partial m_t}{\partial h} \dfrac{H - H_0}{H_R} \\ \dfrac{\Delta Q}{Q_R} = \dfrac{\partial q}{\partial x} \dfrac{Y - Y_0}{n_R} + \dfrac{\partial q}{\partial y} \dfrac{Y - Y_0}{Y_{\max}} + \dfrac{\partial q}{\partial h} \dfrac{Y - Y_0}{H_R} \end{cases} \tag{2.3}$$

假设导叶开度 Y 近似等于接力器行程。利用泰勒级数展开可将式（2.3）转化为

$$\begin{cases} m_t = e_{mw} x + e_{my} y + e_{mh} h \\ q = e_{qw} x + e_{qy} y + e_{qh} h \end{cases} \tag{2.4}$$

式中：m_t、q、h、x 和 y 分别为参数 M_t、Q、H、N 和 Y 相对偏差值；e_{mw}、e_{my}、e_{mh} 分别为水轮机转矩对水轮机转速、水轮机导叶开度和水轮机水头偏导数，$e_{mw} = \partial m_t / \partial x$，$e_{my} = \partial m_t / \partial y$ 和 $e_{mh} = \partial m_t / \partial h$；$e_{qw}$、$e_{qy}$、$e_{qh}$ 分别为水轮机流量对水轮机转速、水轮机导叶开度和水轮机水头偏导数，$e_{qw} = \partial q / \partial x$，$e_{qy} = \partial q / \partial y$ 和 $e_{qh} = \partial q / \partial h$。

水轮机及压力管道的传递函数可以表示为

$$G_t(s) = e_{qy} \frac{G_h(s) e_{mh}}{1 - e_{qh} G_h(s)} + e_{my} = e_{my} \frac{1 + e G_h(s)}{1 - e_{qh} G_h(s)} \tag{2.5}$$

式中：e 为中间变量，$e = \dfrac{e_{qy} e_{mh}}{e_{my}} - e_{qh}$；$G_h(s)$ 为压力管道传递函数。

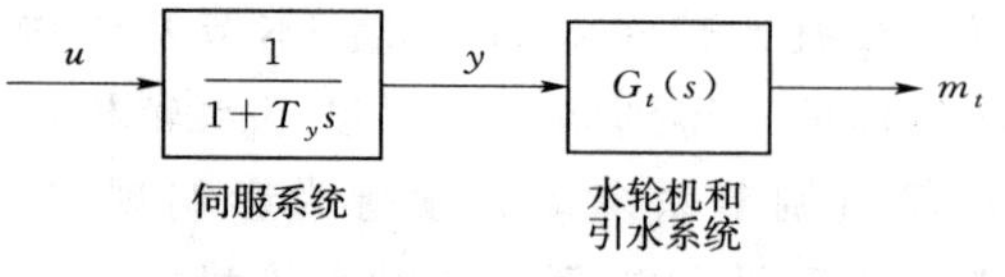

图 2.1　水轮机及压力管道动态模型

考虑刚性水击情况，水轮机输出力矩动态方程如图 2.1 所示，可以表示为

$$\frac{\mathrm{d} m_t}{\mathrm{d} t} = \frac{1}{e_{qh} T_w} \left[- m_t + e_{my} y - \frac{e e_{my} T_w}{T_y} (u - y) \right] \tag{2.6}$$

通过标准化处理，发电机二阶非线性动力方程可以表示为

$$\begin{cases}\dot{\delta}=\omega_0\omega \\ \dot{\omega}=\dfrac{1}{T_{ab}}[m_t-m_e-D\omega]\end{cases} \tag{2.7}$$

式中：δ、T_{ab}、ω 和 D 分别为转子角度、水轮机惯性时间常数、发电机转速相对偏差和发电机阻尼系数。

发电机电磁功率可以表示为

$$P_e=\frac{E_q'V_s}{x_{d\Sigma}'}\sin\delta+\frac{V_s^2}{2}\frac{x_{d\Sigma}'-x_{q\Sigma}}{x_{d\Sigma}'x_{q\Sigma}}\sin2\delta \tag{2.8}$$

式中：E_q'为q 轴的瞬态电势；V_s 为无穷大母线电压；x_d'为发电机 d 轴瞬态电抗。在式（2.8）中 $x_{d\Sigma}'$和 $x_{q\Sigma}$可以表示为

$$\begin{cases}x_{d\Sigma}'=x_d+x_T+\dfrac{1}{2}x_L \\ x_{q\Sigma}=x_q+x_T+\dfrac{1}{2}x_L\end{cases} \tag{2.9}$$

式中：x_T 为变压器短路电抗；x_L 是输电线路电抗。

液压伺服系统模型中，伺服电机用于放大控制信号，提供动力来操作导叶，其传递函数可以表示为

$$G_1(s)=\frac{1}{1+T_y s} \tag{2.10}$$

式中：T_y 为接力器反应时间常数。

对于调速器模型，本书考虑水轮机调速器为 PID 控制，其传递函数可以表示为

$$G_2(s)=k_p+\frac{k_i}{s}+k_d s \tag{2.11}$$

式中：k_p、k_i、k_d 分别为比例、积分和微分调节系数。

由式（2.10）和式（2.11）可得

$$\frac{\mathrm{d}y}{\mathrm{d}t}=\frac{1}{T_y}\left(-k_p\omega-k_i\int\Delta\omega-k_d\dot{\omega}-y\right) \tag{2.12}$$

综上可得，水轮机调节系统动力学模型可以表示为

$$\begin{cases}\dot{\delta}=\omega_0\omega \\ \dot{\omega}=\dfrac{1}{T_{ab}}\left(m_t-D\omega-\dfrac{E_q'V_s}{x_{d\Sigma}'}\sin\delta-\dfrac{V_s^2}{2}\dfrac{x_{d\Sigma}'-x_{q\Sigma}}{x_{d\Sigma}'x_{q\Sigma}}\sin2\delta\right) \\ \dot{m}_t=\dfrac{1}{e_{qh}T_w}\left[-m_t+e_{my}y-\dfrac{ee_{my}T_w}{T_y}\left(-k_p\omega-\dfrac{k_i}{\omega_0}\delta-k_d\dot{\omega}-y\right)\right] \\ \dot{y}=\dfrac{1}{T_y}\left(-k_p\omega-\dfrac{k_i}{\omega_0}\delta-k_d\dot{\omega}-y\right)\end{cases} \tag{2.13}$$

液压伺服系统是水轮机调节系统中直接执行机构，可以提供动力操作导叶启闭。但是由于机械间隙和惯性影响，与上述水轮机调节系统中其他系统变量相比，导叶开度变化速率较慢。所以，下面将水轮机调节系统中导叶开度作为慢变量，尝试对水轮机调节系统进行重新标度并建立两种不同时间尺度水轮机调节系统动力学模型。

假设与水轮机调节系统状态变量 δ、ω、m_t 相关快时间尺度为 T_1，与状态变量 y 相关慢时间尺度为 T_2，且 $T_2=\varepsilon T_1$。通过对原水轮机调节系统重新标度，即令 $T_1=t$，$T_2=\varepsilon t$，可以获得如下“三快一慢”耦合水轮机调节系统：

$$\begin{cases}\dot{\delta}=\omega_0\omega \\ \dot{\omega}=\dfrac{1}{T_{ab}}\left(m_t-D\omega-\dfrac{E_q'V_s}{x_{d\Sigma}'}\sin\delta-\dfrac{V_s^2}{2}\dfrac{x_{d\Sigma}'-x_{q\Sigma}}{x_{d\Sigma}'x_{q\Sigma}}\sin2\delta\right) \\ \dot{m}_t=\dfrac{1}{e_{qh}T_w}\left[-m_t+e_{my}y-\dfrac{ee_{my}T_w}{T_y}\left(-k_p\omega-\dfrac{k_i}{\omega_0}\delta-k_d\dot{\omega}-y\right)\right] \\ \dot{y}=\varepsilon\,\dfrac{1}{T_y}\left(-k_p\omega-\dfrac{k_i}{\omega_0}\delta-k_d\dot{\omega}-y\right)\end{cases} \tag{2.14}$$

式中：ε 为“三快一慢”水轮机调节系统标度因子，$0<\varepsilon<1$，标度因子将原系统重新标度为快、慢两个子系统，通过调整标度因子大小可以改变水轮机调节系统实际时间尺度。

2.2.2　多时间尺度快慢动力学分析

基于上述建立多时间尺度水轮机调节系统动力学模型进行数值仿真，分析其在不同时间尺度下的动力学行为及演化规律。仿真采用龙格库塔法，步长为 2π/500，迭代次数为 1500，系统状态变量初值为（0.001，0.001，0.001，0.001）。

水轮机调节系统参数取值见表 2.1。

表 2.1　水轮机调节系统参数取值

参　数	取　值	参　数	取　值
e_{qh}	0.50	D	2
e_{my}	1	ω_0	314rad/s
$x_{d\Sigma}'$	1.15	T_{ab}	9s
$x_{q\Sigma}$	1.474	T_w	0.8s
E_q'	1.35	T_y	0.1s
V_s	1		

由上节可知，系统状态变量 δ、ω、m_t 与快时间尺度 T_1 相关，系统状态变量 y 与慢时间尺度 T_2 相关，且通过假设 $T_1=t$，$T_2=\varepsilon t$，对原系统进行重新标度。考虑机械系统惯性和响应时间影响，相比水轮机调节系统中其他状态变量，导叶开度变化速率较慢。因此，标度因子 $\varepsilon<1$，为了分析水轮机调节系统在不同时间尺度下动力学行为及其演化规律，仿真过程中标度因子取值分别为 0.2、0.25 和 0.3。值得注意的是，当标度因子 $\varepsilon=1$ 时，系统所有变量均处于同一时间尺度。为了对比分析时间尺度对原水轮机调节系统的影响，同时也采用标度因子 $\varepsilon=1$ 进行仿真分析。其中 PID 参数取值为 $k_p=2$、$k_i=1$ 和 $k_d=1.5$。

为了分析多时间尺度下水轮机调节系统动力学特征，令标度因子 $\varepsilon=0.2$，利用时域图和相轨迹图探究水轮机调节系统转速相对偏差、力矩相对偏差和导叶开度相对偏差动态响应如图 2.2 所示。

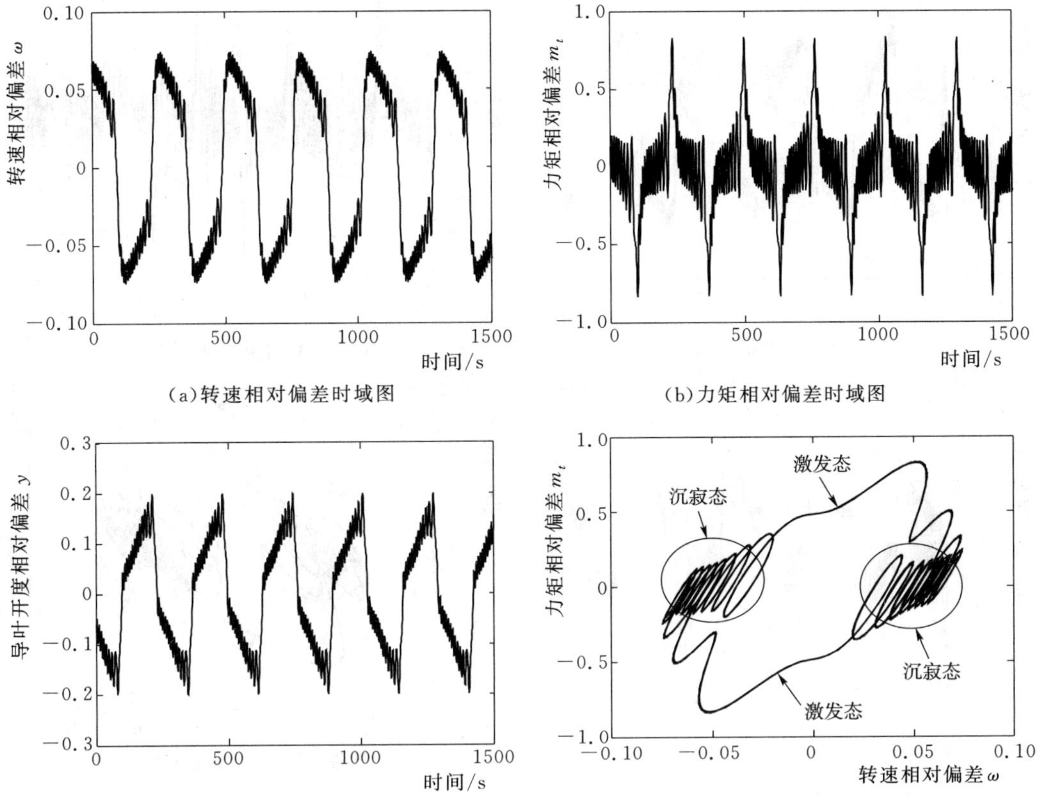

(a)转速相对偏差时域图

(b)力矩相对偏差时域图

(c)导叶开度相对偏差时域图

(d)转速-力矩相对偏差相轨迹图

图 2.2 标度因子 $\varepsilon=0.2$ 时多时间尺度水轮机调节系统状态变量时域图和相轨迹图

图 2.2 (a)、(b) 和 (c) 分别为标度因子 $\varepsilon=0.2$ 时，多时间尺度水轮机调节系统转速相对偏差 ω、力矩相对偏差 m_t 和导叶开度相对偏差 y 动态响应，图 2.2 (d) 为转速与力矩相对偏差 $\omega-m_t$ 动态响应。观察图 2.2 可知，当标度因子 $\varepsilon=0.2$ 时，水轮机调节系统呈现出明显快慢动力学现象，即高频小幅振荡沉寂态和低频大幅振动激发态交替出现在时域图和相轨迹图中。水轮机调节系统快子系统与慢子系统存在时间尺度差异导致激发态和沉寂态交替出现。仿真结果表明，在标度因子 $\varepsilon=0.2$ 的时间尺度下，水轮机调节系统出现典型快慢动力学行为（周期簇发），这种显著快慢效应不利于水轮机调节系统安全稳定运行，故应进行深入分析。

综合分析图 2.2 发现，发电机转速和导叶开度相对偏差高频小幅振荡都出现在波峰附近，而水轮机力矩相对偏差高频小幅振荡则主要集中在额定值附近。水轮机力矩相对偏差波动范围远大于发电机转速和导叶开度相对偏差波动范围，因此，在该时间尺度下水轮机调节系统稳定性与水轮机力矩变化密切相关。

为了探究时间尺度变化对水轮机调节系统动力学行为影响，令标度因子 $\varepsilon=0.25$，采用时域图和相轨迹图分析水轮机调节系统转速相对偏差、力矩相对偏差和导叶开度相对偏差快慢特性，结果如图 2.3 所示。

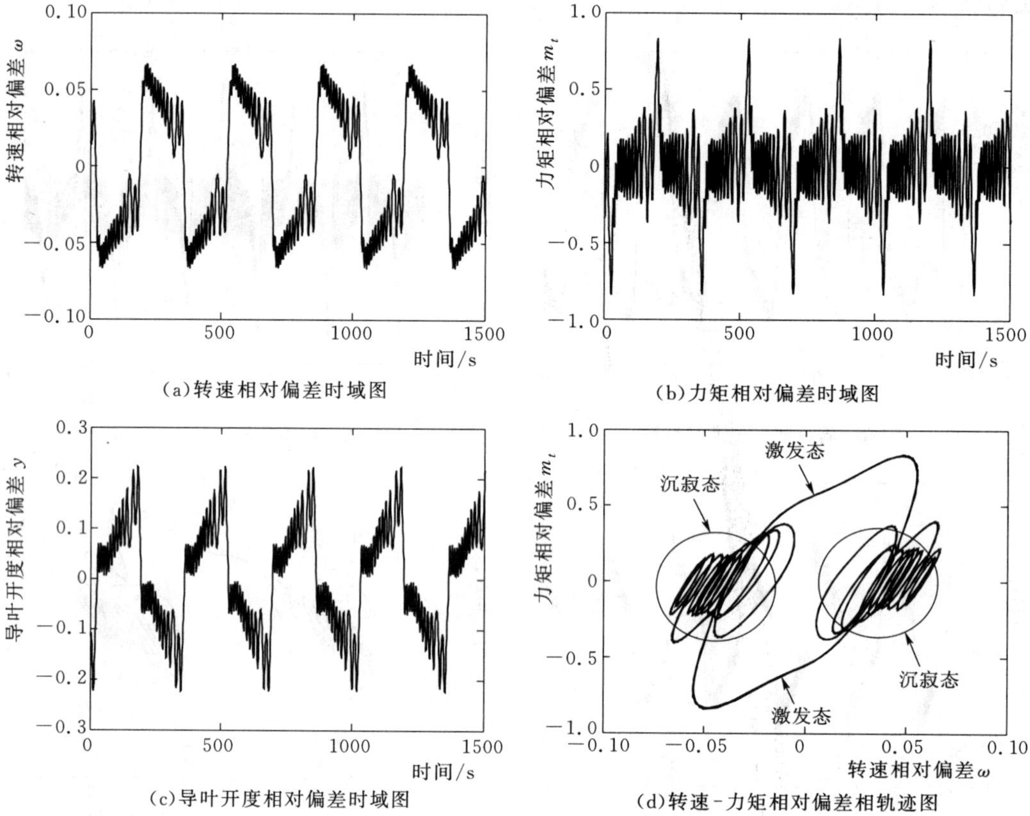

图 2.3　标度因子 ε=0.25 时多时间尺度水轮机调节系统状态变量时域图和相轨迹图

图 2.3 (a)、(b) 和 (c) 分别为标度因子 ε=0.25 时，多时间尺度水轮机调节系统转速相对偏差 ω、力矩相对偏差 m_t 和导叶开度相对偏差 y 动态响应，图 2.3 (d) 为转速与力矩相对偏差 ω-m_t 动态响应。对比分析图 2.3 中可知，在 ε=0.25 时间尺度下，水轮机调节系统动力学行为与 ε=0.2 时相似，仍存在明显快慢效应。与系统在图 2.2 (ε=0.2) 中动态响应对比可知，水轮机调节系统转速相对偏差 ω、力矩相对偏差 m_t 的频率和振幅均减小，这表明当标度因子 ε=0.25 时，水轮机调节系统虽然呈现快慢动力学行为，但与标度因子 ε=0.2 时相比，系统快慢效应减弱。系统各状态变量的详细动态响应特征见表 2.2。

为了总结分析多时间尺度对水轮机调节系统动力学行为的影响规律，利用时域图和相轨迹图分析水轮机调节系统转速相对偏差、力矩相对偏差和导叶开度相对偏差在标度因子 ε=0.3 时的动力学行为，结果如图 2.4 所示。

图 2.4 (a)、(b) 和 (c) 分别为标度因子 ε=0.3 时，多时间尺度水轮机调节系统转速相对偏差 ω、力矩相对偏差 m_t 和导叶开度相对偏差 y 动态响应，图 2.4 (d) 为转速与力矩相对偏差 ω-m_t 动态响应。观察图 2.4 可知，当标度因子 ε=0.3 时，水轮机调节系统仍存在明显快慢效应。与系统在图 2.3 (ε=0.25) 中动力学行为对比分析可知，水轮机调节系统转速相对偏差 ω、力矩相对偏差 m_t 频率和振幅均减小，这表明当标度因子

$\varepsilon=0.3$ 时，水轮机调节系统仍存在快慢动力学行为，但快慢效应继续减弱。系统各状态变量详细动态响应特征见表 2.2。

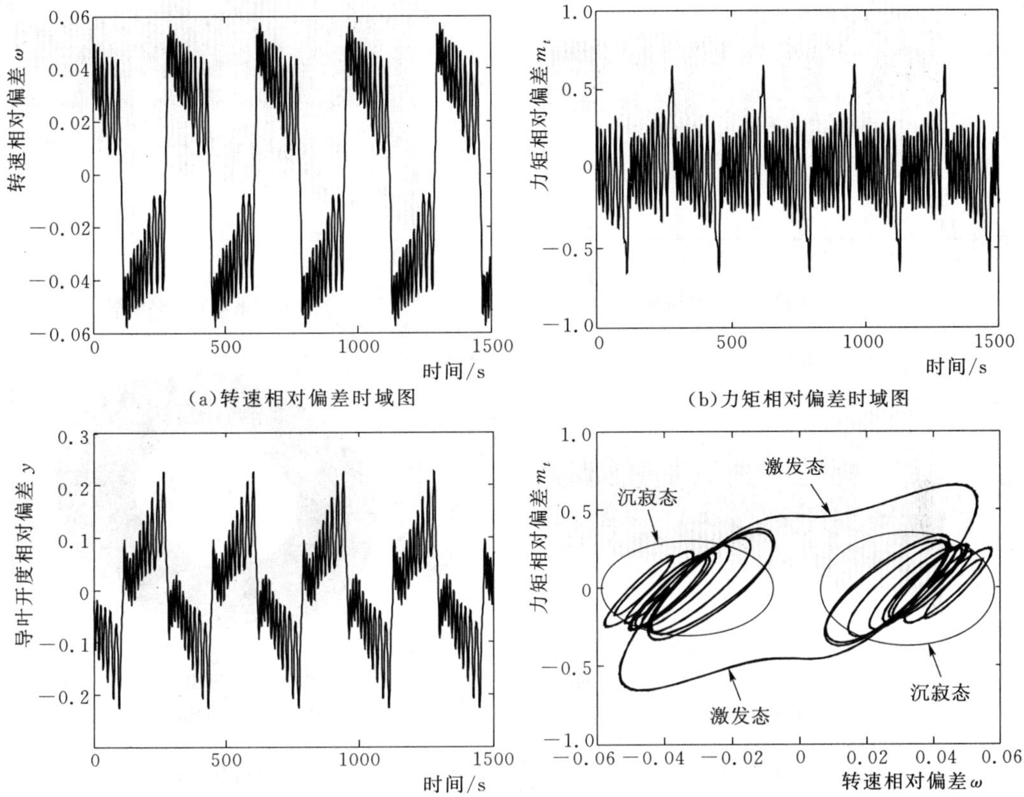

(a)转速相对偏差时域图　(b)力矩相对偏差时域图

(c)导叶开度相对偏差时域图　(d)转速-力矩相对偏差相轨迹图

图 2.4　标度因子 $\varepsilon=0.3$ 时多时间尺度水轮机调节系统状态变量时域图和相轨迹图

当标度因子 $\varepsilon=1$ 时，水轮机调节系统各状态变量处于同一时间尺度。为了对比分析多时间尺度对水轮机调节系统动力学行为的影响，采用时域图和相轨迹图分析系统各状态变量动态响应，如图 2.5 所示。

图 2.5 (a)、(b) 和 (c) 分别为标度因子 $\varepsilon=1$ 时，多时间尺度水轮机调节系统转速相对偏差 ω、力矩相对偏差 m_t 和导叶开度相对偏差 y 动态响应，图 2.5 (d) 为转速与力矩相对偏差 (ω-m_t) 动态响应。综合分析图 2.5 可知，当标度因子 $\varepsilon=1$ 时，水轮机调节系统动力学行为与标度因子 $\varepsilon=0.2$、0.25 和 0.3 时明显不同，水轮机调节系统各状态变量均为衰减型振动，此时系统趋于稳定状态，即当水轮机调节系统各状态变量处于同一时间尺度时快慢效应消失。

综上所述，当水轮机调节系统存在不同时间尺度时，系统转速相对偏差、力矩相对偏差和导叶开度相对偏差均呈现显著快慢效应，而当系统各状态变量处于同一时间尺度时，这种快慢效应消失且系统趋于稳定状态。

表 2.2 总结归纳水轮机调节系统在不同时间尺度下，转速相对偏差、力矩相对偏差和导叶开度相对偏差在激发态和沉寂态的动力学特征及其演化规律。

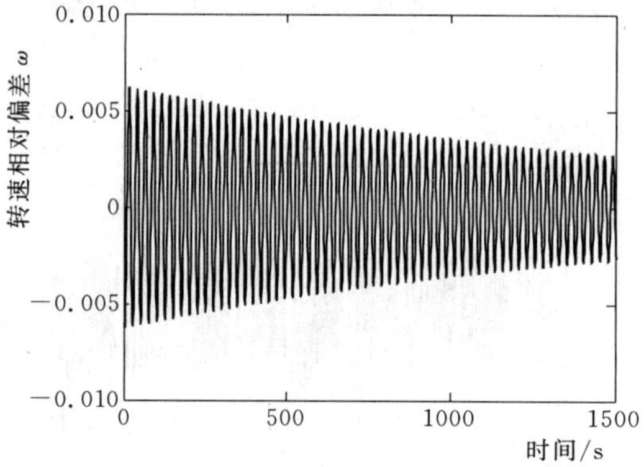

(a)转速相对偏差时域图

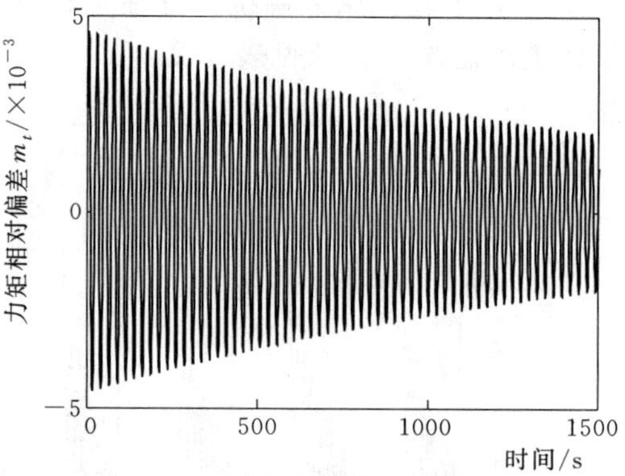

(b)力矩相对偏差时域图

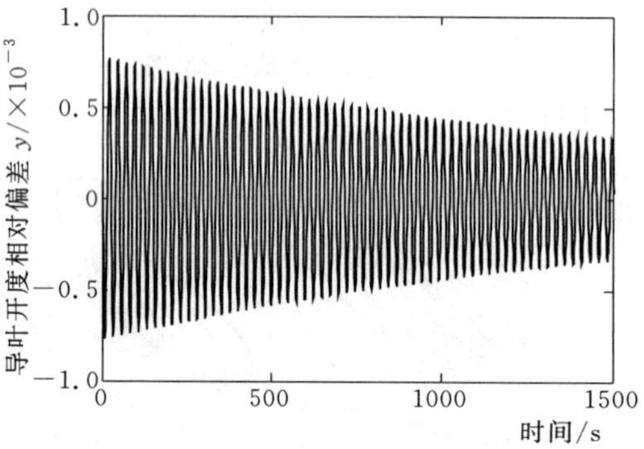

(c)导叶开度相对偏差时域图

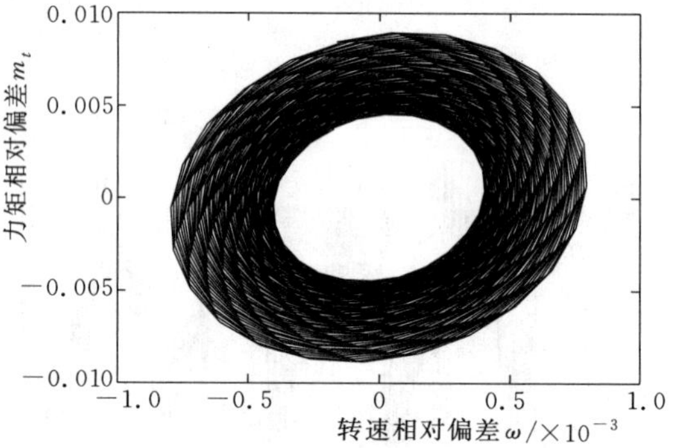

(d)转速-力矩相对偏差相轨迹图

图 2.5　标度因子 ε＝1 时水轮机调节系统状态变量时域图和相轨迹图

表 2.2　　　　水轮机调节系统在多时间尺度下的动态响应特征

标度因子	状态	特征	转速相对偏差 ω	力矩相对偏差 m_t	导叶开度相对偏差 y
ε＝0.2	激发态	持续时间/s	25	30	20
		振幅	0.063	0.700	0.130
	沉寂态	持续时间/s	115	100	125
		振幅	0.25	0.50	0.10
ε＝0.25	激发态	持续时间/s	33	38	26
		振幅	0.06	0.60	0.14
	沉寂态	持续时间/s	125	125	133
		振幅	0.23	0.40	0.11
ε＝0.3	激发态	持续时间/s	40	50	35
		振幅	0.06	0.50	0.15
	沉寂态	持续时间/s	135	125	140
		振幅	0.20	0.40	0.12

由表 2.2 可知，多时间尺度水轮机调节系统各状态变量振动周期随标度因子 ε 的增加而增大。转速相对偏差值和水轮机力矩相对偏差值在激发态和沉寂态的振幅随着标度因子 ε 的增加而减小。仿真结果表明，随着标度因子增加，水轮机调节系统快慢效应逐渐减弱，且系统趋于稳定。

思考	为何水轮机调节系统中快慢动力学效应不利于安全稳定运行？

2.2.3 多时间尺度 PID 参数稳定域分析

为了进一步分析和验证标度因子对水轮机调节系统稳定性影响规律，分别在不同时间尺度下，对水轮机调节系统 PID 参数稳定域进行理论分析和仿真。

基于动力学系统稳定理论，探究水轮机调节系统在不同时间尺度下 PID 参数稳定区域。

对于以下系统：

$$\dot{\boldsymbol{X}}=\boldsymbol{A}\boldsymbol{X} \tag{2.15}$$

式中：$\boldsymbol{A}\in\boldsymbol{R}^{n\times n}$，$\boldsymbol{X}\in\boldsymbol{R}^{n}$，$\boldsymbol{X}(0)=\boldsymbol{X}_0$。当且仅当矩阵 $\boldsymbol{A}$ 中所有特征根 λ_i 都满足条件 $|\arg(\lambda_i)|\geqslant\pi/2$，上述系统为渐进稳定。当且仅当矩阵 $\boldsymbol{A}$ 中所有特征根 λ_i 都满足条件 $|\arg(\lambda_i)|\geqslant\pi/2$，并且这些临界特征根的几何重数都是 1，系统是稳定的。

由上述分析可得，系数矩阵 $\boldsymbol{A}$ 特征方程可以写成：

$$f(x)=b_n\lambda^n+b_{n-1}\lambda^{n-1}+\cdots+b_s\lambda^s+\cdots+b_t\lambda^t+\cdots+b_1\lambda+b_0 \tag{2.16}$$

令 $\lambda=r\left(\cos\frac{\pi}{2}+i\sin\frac{\pi}{2}\right)$，则该系统的两个参数可以描述为

$$\begin{cases}b_s=f(b_0,b_1,\cdots,b_{s-1},b_{s+1},\cdots,b_{t-1},b_{t+1},\cdots,b_n,r)\\ b_t=g(b_0,b_1,\cdots,b_{s-1},b_{s+1},\cdots,b_{t-1},b_{t+1},\cdots,b_n,r)\end{cases} \tag{2.17}$$

式中下标 s 和 t 数值分别为 $1\sim n-1$，调节参数 r 可以获得系统中这两个参数稳定域。系统参数取值见表 2.1，假设系统状态变量初值为 $[\delta,\ \omega,\ m_t,\ y]^T=[0,\ 0,\ 0,\ 0]^T$，故式（2.14）雅克比矩阵可以写成：

$$R=\begin{bmatrix}0 & 314 & 0 & 0\\ \dfrac{360\cos2\delta}{16951}-\dfrac{3\cos\delta}{23} & -\dfrac{2}{9} & \dfrac{1}{9} & 0\\ 14k_d\left(\dfrac{360\cos2\delta}{16951}-\dfrac{3\cos\delta}{23}\right)+\dfrac{7}{157} & 14k_p-\dfrac{28k_d}{9} & \dfrac{14k_d}{9}-\dfrac{5}{2} & \dfrac{33}{2}\\ -p\left(10k_d\left(\dfrac{360\cos2\delta}{16951}-\dfrac{3\cos\delta}{23}\right)+\dfrac{5}{157}\right) & p\left(\dfrac{20k_d}{9}-10k_p\right) & -\dfrac{10pk_d}{9} & -10p\end{bmatrix}$$

由式（2.15）可知，当满足条件 $|\arg(\lambda_i)|\geqslant\pi/2$ 时，水轮机调节系统是稳定的。为了深入分析标度因子对水轮机调节系统 PID 参数稳定域影响，当 $k_i=1$ 时 PID 参数（k_d-k_p）稳定域随标度因子 ε 的变化如图 2.6 所示。

图 2.6 中曲线是不同时间尺度下 PID 参数（k_d-k_p）稳定域边界。在不同时间尺度下，当快慢水轮机调节系统的 PID 参数（k_d-k_p）处于曲线内部时，系统是稳定的；当 PID 参数（k_d-k_p）超出对应临界曲线，系统趋于失稳状态。从图 2.6 可知，多时间尺度

水轮机调节系统 PID 参数（k_d -k_p）稳定域随标度因子 ε 增加而增大，说明标度因子 ε 的增加可以改善多时间尺度水轮机调节系统稳定性。

下面利用多时间尺度水轮机调节系统转速相对偏差分岔图验证上述理论分析和仿真结果正确性，选择 PID 参数 k_d 为分岔参数，令 $\varepsilon=0.8$、$k_p=1$，转速相对偏差值分岔图如图 2.7 所示。

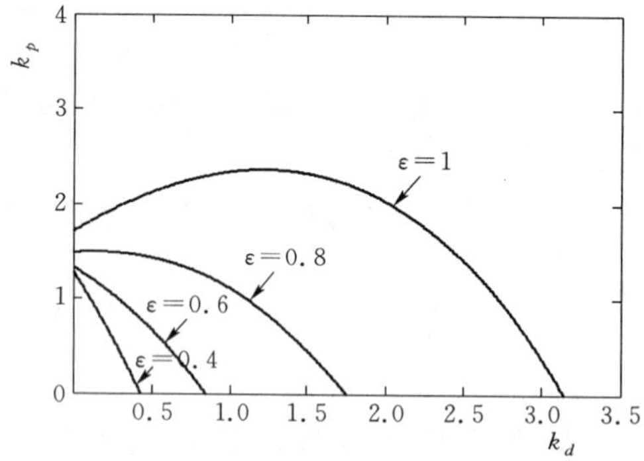

图 2.6　PID 参数（k_d -k_p）在不同时间尺度下的稳定域

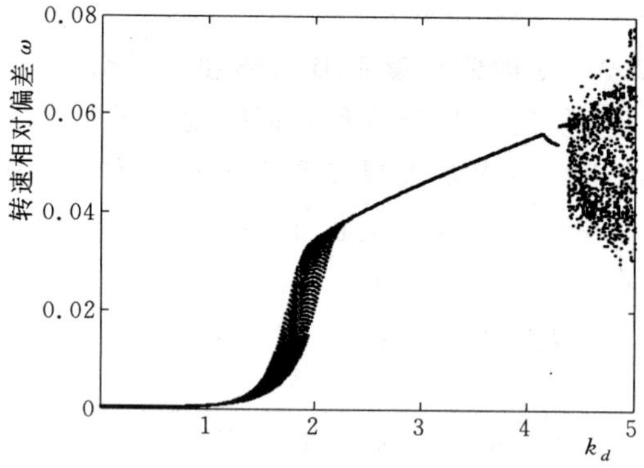

图 2.7　k_d 为分岔参数的转速相对偏差 ω 在 $\varepsilon=0.8$、$k_p=1$ 时分岔图

由图 2.7 可知，当参数 k_d 从 0 到 1.1 之间变化时，多时间尺度水轮机调节系统转速相对偏差是稳定的。之后随着参数 k_d 增加，系统转速相对偏差逐渐失去稳定，特别是当参数 k_d 从 2.4 增加到 4.1 时，系统转速相对偏差值迅速增加。最终，随着参数 k_d 增大，系统转速通过分岔进入混沌状态。仿真结果表明多时间尺度水轮机调节系统在 $\varepsilon=0.8$、$k_p=1$ 时，随着参数 k_d 增加，系统由稳定状态逐渐失去稳定并通过分岔进入混沌状态。

为了深入分析 PID 参数对多时间尺度水轮机调节系统稳定性影响规律，采用时域图和相轨迹图分析水轮机调节系统转速相对偏差和力矩相对偏差随参数 k_d 变化的动态响应，仿真结果如图 2.8～图 2.11 所示。

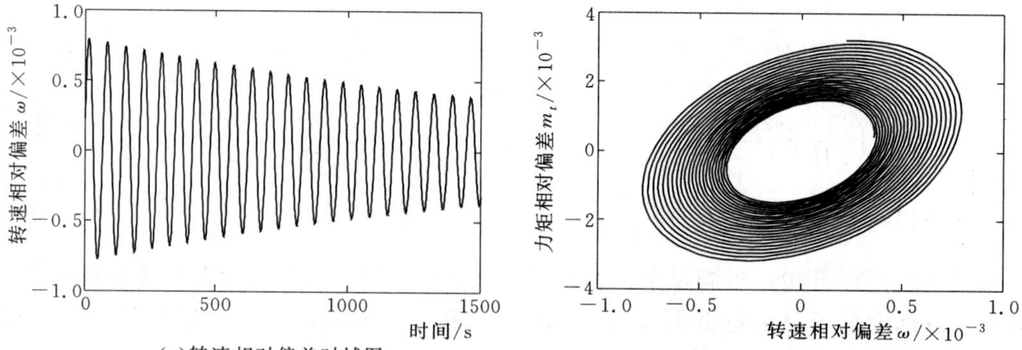

(a)转速相对偏差时域图　(b) 转速-力矩相对偏差相轨迹图

图 2.8　$k_d=0.5$ 时水轮机调节系统转速相对偏差和力矩相对偏差的时域图和相轨迹图

图 2.8 揭示水轮机调节系统转速相对偏差和力矩相对偏差在 $k_d=0.5$ 时的动态响应。图 2.8（a）为转速相对偏差动态响应，观察图 2.8（a）可知，系统转速相对偏差值振动

幅度逐渐减小，说明转速是趋于稳定性的。图 2.8（b）为转速和力矩相对偏差动态响应，分析图 2.8（b）可知，系统转速相对偏差与力矩相对偏差在相轨迹图中逐渐收敛，表明系统力矩相对偏差也是趋于稳定的。综合分析图 2.8 可知，在 $k_d=0.5$、$\varepsilon=0.8$ 条件下，多时间尺度水轮机调节系统趋于稳定状态。

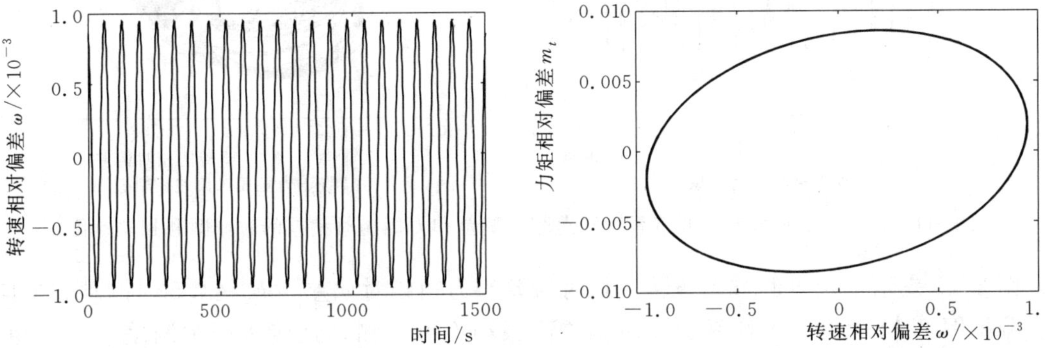

(a)转速相对偏差时域图　　(b)转速-力矩相对偏差相轨迹图

图 2.9　$k_d=1.1$ 时水轮机调节系统转速相对偏差和力矩相对偏差的时域图和相轨迹图

图 2.9 为水轮机调节系统转速相对偏差和力矩相对偏差在 $k_d=1.1$ 时的动态响应。图 2.9（a）为转速相对偏差动态响应，观察图 2.9（a）可知，系统转速相对偏差值振动幅度保持不变，说明转速处于临界稳定状态。图 2.9（b）为转速和力矩相对偏差动态响应，分析图 2.9（b）可知，系统转速相对偏差与力矩相对偏差在相轨迹图中呈现封闭圆环，表明系统力矩相对偏差也处于临界稳定状态。对比分析图 2.9 可知，在 $k_d=1.1$、$\varepsilon=0.8$ 条件下，多时间尺度水轮机调节系统处于临界稳定状态。

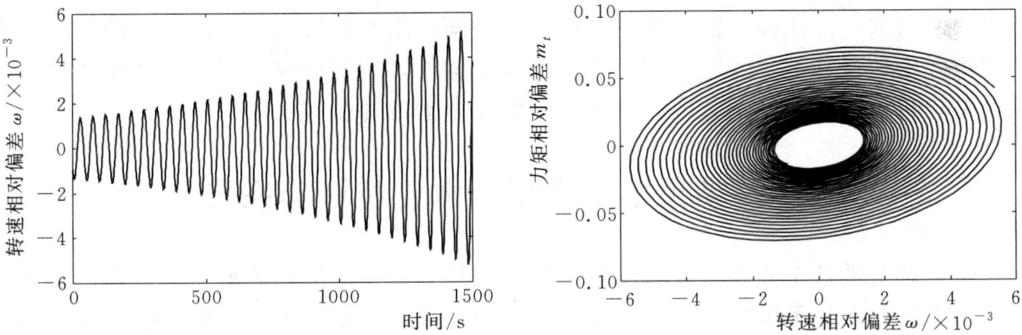

(a)转速相对偏差时域图　　(b)转速-力矩相对偏差相轨迹图

图 2.10　$k_d=1.5$ 时水轮机调节系统转速相对偏差和力矩相对偏差的时域图和相轨迹图

图 2.10 表示水轮机调节系统转速相对偏差和力矩相对偏差在 $k_d=1.5$ 时的动态响应。图 2.10（a）为转速相对偏差在 $k_d=1.5$ 条件下的时域图，观察图 2.10（a）可知，系统转速相对偏差值振动幅度逐渐增大，说明转速逐渐失去稳定。图 2.10（b）为转速与力矩相对偏差在 $k_d=1.5$ 条件下相轨迹图，分析图 2.10（b）可知，系统转速相对偏差与力矩相对偏差在相轨迹图中逐渐发散，表明系统力矩相对偏差也处于失稳状态。综合分析图 2.10 可知，在 $k_d=1.5$、$\varepsilon=0.8$ 条件下，多时间尺度水轮机调节系统处于失稳状态。

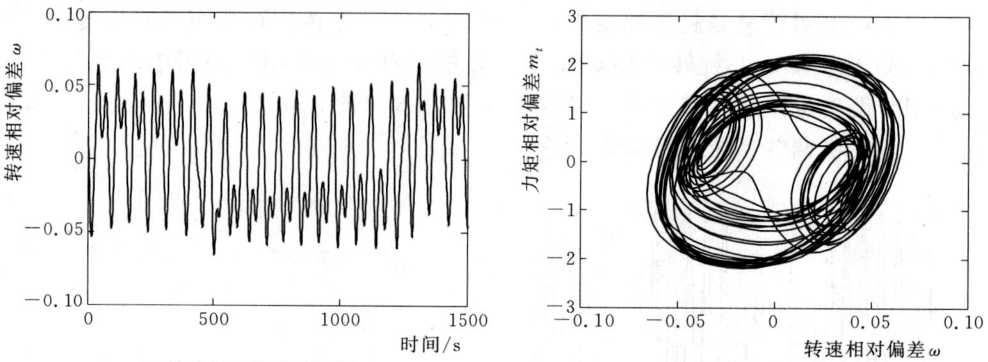

(a)转速相对偏差时域图　　(b)转速-力矩相对偏差相轨迹图

图 2.11　$k_d=4.5$ 时水轮机调节系统转速相对偏差和力矩相对偏差的时域图和相轨迹图

图 2.11 表示水轮机调节系统转速相对偏差和力矩相对偏差在 $k_d=4.5$ 时的动态响应。综合分析图 2.11 可知，系统转速相对偏差值振动不可预测，且转速相对偏差与力矩相对偏差在相轨迹图中出现两个混沌吸引子，仿真结果表明在 $k_d=4.5$、$\varepsilon=0.8$ 条件下，多时间尺度水轮机调节系统处于混沌状态。

综合对比分析图 2.8、图 2.9、图 2.10 和图 2.11 可知，当标度因子 $\varepsilon=0.8$ 时，多时间尺度水轮机调节系统 PID 参数稳定域，即当 $0<k_d<1.1$ 时，系统处于稳定状态；$k_d=1.1$ 时，系统处于临界稳定状态；当 $1.1<k_d<4$ 时，系统处于逐渐失稳状态；随着 k_d 继续增大，系统经过分岔进入混沌状态。仿真结果也证明了上述理论分析和图 2.6 仿真结果的正确性。

通过对原系统进行重新标度，建立多时间尺度水轮机调节系统模型。在不同时间尺度，分析水轮机调节系统的快慢动力学效应。仿真结果表明，PID 参数稳定区域随着标度因子增加而增大，标度因子的增加可以提高多时间尺度水轮机调节系统稳定性。由于水轮机调节系统中快慢动力学效应不利于其安全稳定运行，本节研究结果可为避免和减弱多时间尺度水轮机调节系统快慢效应、保证水电站稳定运行提供有益参考。

2.3　多频率尺度耦合水轮机调节系统

水轮机调节系统中存在丰富的动力学现象，从其中的混沌现象被揭示以来，其动力学理论和仿真研究受到了学者们广泛关注。迄今为止，针对水轮机调节系统的很多工作都是基于自治系统进行研究，但在瞬态过程中水轮机调节系统运行工况点是持续变化的，即系统运行参数是时变的，故瞬态过程中水轮机调节系统是非自治系统。水轮机调节系统瞬态特性可以用动态传递系数来描述，本节通过引入周期激励形式水轮机调节系统动态传递系数，研究水轮机调节系统在瞬态过程中快慢动力学行为，并探究在不同激励强度和频率下系统快慢动力学行为演化规律。

2.3.1　周期激励下水轮机调节系统动力学模型

水轮机调节系统传递系数随系统运行工况点移动而改变。本节采用周期激励形式的动态传递系数来描述水轮机调节系统动态特性，其中参数 e 为水轮机调节系统传递系数中间变量，$e=e_{qy}e_{mh}/e_{my}-e_{qh}$。在水轮机调节系统运行过程中，中间变量 e 是持续变化的。当系统在正常范围内运行时，中间变量为往复周期变化。因此，为了描述水轮机调节系统动态特性，假设中间变量为周期激励形式：

$$e=A\sin(\omega t) \tag{2.18}$$

式中：A 和 ω 分别为周期激励振幅和角速度。

将式（2.18）代入上节中水轮机调节系统动力学模型可得：

$$\begin{cases}\dot{\delta}=\omega_0\omega\\ \dot{\omega}=\dfrac{1}{T_{ab}}\left(m_t-D\omega-\dfrac{E_q'V_s}{x_{d\Sigma}'}\sin\delta-\dfrac{V_s^2}{2}\dfrac{x_{d\Sigma}'-x_{q\Sigma}}{x_{d\Sigma}'x_{q\Sigma}}\sin2\delta\right)\\ \dot{m}_t=\dfrac{1}{e_{qh}T_w}\left[-m_t+e_{my}y-\dfrac{A\sin(\omega t)e_{my}T_w}{T_y}\left(-k_p\omega-\dfrac{k_i}{\omega_0}\delta-k_d\dot{\omega}-y\right)\right]\\ \dot{y}=\dfrac{1}{T_y}\left(-k_p\omega-\dfrac{k_i}{\omega_0}\delta-k_d\dot{\omega}-y\right)\end{cases} \tag{2.19}$$

上式为引入周期激励形式传递系数的水轮机调节系统动力学模型，下面利用快慢效应来解释水轮机调节系统中出现的快慢动力学行为（激发态与沉寂态交替出现），如图 2.12 所示。

图 2.12 表示在周期激励作用下，水轮机调节系统中状态变量快慢运行特性。当水轮机调节系统固有频率和中间变量激励频率存在量级上差异时，系统运动模式，如周期运动、概周期运动甚至混沌运动等均表现出显著快慢效应。这种快慢效应具体表现为激发态与沉寂态交替出现现象，其中激发态对应低频大幅跳跃变化，沉寂态为高频小幅振动。

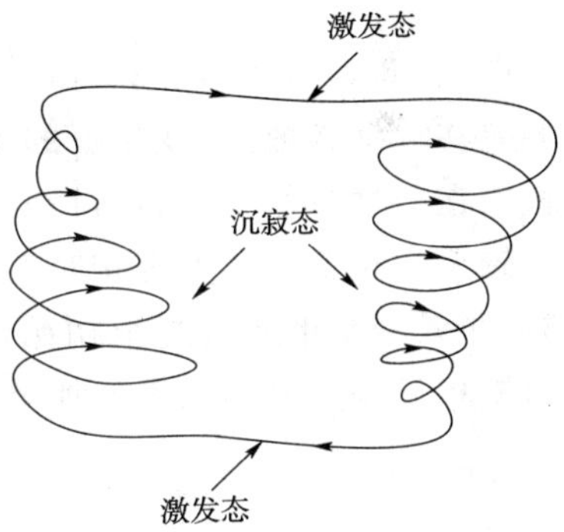

图 2.12 快慢效应示意

思考	周期激励下水轮机调节系统模型有什么特点？

2.3.2 多频率尺度快慢动力学演化

考虑中间变量周期性变化，利于数值模拟研究多频率尺度水轮机调节系统动力学行为演变规律，系统参数取值见表 2.3。

表 2.3 周期激励下水轮机调节系统参数取值

参数	取值	参数	取值
e_{qh}	0.56	D	2
e_{my}	1.03	ω_0	314rad/s
$x_{d\Sigma}'$	1.15	T_{ab}	9s
$x_{q\Sigma}'$	1.474	T_w	0.8s
E_q'	1.35	T_y	0.1s
V_s	1		

为了分析多频率水轮机调节系统动力学行为随 PID 参数演变规律，选取参数 k_d 为分岔参数，图 2.13 和图 2.14 分别为转速相对偏差和力矩相对偏差在周期激励作用下的动态响应分岔图。

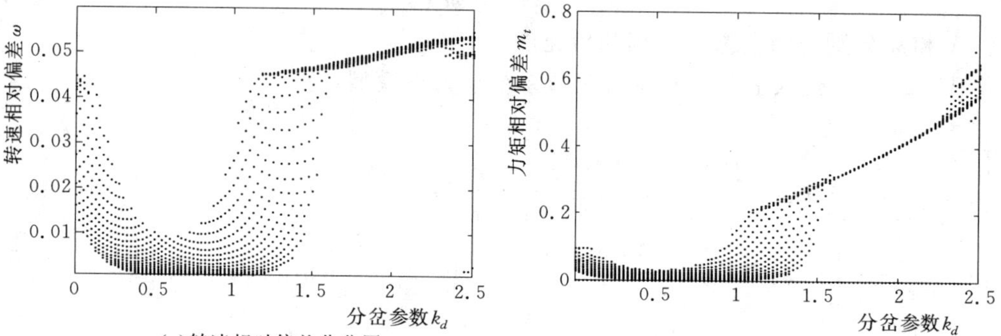

(a)转速相对偏差分岔图　(b)力矩相对偏差分岔图

图 2.13　水轮机调节系统转速和力矩相对偏差在周期激励（$A=3$、$w=1\times10^{-4}$）下的分岔图

图 2.13 表示在 $A=3$、$w=1\times10^{-4}$ 条件下，水轮机调节系统转速相对偏差和力矩相对偏差在分岔参数 k_d 变化下的动态响应。综合对比图 2.13 可知，转速相对偏差和力矩相对偏差在分岔参数 k_d 增加过程中整体变化趋势一致。当分岔参数 k_d 从 0 增加到 0.5 过程中，转速相对偏差和力矩相对偏差都表现为振幅迅速减小；当分岔参数 k_d 从 0.5 增加至 1.5，两者振幅迅速恢复至初始水平。然后，随着分岔参数 k_d 继续增加，转速相对偏差和力矩相对偏差分别缓慢增加至 0.052 和 0.63。

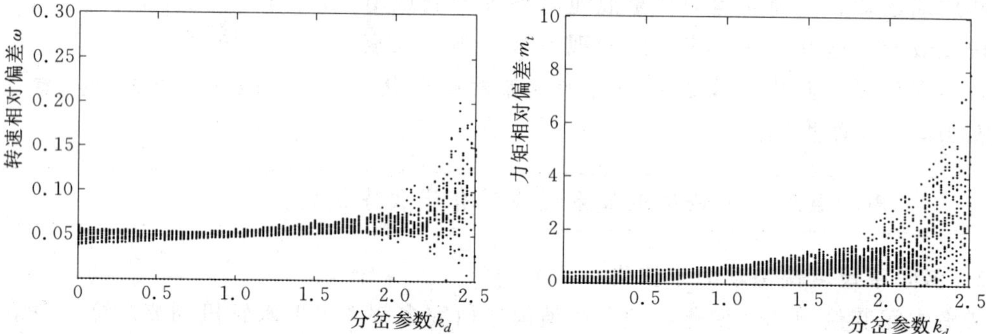

(a)转速相对偏差分岔图　(b)力矩相对偏差分岔图

图 2.14　水轮机调节系统转速和力矩相对偏差在周期激励（$A=5$、$w=1\times10^{-4}$）下的分岔图

图 2.14 表示在 $A=5$、$w=1\times10^{-4}$ 条件下，水轮机调节系统转速相对偏差和力矩相对偏差在分岔参数 k_d 变化下的动态响应。对比分析图 2.14 可知，转速相对偏差和力矩相对偏差在分岔参数 k_d 增加过程中整体变化趋势相似。当分岔参数 k_d 从 0 增加到 1.5，转速相对偏差和力矩相对偏差都表现为振幅缓慢增加；然后，随着分岔参数 k_d 继续增加，转速相对偏差和力矩相对偏差均逐渐失稳。

综合对比图 2.13 和图 2.14 可知，随着周期激励幅值增加，水轮机调节系统转速相对偏差和力矩相对偏差在分岔参数作用下表现出更加丰富的动力学行为，且振动幅值显著增加。说明周期激励幅值的增加不利于水轮机调节系统稳定性。

为了进一步分析水轮机调节系统在周期激励作用下动力学行为演化规律，当 $A=5$、$w=1\times10^{-4}$ 时，利用时域图和相轨迹图分析水轮机调节系统转速相对偏差和导叶开度相对偏差的动力学响应，如图 2.15 所示。

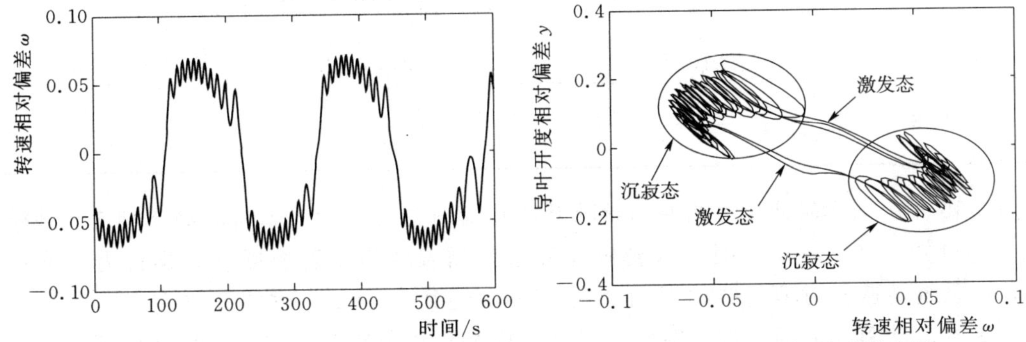

(a)$k_d=0.6$时水轮机调节系统转速相对偏差和导叶开度相对偏差时域图与相轨迹图

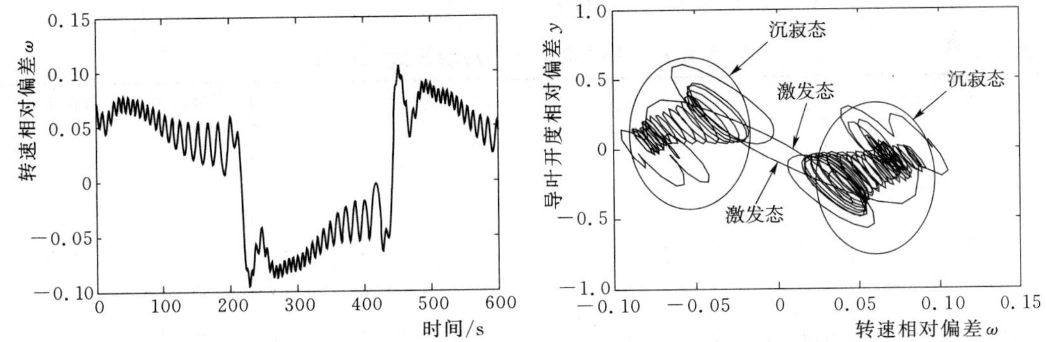

(b)$k_d=1.5$时水轮机调节系统转速相对偏差和导叶开度相对偏差时域图与相轨迹图

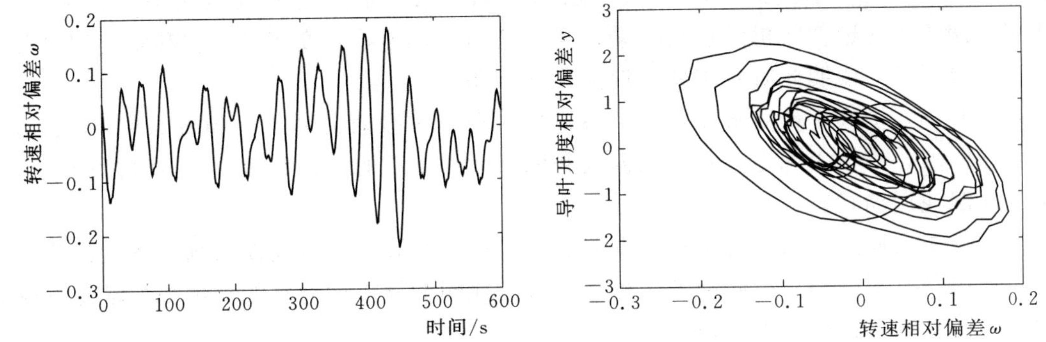

(c)$k_d=2.5$时水轮机调节系统转速相对偏差和导叶开度相对偏差时域图与相轨迹图

图 2.15　水轮机调节系统转速相对偏差和导叶开度相对偏差在不同控制参数 k_d 下的时域图与相轨迹图

图 2.15
对应程序

图 2.15 表示水轮机调节系统在不同控制参数 k_d 下转速相对偏差和导叶开度相对偏差的动态响应。图 2.15（a）表示转速相对偏差和导叶开度相对偏差在 $k_d=0.6$ 时的动态响应，分析图 2.15（a）可知，当 $k_d=0.6$ 时，转速相对偏差呈现显著快慢效应，振动周期约为 220s。在相轨迹图中出现

典型的周期簇发现象，也表明水轮机调节系统出现快慢动力学行为。在该条件下转速相对偏差和导叶开度相对偏差激发态和沉寂态变化范围见表 2.4。

表 2.4　$k_d=0.6$ 时水轮机调节系统快慢效应范围

状　态	位　置	转速相对偏差 ω	导叶开度相对偏差 y
沉寂态	1	(−0.07，−0.02)	(−0.05，0.23)
	2	(0.02，0.078)	(−0.2，0.08)
激发态	1	(−0.05，0.02)	(−0.1，0.08)
	2	(−0.02，0.05)	(−0.05，0.1)

图 2.15（b）表示转速相对偏差和导叶开度相对偏差在 $k_d=1.5$ 时的动态响应，观察图 2.15（b）可知，当 $k_d=1.5$ 时，水轮机调节系统仍表现为显著快慢动力学行为。值得注意的是，系统转速相对偏差振动周期增到 450s，达到 $k_d=0.6$ 时的 2 倍左右。此外，系统状态变量振动幅度大幅增加，特别是导叶开度相对偏差较为明显。在该条件下转速相对偏差和导叶开度相对偏差快慢效应变化范围见表 2.5。

表 2.5　$k_d=1.5$ 时水轮机调节系统快慢效应范围

状　态	位　置	转速相对偏差 ω	导叶开度相对偏差 y
沉寂态	1	(−0.08，−0.01)	(−0.22，0.6)
	2	(0.02，0.11)	(−0.6，0.3)
激发态	1	(−0.05，0.05)	(−0.4，0.2)
	2	(−0.06，0.03)	(−0.3，0.4)

图 2.13（c）表示转速相对偏差和导叶开度相对偏差在 $k_d=2.5$ 时的动态响应，分析图 2.13（c）可知，随着参数 k_d 增大，水轮机调节系统最终进入混沌状态。时域图中，转速相对偏差呈现近似随机无规则运动；相轨迹图中，导叶开度相对偏差和转速相对偏差出现混沌吸引子，说明此时系统处于混沌运动状态。

综上所述，多频率尺度水轮机调节系统中出现的快慢动力学行为随着参数 k_d 的增加变得更加剧烈，具体表现为高频小幅振荡和低频大幅振动的周期和幅值都逐渐增强，最终系统进入混沌运动状态。

为了分析周期激励频率对水轮机调节系统瞬态特性影响，将周期激励角速度作为分岔参数，利用分岔图分别分析周期激励角速度对转速相对偏差和力矩相对偏差的动态响应影响规律，仿真结果如图 2.16 所示。

图 2.16 是周期激励角速度为分岔参数的水轮机调节系统转速相对偏差和力矩相对偏差分岔图。图 2.16（a）表示转速相对偏差随周期激励角速度变化动态响应，观察图 2.16（a）可知，当周期激励角速度在 0 到 6×10^{-5} 之间时，转速相对偏差处于稳定状态。然后，随着周期激励角速度从 5×10^{-5} 增加到 6×10^{-5}，转速相对偏差从 0 迅速增加达到 0.05。随着周期激励角速度继续增加，转速相对偏差通过倍周期运动状态进入混沌运动状态。图 2.16（b）表示力矩相对偏差随周期激励角速度变化动态响应。对比分析图 2.16 可知，随着周期激励角速度增加，力矩相对偏差与转速相对偏差动态响应有相似变化趋势，值得注

意的是，力矩相对偏差变化更加剧烈且具有更加丰富的动力学行为。

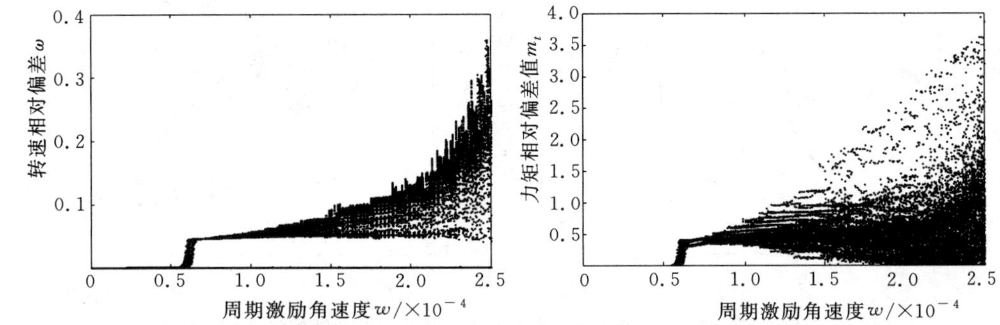

(a)转速相对偏差分岔图　　(b)力矩相对偏差分岔图

图 2.16　周期激励角速度为分岔参数的水轮机调节系统分岔图

综上所述，周期激励角速度对多频率尺度水轮机调节系统动力学行为有显著影响，随着周期激励角速度增加，水轮机调节系统逐渐失去稳定，为了保证多频率尺度水轮机调节系统安全可靠运行，周期激励的角速度相对偏差不应超过 6×10^{-5}。

为了深入水轮机调节系统在不同频率周期激励下快慢动力学行为，采用时域图和相轨迹图分析水轮机调节系统转速相对偏差和导叶开度相对偏差值在不同周期激励角速度下动态响应，仿真结果如图 2.17 所示。

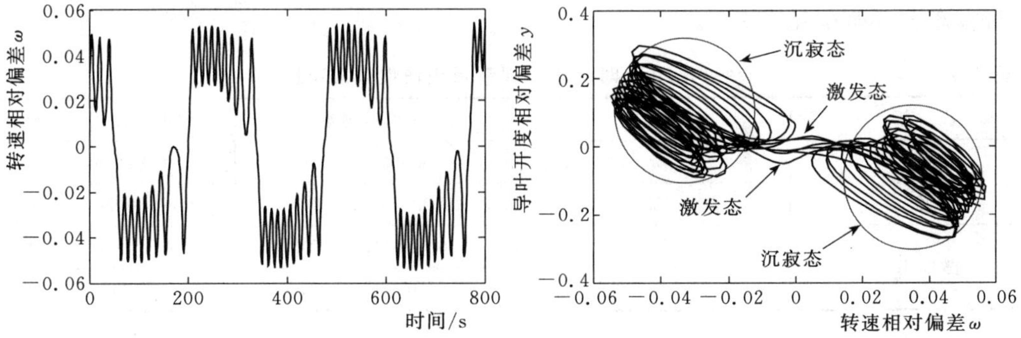

(a)$w=1\times10^{-4}$ 时水轮机调节系统转速相对偏差和导叶开度相对偏差时域图与相轨迹图

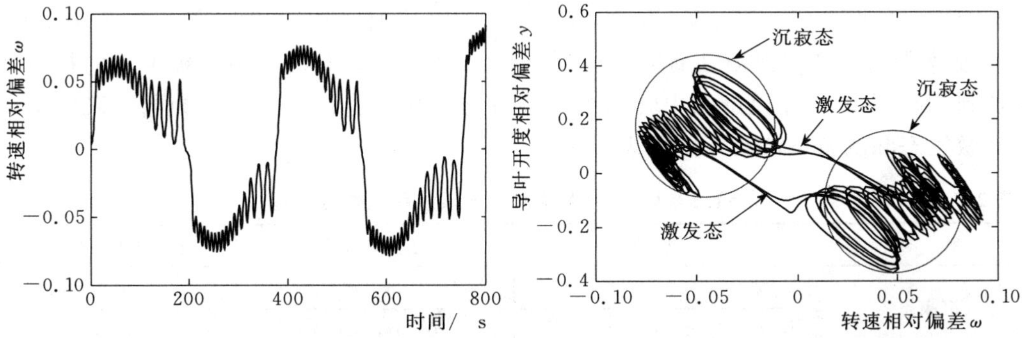

(b)$w=1.5\times10^{-4}$ 时水轮机调节系统转速相对偏差与导叶开度相对偏差时域图与相轨迹图

图 2.17（一）　水轮机调节系统转速相对偏差与导叶开度相对偏差在不同周期激励角速度下的时域图和相轨迹图

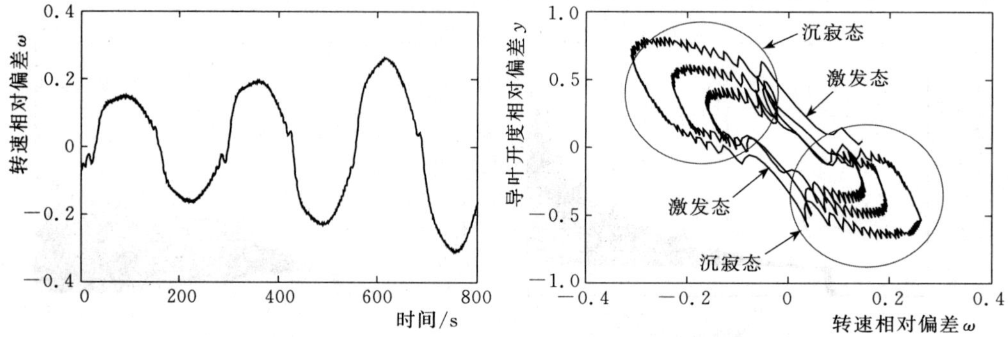

(c)$w=2.5\times10^{-4}$时水轮机调节系统转速相对偏差与导叶开度相对偏差时域图与轨迹图

图 2.17（二）　水轮机调节系统转速相对偏差与导叶开度相对偏差在不同周期激励角速度下的时域图和相轨迹图

图 2.17 为水轮机调节系统转速相对偏差和导叶开度相对偏差在不同周期激励角速度（$w=1\times10^{-4}$、$w=1.5\times10^{-4}$ 和 $w=2.5\times10^{-4}$）下动态响应。图 2.17（a）表示 $w=1\times10^{-4}$ 时水轮机调节系统转速相对偏差和导叶开度相对偏差动态响应，分析图 2.17（a）可知，当 $w=1\times10^{-4}$ 时，转速相对偏差呈现高频小幅振动和低频大幅突变交替出现的快慢动力学现象，振动周期约为 300s；在相轨迹图中转速相对偏差和导叶开度相对偏差呈现封闭环状轨迹。仿真结果说明此时水轮机调节系统处于周期簇发状态。相轨迹图中激发态和沉寂态波动范围见表 2.6。

表 2.6　$w=1\times10^{-4}$ 时水轮机调节系统快慢效应范围

状　态	位　置	转速相对偏差 ω	导叶开度相对偏差 y
沉寂态	1	(−0.058, −0.01)	(−0.08, 0.3)
	2	(0.01, 0.058)	(−0.28, 0.1)
激发态	1	(−0.02, 0.02)	(−0.05, 0.05)
	2	(−0.03, 0.02)	(0, 0.1)

图 2.17（b）表示 $w=1.5\times10^{-4}$ 时水轮机调节系统转速相对偏差和导叶开度相对偏差动态响应。如图 2.17（b）所示，当 $w=1.5\times10^{-4}$ 时，转速相对偏差幅值与 $w=1\times10^{-4}$ 时基本保持不变，但振动周期增加到 400s，且每个周期内高频小幅振动的持续时间也增加到 180s 左右。相轨迹图中转速相对偏差与导叶开度相对偏差仍为周期簇发运动轨迹，其激发态和沉寂态波动范围见表 2.7。

表 2.7　$w=1.5\times10^{-4}$ 时水轮机调节系统快慢效应范围

状　态	位　置	转速相对偏差 ω	导叶开度相对偏差 y
沉寂态	1	(−0.08, −0.01)	(−0.1, 0.4)
	2	(0.01, 0.07)	(−0.38, 0.1)
激发态	1	(−0.04, 0.01)	(−0.1, 0.1)
	2	(−0.02, 0.04)	(−0.08, 0.13)

图 2.17（c）表示 $w=2.5\times10^{-4}$ 时水轮机调节系统转速相对偏差和导叶开度相对偏差动态响应。分析图 2.17（c）可知，当 $w=2.5\times10^{-4}$ 时，转速相对偏差表现为概周期运动且振幅逐渐增大，说明此时水轮机调节系统是逐渐失稳的。时域图中，转速相对偏差高频小幅振动幅值明显增强，每个周期内激发态持续时间大幅增加。相轨迹图中，激发态和沉寂态为交替出现发散轨迹，即此时系统快慢效应增强且逐步失去稳定，具体特征见表 2.8。

表 2.8　$w=2.5\times10^{-4}$ 时水轮机调节系统快慢效应范围

状态	位置	转速相对偏差 ω	导叶开度相对偏差 y
沉寂态	1	(−0.3，−0.1)	(−0.1，0.8)
	2	(0.02，0.28)	(−0.7，0)
激发态	1	(−0.1，0)	(−0.5，0)
	2	(−0.05，0.1)	(0，0.4)

综上所述，仿真结果说明中间变量周期激励幅值和频率对水轮机调节系统动力学行为影响显著。当周期激励角速度为 $w=1\times10^{-4}$ 和 $w=1.5\times10^{-4}$ 时，水轮机调节系统均处于周期簇发运行状态，且 $w=1.5\times10^{-4}$ 时水轮机调节系统快慢效应更显著，当周期激励角速度增加到 $w=2.5\times10^{-4}$ 时，系统快慢效应进一步增强且逐渐失去稳定。

思考	中间变量周期激励幅值和频率对水轮机调节系统动力学行为有什么影响？

2.4 本 章 小 结

考虑水轮机调节系统由水力、机械和电气等子系统组成，在实际运行中不同子系统变化速率和响应时间存在差异，故水轮机调节系统精确模型应涉及多尺度耦合。首先，考虑水力系统与机械系统存在时间尺度差异，通过引入标度因子建立水轮机调节系统多时间尺度动力学模型。考虑系统传递系数随运行工况改变，以周期激励形式引入动态传递系数，建立水轮机调节系统多频率尺度动力学模型。然后，针对上述两种水轮机调节系统多尺度模型，分别研究标度因子、激励强度和频率对系统瞬态特性影响。在水轮机调节系统中发现周期簇发和非周期簇发等典型快慢动力学现象。主要结论如下：

（1）在多时间尺度作用下，当标度因子 $\varepsilon<1$ 时，水轮机调节系统存在一定程度快慢效应，且随着标度因子增加，系统快慢效应减弱。当标度因子 $\varepsilon=1$ 时，即水轮机调节系统各状态变量处于同一时间尺度，系统快慢效应消失。随着标度因子增大，系统 PID 参数稳定域也增大，说明增加标度因子可以减弱系统快慢效应，改善系统稳定性。

（2）在不同的周期激励作用下，水轮机调节系统表现出明显快慢效应。仿真结果表明，减小周期激励的强度和频率可以减弱水轮机调节系统快慢效应并改善系统稳定性。此外，在周期激励作用下，系统由簇发振荡到逐渐失稳的动力学表现为高频小幅沉寂态和低频大幅激发态周期和振幅均逐渐增加。

本章研究了水轮机调节系统在多时间尺度和多频率尺度下动力学行为，发现了系统瞬态过程中存在的典型快慢动力学现象，揭示了系统快慢效应发生机制和失稳机理，为后续研究水轮机调节系统在瞬态过程多尺度建模与稳定性调控提供了理论参考。

课后阅读

[1] 许诚光. 水力发电系统多尺度快慢动力学与稳定性分析 [D]. 咸阳：西北农林科技大学，2021.

[2] LIU Dong, LI Chaoshun, Malik O P. Nonlinear modeling and multi-scale damping characteristics of hydro-turbine regulation systems under complex variable hydraulic and electrical network structures [J]. Applied Energy, 2021, 293: 116949.

[3] 叶伟，陈帝伊，许贝贝，等. 水轮发电机组低频振荡机理与稳定特性 [J]. 水力发电学报，2019，38 (5)：106-113.

课后思考题

(1) 影响多时间尺度耦合水轮机调节系统的因素是什么？

(2) 多时间尺度与多频率尺度在耦合水轮机调节系统上有什么联系和不同？

(3) 请简述本章探讨的系统快慢效应发生机制和失稳机理。

第3章 考虑轴系耦合的水轮机调节系统甩负荷特性分析

3.1 引 言

水轮机调节系统与轴系系统瞬态特性变化剧烈且二者耦联关系复杂。其中，水轮机调节系统在瞬态过程中由于受到水力振动、结构非线性响应和负荷随机扰动等因素影响导致其动态特性异常复杂；轴系系统在瞬态过程中由于受到随机水力荷载、非线性油膜力和不平衡磁拉力等因素作用导致其受力特征难以描述。因此，综合考虑水力、机械和电气等因素耦合影响，研究水轮机调节系统与轴系系统在瞬态过程中的动态响应及其相互作用机制，对电站系统安全稳定运行具有重要意义。

目前，分别针对水轮机调节系统和轴系系统瞬态特性的研究已经取得丰硕成果，其中，许贝贝等考虑水轮机调节系统受到随机电力负荷影响，利用多项式逼近法建立水轮机调节系统随机动力学模型，结合数值仿真研究了不同随机强度下水轮机调节系统动力学行为演化规律。李俊毅和陈启卷在弹性水击效应下研究了 PID 控制参数对水轮机调节系统动态特性影响规律，并结合系统稳定域和分岔方向给出 PID 控制参数合理取值范围。宋志强和马震岳建立了考虑水力转矩和电磁力矩耦合作用下的轴系系统扭振模型，研究了轴系系统扭振特性随转子转动惯量、转轮水体附加质量、支臂刚度的变化规律。上述研究均是在多因素耦合影响下，针对水轮机调节系统或轴系系统自身进行建模分析。然而，水轮机调节系统流量和力矩特性在瞬态过程中变化剧烈且与轴系系统耦联关系复杂。

为了深入分析水轮机调节系统与轴系系统在瞬态过程中相互作用机制及轴系瞬态受力特征。本章首先通过改进水轮机流量和力矩特征方程，使其适用于描述水轮机调节系统瞬态过程动态变化；然后基于导叶开度和传递系数非线性关系建立适用于甩负荷关机过程的水轮机调节系统动力学模型，并结合数值模拟分析导叶不同关闭规律对系统瞬态特性影响；最后基于所建立水轮机调节系统瞬态动力学模型，根据水轮机与发电机耦联关系，推求出适用于开机过程的水轮机调节系统与轴系系统瞬态耦合动力学模型，并利用数值模拟分析导叶不同开启规律对两系统瞬态特性及轴系瞬态受力特征的影响。本章成果为水力发电系统瞬态精确化建模与安全调控提供理论参考。

3.2 水轮机调节系统瞬态建模与动力学分析

水轮机调节系统作为水电站重要组成部分，对其安全稳定运行起着至关重要的作用。本节主要通过改进水轮机调节系统特征方程，推导建立水轮机调节系统瞬态动力学模型，该模型可以反映系统在甩负荷关机过程中传递系数剧烈变化引起的瞬态力矩和流量波动，基于建立的水轮机调节系统瞬态动力学模型进行甩负荷关机仿真模拟并揭示不同导叶关闭规律对系统动态影响。

3.2.1　水轮机调节系统瞬态动力学模型

由第 2 章可知，传统水轮机特征方程可以表示为

$$\begin{cases}m_t=e_{mw}x+e_{my}y+e_{mh}h\\ q=e_{qw}x+e_{qy}y+e_{qh}h\end{cases}\tag{3.1}$$

式中：m_t、q、h、x 和 y 分别为参数 M_t、Q、H、N 和 Y 相对偏差值；e_{mw}、e_{my}、e_{mh} 分别为水轮机转矩对水轮机转速、导叶开度和水头偏导数，$e_{mw}=\partial m_t/\partial x$、$e_{my}=\partial m_t/\partial y$ 和 $e_{mh}=\partial m_t/\partial h$；$e_{gw}$、$e_{gy}$、$e_{gh}$ 分别为水轮机流量对转速、导叶开度和水头偏导数，$e_{qw}=\partial q/\partial x$、$e_{qy}=\partial q/\partial y$ 和 $e_{qh}=\partial q/\partial h$。

在过渡过程中由于水轮机调节系统运行工况点快速变化，在计算水轮机力矩和流量时，系统传递系数的近似值会引起较大累计误差，如图 3.1 所示。

在图 3.1 中，当机组转速一定时，工况点从 a 运行到 b 过程中，力矩增量为 $\Delta m_{ab}=\int_a^b e_{my}\mathrm{d}y$，参数 e_{my} 是曲线 ab 上各点斜率，即 $m_{tb}=m_{ta}+\Delta m_{ab}$。当导叶开度保持不变时，工况点从 c 到 b 过程中，力矩增量为 $\Delta m_{cb}=\int_c^b e_{mx}\mathrm{d}x$，参数 e_x 是曲线 cb 上各点斜率，即 $m'_{tb}=m_{tc}+\Delta m_{cb}$。由于参数 e_{mx} 和 e_{my} 都为近似值，可能导致 $m'_{tb}\neq m_{tb}$，即在同一工况点 b 具有不同力矩值，而且当系统在过渡过程中运行时，工况点往复变化，累计误差会加大。这种误差使得传统水轮机调节系统模型难以描述系统在过渡过程中瞬态特性。

为了克服上述问题，针对水轮机力矩和流量路径积分过程，对水轮机力矩和流量动力方程进行改进，获得其瞬态表达式。

对于水轮机瞬态力矩计算可采用如图 3.2 所示的曲面簇法，$a-b-c-d$ 为力矩积分路径，a、b、c 为曲面 A 上的点，d 为曲面 B 上的点，路径 $a-b$ 对应水头不变的等开度线；路径 $b-c$ 对应水头不变的等转速线，路径 $c-d$ 为变水头线。

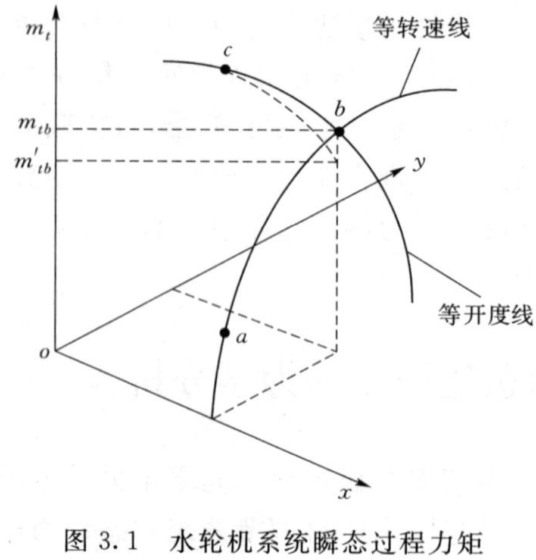

图 3.1　水轮机系统瞬态过程力矩累计误差示意图

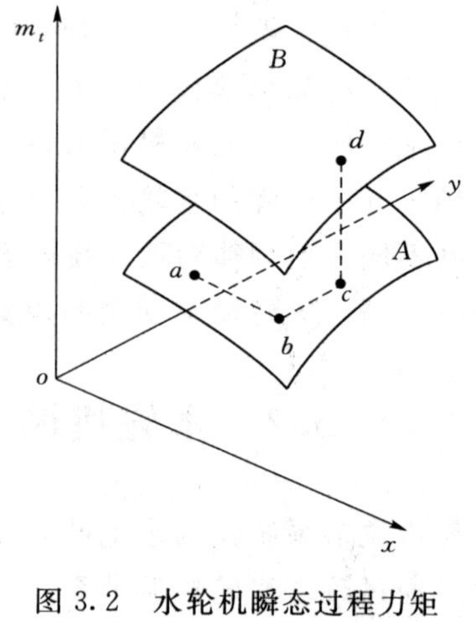

图 3.2　水轮机瞬态过程力矩计算方法（曲面簇法）

当已知某一工况点 a 力矩 $m_{ta}(x_a \quad y_a \quad h_a)$，则对于任意工况点 d，其力矩可以表示为

$$\begin{aligned} m_{td}(x_d \quad y_d \quad h_d) &= m_{ta}(x_a \quad y_a \quad h_a) + \int_a^d \mathrm{d}m_t \\ &= m_{ta}(x_a \quad y_a \quad h_a) + \int_a^b \mathrm{d}m_t + \int_b^c \mathrm{d}m_t + \int_c^d \mathrm{d}m_t \\ &= m_{ta}(x_a \quad y_a \quad h_a) + \int_{x_a}^{x_d} e_{mx}\mathrm{d}x + \int_{y_a}^{y_d} e_{my}\mathrm{d}y + \int_{h_a}^{h_d} e_{mh}\mathrm{d}h \end{aligned} \tag{3.2}$$

同样，当已知某一工况点 a 机组流量 $q_{ta}(x_a \quad y_a \quad h_a)$，对于任意工况点 d，其机组流量可以表示为

$$q_{td}(x_d \quad y_d \quad h_d) = q_{ta}(x_a \quad y_a \quad h_a) + \int_{x_a}^{x_d} e_{qx}\mathrm{d}x + \int_{y_a}^{y_d} e_{qy}\mathrm{d}y + \int_{h_a}^{h_d} e_{qh}\mathrm{d}h \tag{3.3}$$

综上，式（3.2）和式（3.3）为可以描述水轮机调节系统瞬态特性水轮机力矩和流量特征方程。

在考虑压力引水管道为刚性水击情况下，压力引水管道动态特性可以表示为

$$h = -T_w \frac{\mathrm{d}q}{\mathrm{d}t} \tag{3.4}$$

式中：T_w 为压力引水管道水流惯性时间常数。

水轮机转矩和负载力矩相互影响下的机组转速动态特性可以表示为

$$T_{ab}\frac{\mathrm{d}x}{\mathrm{d}t} + e_n x = m_t - m_{g0} \tag{3.5}$$

式中：T_{ab} 为机组和负载的综合惯性时间常数，$T_{ab}=T_a+T_b$，T_a 和 T_b 分别为发电机和负载惯性时间常数；e_n 为综合自调节系数。

在甩负荷关机过程中水轮机调节系统参数与其传递系数关系表达式可以表示为

$$\begin{cases} e_x = -0.16x - 0.3 \\ e_h = 1.67y \\ e_y = \begin{cases} 1.548(1-0.6x), & 0 \leqslant y < 0.6 \\ 1.2(1-0.6x), & 0.6 \leqslant y < 0.85 \\ 0.385(1-0.6x), & 0.85 \leqslant y \leqslant 1 \end{cases} \end{cases} \tag{3.6}$$

$$\begin{cases} e_{qx} = -0.15 \\ e_{qy} = 1.65 - y \\ e_{qh} = 0.17 + 0.4y \end{cases} \tag{3.7}$$

对于甩负荷过渡过程，假设水轮机力矩初始工况点 a 力矩 $m_{ta}=1$。则在甩负荷过渡过程中任意工况点水轮机力矩表达式可以表示为

$$m_t(x \quad y \quad h) = 1 + \int_1^x e_x\mathrm{d}x + \int_1^y e_y\mathrm{d}y + \int_1^h e_h\mathrm{d}h \tag{3.8}$$

将式（3.6）代入式（3.8）可得水轮机力矩瞬态表达式为

$$m_t(x \quad y \quad h) = \begin{cases} 0.995 - 0.08x^2 - 0.069x + 1.67y(h-1) + 0.385(1-0.6x)y, & 0.85 \leqslant y \leqslant 1 \\ 0.36 - 0.08x^2 + 0.312x + 1.67y(h-1) + (1.2y - 0.058)(1-0.6x), & 0.6 \leqslant y < 0.85 \\ 1.38 - 0.08x^2 - 0.3x + 1.67y(h-1) - 1.29(1-0.6x), & 0 \leqslant y < 0.6 \end{cases} \tag{3.9}$$

同样，假设水轮机流量初始工况点 a 流量 $q_{ta}=1$，则水轮机流量在该过渡过程中动态表达式为

$$q_t(x\quad y\quad h)=1+\int_1^x e_{qx}\,\mathrm{d}x+\int_1^y e_{qy}\,\mathrm{d}y-e_{qh}T_w\frac{\mathrm{d}q}{\mathrm{d}t} \tag{3.10}$$

将式（3.7）代入式（3.10）可得流量瞬态表达式为

$$q_t(x\quad y\quad h)=1.65y-0.5y^2-0.15x-(0.17+0.4y)T_w\frac{\mathrm{d}q}{\mathrm{d}t} \tag{3.11}$$

结合式（3.4）、式（3.5）、式（3.9）和式（3.11）可得水轮机调节系统在甩负荷过渡过程瞬态动力学模型为

$$\begin{cases}\dfrac{\mathrm{d}x}{\mathrm{d}t}=\dfrac{1}{T_{ab}}(m_t-e_nx-m_{g0})\\ \dfrac{\mathrm{d}q}{\mathrm{d}t}=\dfrac{1}{(0.17+0.4y)T_w}(q-1.65y+0.5y^2+0.15x)\\ \dfrac{\mathrm{d}h}{\mathrm{d}t}=\dfrac{(0.17+0.4y)(q'-1.65w+yw+0.15x')-(0.4qw-0.66yw+0.2wy^2+0.06xw)}{(0.17+0.4y)^2T_w}\\ \dfrac{\mathrm{d}m_t}{\mathrm{d}t}=\begin{cases}1.67yh'+(1.67h-1.285)w-(0.16x+0.231y+0.069)x', & 0.85\leqslant y\leqslant 1\\ (0.3468-0.16x-0.72y)x'+1.67yh'+(1.67h-0.72x-0.47)w, & 0.6\leqslant y<0.85\\ (0.474-0.16x)x'+1.67yh'+1.67(h-1)w, & 0\leqslant y<0.6\end{cases}\\ \dfrac{\mathrm{d}y}{\mathrm{d}t}=w\end{cases} \tag{3.12}$$

3.2.2　甩负荷过渡过程瞬态特性分析

基于上节所建立的水轮机调节系统瞬态动力学模型进行甩负荷过渡过程动力学分析。水轮机调节系统在甩负荷过渡过程中不同导叶关闭的规律如图 3.3 所示。

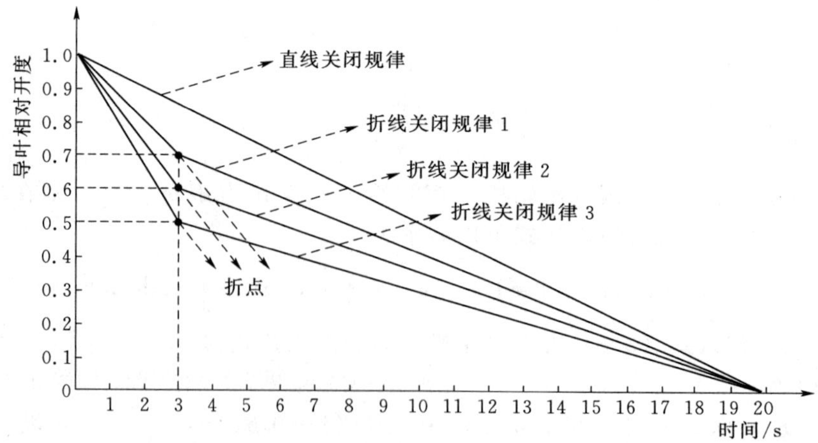

图 3.3　水轮机调节系统在甩负荷过渡过程中导叶直线和折线关闭规律

导叶关闭规律主要有直线关闭和折线关闭两种方式，其中折线关闭规律通过改变折点

可以改善水轮机调节系统瞬态特性而被工程实际所普遍采用。本节选取1种导叶直线关闭规律和3种折线关闭规律进行仿真，探究导叶关闭规律对水轮机调节系统瞬态特性的影响规律。

在Matlab软件中采用龙格库塔法进行求解，其中导叶关闭时间均为20s，两段式导叶关闭折点设置在3s，导叶相对开度分别对应为0.7、0.6和0.5。具体设置参数见表3.1。

表3.1　甩负荷过渡过程中导叶折线关闭规律特征设置参数

参　　数	折线关闭规律1	折线关闭规律2	折线关闭规律3
折点导叶开度	0.7	0.6	0.5
折点时间/s	3	3	3
初始导叶开度	1	1	1
结束导叶开度	0	0	0
总时间/s	20	20	20

为了深入分析甩负荷关机过程中导叶直线关闭规律对水轮机调节系统瞬态特性影响，分别分析系统转速、水头、力矩和流量随导叶关闭过程动态响应，仿真结果如图3.4所示。

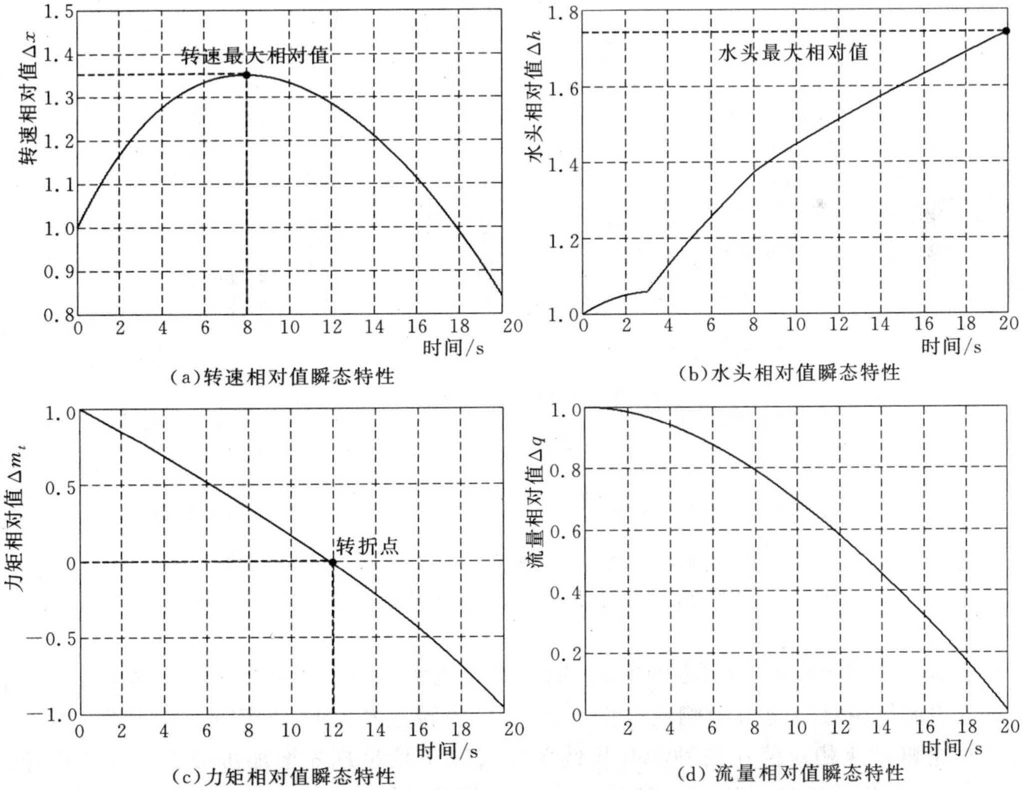

(a)转速相对值瞬态特性　(b)水头相对值瞬态特性

(c)力矩相对值瞬态特性　(d)流量相对值瞬态特性

图3.4　水轮机调节系统转速相对值、水头相对值、力矩相对值和流量相对值在甩负荷过渡过程导叶直线关闭规律下的瞬态特性

图 3.4 为在导叶直线关闭规律下，水轮机调节系统转速相对值、水头相对值、力矩相对值和流量相对值在甩负荷过渡过程中动态特性。图 3.4（a）为转速相对值动态特性，分析图 3.4（a）可知，转速相对值逐渐增加，在 8s 时达到最大值 1.34，随后迅速减小。图 3.4（b）为水头相对值动态响应，由图 3.4（b）可知，水头相对值先经历小幅增加，在 2.5s 后迅速上升，在 20s 时达到最大值 1.75。综合对比图 3.4（c）和图 3.4（d）可知，力矩和流量在甩负荷过渡过程中具有相似变化趋势，随着导叶关闭均逐渐减小，其中力矩相对值在 12s 时到达 0，流量相对值逐渐减小到 0。

为了对比分析甩负荷关机过程中导叶折线关闭规律对水轮机调节系统瞬态特性影响规律，在不同导叶折点设置下对系统转速、水头、力矩和流量动态响应进行分析，仿真结果如图 3.5 所示。

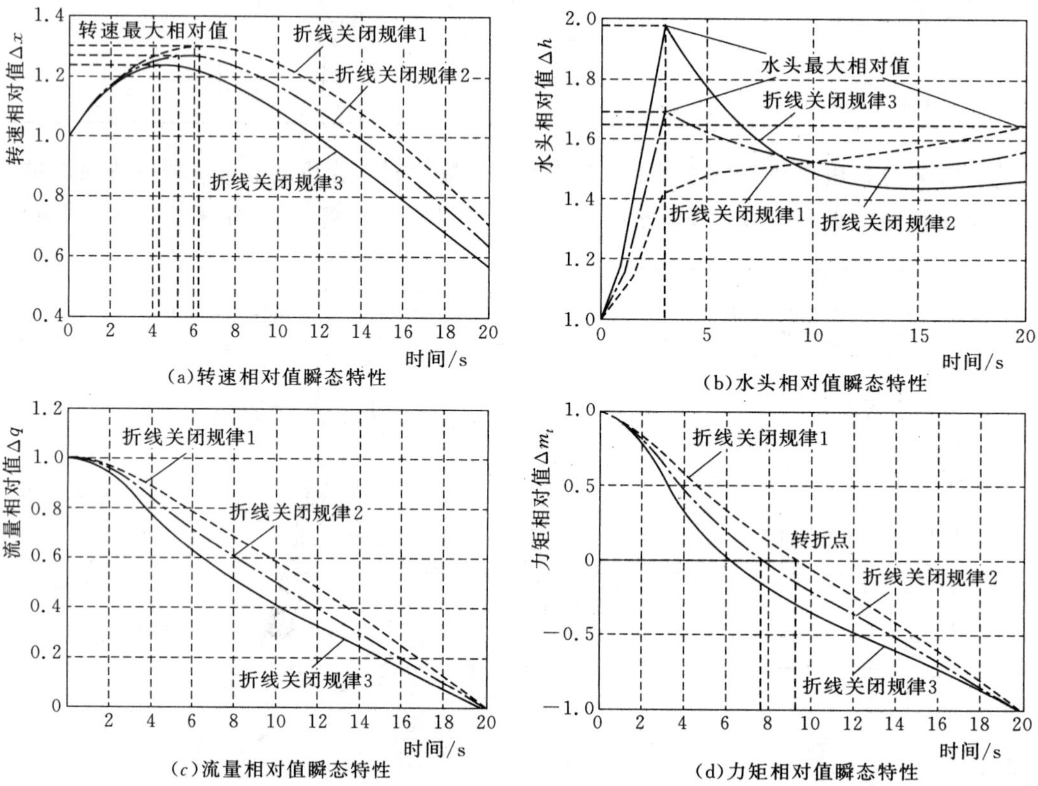

图 3.5　水轮机调节系统转速相对值、水头相对值、力矩相对值和流量相对值在甩负荷过渡过程导叶折线关闭规律下的瞬态特性

图 3.5 为采用两段导叶折线关闭规律时，水轮机调节系统转速相对值、水头相对值、力矩相对值和流量相对值动力学响应。图 3.5（a）为转速相对值动态响应，分析图 3.5（a）可知，水轮机转速相对值在三种导叶折线关闭规律下均呈现先增加再减小的变化规律。在前 3s 内转速变化趋势较为接近，随后导叶关闭规律 1、2 和 3 分别在 6.2s、5.1s 和 4.3s 时达到转速相对值的最大值为 1.32、1.27 和 1.24。

图3.5（b）为水头相对值动态响应，由图3.5（b）可知，水头相对值在甩负荷过渡过程中经历剧烈波动，其中在折线关闭规律2和3下，水头相对值在3s达到最大值，分别为1.68和1.99，而折线关闭规律1的水头相对值在20s时达到最大值为1.65。折线关闭规律1下水头相对值在9s之前始终比另两种折线关闭规律下水头相对值低，且峰值小于另两种折线关闭规律。说明水轮机调节系统在折线关闭规律1下可以获得较好水头瞬态特性。

图3.5（c）和图3.5（d）分别为流量相对值和力矩相对值动态响应，对比分析图3.5（c）和图3.5（d）可知，在导叶不同折线关闭规律下水轮机流量相对值和力矩相对值呈现较为相似变化趋势。其中在导叶折线关闭规律1下，水轮机流量相对值和力矩相对值减小趋势较缓，在导叶折线关闭规律3下，水轮机流量相对值和力矩相对值减小趋势最快。

在甩负荷关机过程中水轮机调节系统转速最大上升值、水头最大上升值和力矩转折特性在不同导叶关闭规律下的瞬态特征见表3.2。

表3.2　水轮机调节系统甩负荷过渡过程导叶直线关闭规律和折线关闭规律下的瞬态特征

系统特征	直线关闭规律	折线关闭规律1	折线关闭规律2	折线关闭规律3
转速最大相对值	1.36	1.32	1.27	1.24
水头最大相对值	1.76	1.65	1.68	1.99
力矩转折点时间/s	12.0	8.3	7.8	6.0

由表3.2总结可知，在甩负荷过渡过程中，与导叶直线关闭规律相比导叶折线关闭规律可以获得更好的水轮机调节系统瞬态性能。对于不同的导叶折线关闭规律，折点设置可以改善水轮机调节系统瞬态特性，其设置目的主要是调节水轮机转速上升最大值和水头上升最大值之间的平衡。

思考	甩负荷过渡过程中，导叶直线关闭规律和折线关闭规律各有何特点？

3.3　水轮机调节系统与轴系系统瞬态耦合建模

3.3.1　轴系系统模型

当水轮发电机组处于稳定运行时，轴系上的阻尼力动力方程为

$$\begin{cases} F_{xf} = c\dot{x} \\ F_{yf} = c\dot{y} \end{cases} \tag{3.13}$$

作用在轴颈处油膜力采用稳态油膜力，可以表示为

$$\begin{cases} F_x = F_{x0} + k_{xx}x_{01} + k_{xy}y_{01} + d_{xx}\dot{x}_{01} + d_{xy}\dot{y}_{01} \\ F_y = F_{y0} + k_{yx}x_{01} + k_{yy}y_{01} + d_{yx}\dot{x}_{01} + d_{yy}\dot{y}_{01} \end{cases} \tag{3.14}$$

式中：F_{x0} 和 F_{y0} 分别为 x 方向和 y 方向稳态工作点处所受到的油膜力。k_{xx}、k_{xy}、k_{yx}、k_{yy}、d_{xx}、d_{yx}、d_{xy} 和 d_{yy} 可以表示为

$$
\begin{cases}
k_{xx}=\left(\dfrac{B}{d}\right)^{2}\dfrac{4\varepsilon'[2\pi^{2}+(16-\pi^{2})\varepsilon'^{2}]}{(1-\varepsilon'^{2})^{2}[16\varepsilon'^{2}+\pi^{2}(1-\varepsilon'^{2})]}\\
k_{xy}=\left(\dfrac{B}{d}\right)^{2}\dfrac{\pi[-\pi^{2}+2\pi^{2}\varepsilon'^{2}+(16-\pi^{2})\varepsilon'^{4}]}{(1-\varepsilon'^{2})^{2.5}[16\varepsilon'^{2}+\pi^{2}(1-\varepsilon'^{2})]}\\
k_{yx}=\left(\dfrac{B}{d}\right)^{2}\dfrac{\pi[\pi^{2}+(\pi^{2}+32)\varepsilon'^{2}+2(16-\pi^{2})\varepsilon'^{4}]}{(1-\varepsilon'^{2})^{2.5}[16\varepsilon'^{2}+\pi^{2}(1-\varepsilon'^{2})]}\\
k_{yy}=\left(\dfrac{B}{d}\right)^{2}\dfrac{4\varepsilon'[\pi^{2}+(\pi^{2}+32)\varepsilon'^{2}+2(16-\pi^{2})\varepsilon'^{4}]}{(1-\varepsilon'^{2})^{3}[16\varepsilon'^{2}+\pi^{2}(1-\varepsilon'^{2})]}\\
d_{xx}=\left(\dfrac{B}{d}\right)^{2}\dfrac{2\pi(\pi^{2}+2\pi^{2}\varepsilon'^{2}-16\varepsilon'^{2})}{(1-\varepsilon'^{2})^{1.5}[16\varepsilon'^{2}+\pi^{2}(1-\varepsilon'^{2})]}\\
d_{xy}=\left(\dfrac{B}{d}\right)^{2}\dfrac{8\varepsilon'(\pi^{2}+2\pi^{2}\varepsilon'^{2}-16\varepsilon'^{2})}{(1-\varepsilon'^{2})^{2}[16\varepsilon'^{2}+\pi^{2}(1-\varepsilon'^{2})]}\\
d_{yx}=d_{xy}\\
d_{yy}=\left(\dfrac{B}{d}\right)^{2}\dfrac{2\pi(\pi^{2}+12\pi^{2}\varepsilon'^{2}-16\varepsilon'^{2})}{(1-\varepsilon'^{2})^{2}[16\varepsilon'^{2}+\pi^{2}(1-\varepsilon'^{2})]}
\end{cases}
\tag{3.15}
$$

式中：B/d 为轴承宽径比；ε'为偏心率，$\varepsilon'=e/C$，e 为转子质量偏心距，C 为轴承半径间隙。

轴系不平衡磁拉力可以描述为

$$
\begin{cases}
F_{x-\mathrm{ump}}=\dfrac{rlk_j^2 i^2}{4\mu_0}(2\Lambda_0\Lambda_1+\Lambda_1\Lambda_2+\Lambda_2\Lambda_3)\cos\lambda\\
F_{y-\mathrm{ump}}=\dfrac{rlk_j^2 i^2}{4\mu_0}(2\Lambda_0\Lambda_1+\Lambda_1\Lambda_2+\Lambda_2\Lambda_3)\sin\lambda
\end{cases}
\tag{3.16}
$$

式中：r 为转子半径，$r=\sqrt{x_{01}^2+y_{01}^2}$，$x_{01}$、$x_{02}$ 表示转子圆心坐标；μ_0 为空气磁导率；k_j 为磁动势基波系数；i 为发电机励磁电流；l 为发电机转子长度。式（3.16）中的四个中间变量可以写成

$$
\begin{cases}
\Lambda_0=\dfrac{\mu_0}{\delta_0}\dfrac{1}{\sqrt{1-\varepsilon^2}}\\
\Lambda_1=\dfrac{2\mu_0}{\delta_0}\dfrac{1}{\sqrt{1-\varepsilon^2}}\left(\dfrac{1-\sqrt{1-\varepsilon^2}}{\varepsilon}\right)\\
\Lambda_2=\dfrac{2\mu_0}{\delta_0}\dfrac{1}{\sqrt{1-\varepsilon^2}}\left(\dfrac{1-\sqrt{1-\varepsilon^2}}{\varepsilon}\right)^2\\
\Lambda_3=\dfrac{2\mu_0}{\delta_0}\dfrac{1}{\sqrt{1-\varepsilon^2}}\left(\dfrac{1-\sqrt{1-\varepsilon^2}}{\varepsilon}\right)^3
\end{cases}
\tag{3.17}
$$

轴系系统结构如图 3.6 所示。本书只考虑轴系横向振动，假设转子和联轴器为刚性连接。

由以往研究可知：

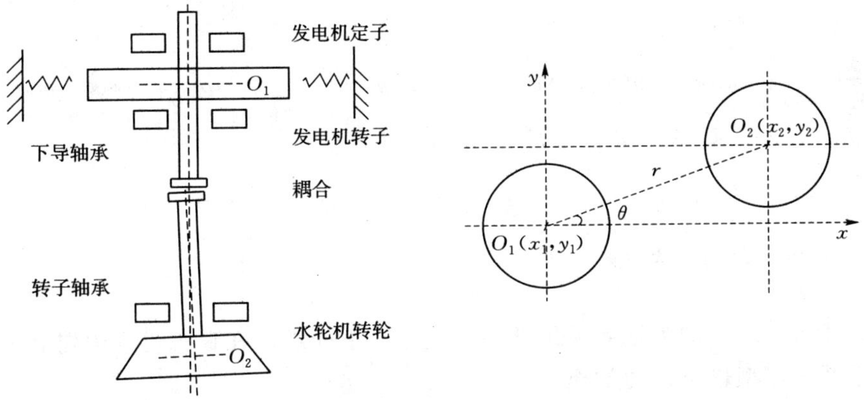

图 3.6 水轮机轴系系统结构

$$\begin{cases} x_{02} = x_{01} + r\cos\theta \\ y_{02} = y_{01} + r\sin\theta \\ x_{c1} = x_{01} + e_1\cos\varphi \\ y_{c1} = y_{01} + e_1\sin\varphi \\ x_{c2} = x_{02} + e_2\cos\varphi \\ y_{c2} = y_{02} + e_2\cos\varphi \end{cases} \tag{3.18}$$

设系统在静平衡处为零势能点，轴系系统动能和势能可以表示为

$$\begin{cases} T_r = \dfrac{1}{2}(J_1 + m_1 e_1^2)\dot{\varphi}^2 + \dfrac{1}{2}[J_1 + m_2(r^2 + e_2^2)]\dot{\theta} \\ T_G = \dfrac{1}{2}m_1(\dot{x}_{01}^2 + \dot{y}_{01}^2 + e_1^2\dot{\varphi}^2 - 2\dot{x}_{01}e_1\dot{\varphi}\sin\varphi + 2\dot{y}_{01}e_1\dot{\varphi}\cos\varphi) \\ \qquad + \dfrac{1}{2}m_2(\dot{x}_{02}^2 + \dot{y}_{02}^2 + e_2^2\dot{\varphi}^2 - 2\dot{x}_{02}e_2\dot{\varphi}\sin\varphi + 2\dot{y}_{02}e_2\dot{\varphi}\cos\varphi) \\ T = T_r + T_G \\ U = \dfrac{1}{2}k_1(x_{01}^2 + y_{01}^2) + \dfrac{1}{2}k_2(x_{01}^2 + y_{01}^2 + 2rx_{01}\cos\theta + 2ry_{01}\sin\theta + r^2) \end{cases} \tag{3.19}$$

设 $x_{01}=x$、$y_{01}=y$，基于拉格朗日方程可得轴系系统动力学方程为

$$\begin{cases} (m_1 + m_2)\dot{x}_{01} + (k_1 + k_2)x_{01} = [(m_1e_1 + m_2e_2)\sin\varphi + m_2r\sin\theta]\dot{\omega} \\ \quad + [(m_1e_1 + m_2e_2)\cos\varphi + m_2r\cos\theta]\omega^2 - k_2r\cos\theta + F_{x-\mathrm{ump}} + F_x - F_xf \\ (m_1 + m_2)\dot{y}_{01} + (k_1 + k_2)y_{01} = -[(m_1e_1 + m_2e_2)\cos\varphi + m_2r\cos\theta]\dot{\omega} \\ \quad + [(m_1e_1 + m_2e_2)\sin\varphi + m_2r\sin\theta]\omega^2 - k_2r\sin\theta + F_{y-\mathrm{ump}} + F_y - F_yf \end{cases} \tag{3.20}$$

将式（3.20）写成状态方程形式，可以表示为

$$\begin{cases}\dot{x}_{01}=v_{x01}\\ \dot{y}_{01}=v_{y01}\\ \dot{v}_{x01}=\dfrac{1}{m_1+m_2}\{[(m_1e_1+m_2e_2)\sin\varphi+m_2r\sin\theta]\dot{\omega}+[(m_1e_1+m_2e_2)\cos\varphi+m_2r\cos\theta]\omega^2\\ \quad -k_2r\cos\theta-(k_1+k_2)x_{01}+F_{x\text{-ump}}+F_x-F_xf\}\\ \dot{v}_{y01}=\dfrac{1}{m_1+m_2}\{-[(m_1e_1+m_2e_2)\cos\varphi+m_2r\cos\theta]\dot{\omega}+[(m_1e_1+m_2e_2)\sin\varphi+m_2r\sin\theta]\omega^2\\ \quad -k_2r\sin\theta-(k_1+k_2)y_{01}+F_{y\text{-ump}}+F_y-F_yf\}\end{cases} \tag{3.21}$$

综上，式（3.21）即为轴系系统动力学模型。下面尝试在瞬态过程中建立水轮机调节系统和轴系系统模型耦合动力学模型。

3.3.2　水轮机调节系统与轴系系统瞬态耦合模型

目前针对水轮机调节系统和轴系系统耦合模型在稳态工况运行的研究已经取得初步成果，但其在瞬态过程的研究还比较少，特别是关于两个系统瞬态过程耦合的研究。本节将尝试基于水轮机调节系统瞬态动力学模型，建立水轮机调节系统与轴系系统在瞬态过程的耦合动力学模型。

由式（3.20）可知：

$$\dot{\omega}=\frac{B+M_t-M_g}{A} \tag{3.22}$$

式中参数 A 和 B 分别表示如下：

$$\begin{aligned}A=&J_1+J_2+2m_1e_1^2+2m_2e_2^2+2m_2r^2+2m_2e_2r\cos(\theta_0-\varphi_0)\\&-\frac{(m_1e_1+m_2e_2)\sin\varphi+m_2r\sin\theta}{m_1+m_2}[(m_1e_1+m_2e_2)\cos\varphi+m_2r\cos\theta]\omega^2\\&-\frac{(m_1e_1+m_2e_2)\cos\varphi-m_2r\cos\theta}{m_1+m_2}(m_1e_1+m_2e_2)\sin\varphi+m_2r\sin\theta\omega^2\end{aligned}$$

$$\begin{aligned}B=&\frac{(m_1e_1+m_2e_2)\sin\varphi+m_2r\sin\theta}{m_1+m_2}\begin{Bmatrix}(m_1e_1+m_2e_2)\cos\varphi+m_2r\cos\theta\omega^2\\-(k_1+k_2)x_{11}-k_2r\cos\theta+F_{x\text{-ump}}+F_x-F_xf\end{Bmatrix}\\&-\frac{[(m_1e_1+m_2e_2)\cos\varphi-m_2r\cos\theta]}{m_1+m_2}\begin{Bmatrix}[(m_1e_1+m_2e_2)\sin\varphi+m_2r\sin\theta]\omega^2\\-(k_1+k_2)y_{11}-k_2r\sin\theta+F_{y\text{-ump}}+F_y-F_yf\end{Bmatrix}\\&+k_2r(x_{11}\sin\theta-y_{11}\cos\theta)\end{aligned}$$

由上节可知水轮机调节系统在开机过渡过程的瞬态力矩和流量表达式，可以表示为

$$\begin{cases}m_t(x\quad y\quad h)=1.67yh-0.08x^2-0.3x+1.548(1-0.6x)y-0.279\\ q_t(x\quad y\quad h)=1.65y-0.5y^2-0.15x-(0.17+0.4y)T_wq'-0.15\end{cases} \tag{3.23}$$

由于水轮机与发电机通过主轴法兰固定连接，故假设发电机角速度相对值和额定值有如下关系：

$$\omega'=\omega_Bx' \tag{3.24}$$

式中：ω_B 为发电机额定角速度。

结合式（3.21）～式（3.24）可得水轮机调节系统与轴系系统瞬态耦合动力学模型公式，为

$$
\begin{cases}
\dfrac{\mathrm{d}m_t}{\mathrm{d}t}=1.67hv+1.67yh'-(0.16x+0.3)\dot{x}+1.548v-0.9288yx'-0.9288xv \\
\dfrac{\mathrm{d}q}{\mathrm{d}t}=\dfrac{-0.5y^2+1.65y-0.15x-0.15-q}{T_w(0.17+0.4y)} \\
\dfrac{\mathrm{d}h}{\mathrm{d}t}=\dfrac{(0.17+0.4y)(yv-1.65v+0.15x'+q')-(0.2y^2v-0.66yv+0.06xv+0.4qv)}{(0.17+0.4y)^2} \\
\dfrac{\mathrm{d}x}{\mathrm{d}t}=\dfrac{B+m_t-m_g}{A\omega_B} \\
\dfrac{\mathrm{d}y}{\mathrm{d}t}=v \\
\dfrac{\mathrm{d}x_{01}}{\mathrm{d}t}=v_{x01} \\
\dfrac{\mathrm{d}y_{01}}{\mathrm{d}t}=v_{y01} \\
\dfrac{\mathrm{d}v_{x01}}{\mathrm{d}t}=\dfrac{1}{m_1+m_2}\{[(m_1e_1+m_2e_2)\sin\varphi+m_2r\sin\theta]\omega'+[(m_1e_1+m_2e_2)\cos\varphi \\
\qquad +m_2r\cos\theta]\omega^2-k_2r\cos\theta-(k_1+k_2)x_{01}+F_{x\text{-ump}}+F_x-F_xf\} \\
\dfrac{\mathrm{d}v_{y01}}{\mathrm{d}t}=\dfrac{1}{m_1+m_2}\{-[(m_1e_1+m_2e_2)\cos\varphi+m_2r\cos\theta]\omega'+[(m_1e_1+m_2e_2)\sin\varphi \\
\qquad +m_2r\sin\theta]\omega^2-k_2r\sin\theta-(k_1+k_2)y_{01}+F_{y\text{-ump}}+F_y-F_yf\}
\end{cases}
\tag{3.25}
$$

3.3.3 开机过渡过程瞬态特性分析

基于上节所建立的水轮机调节系统与轴系系统瞬态耦合动力学模型，可以分析水轮机调节系统与轴系系统在开机过程中的瞬态特性及相互影响规律。下面对耦合模型开机过渡过程采用不同导叶开启规律进行仿真分析。

假设开机过渡过程中导叶开启规律如图 3.7 所示。

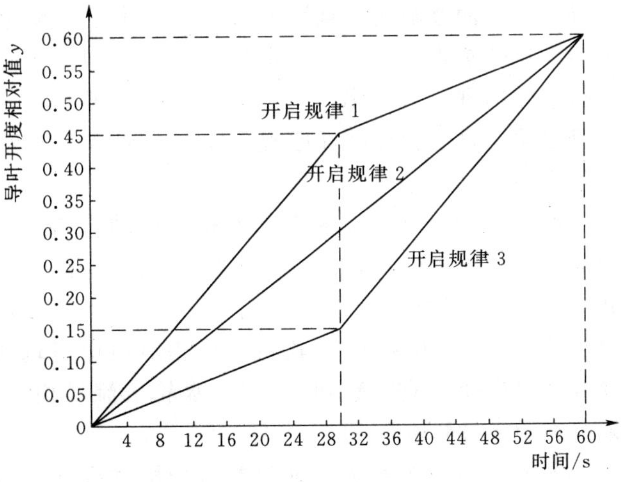

图 3.7 水轮机调节系统在开机过程中导叶开启规律

从图 3.7 可知，水轮机调节系统与轴系系统耦合动力学模型开机过渡过程时间为 60s，导叶开度相对值最大为 0.6。分别选择一种导叶直线开启规律和两种导叶折线开启规律进行仿真分析。

在开机过程中为了对比分析导叶

不同开启规律对水轮机调节系统瞬态特性影响，在导叶直线开启和导叶两段折线开启规律下分别对系统力矩相对值、流量相对值、水头相对偏差和转速相对偏差动态响应进行分析，仿真结果如图 3.8 所示。

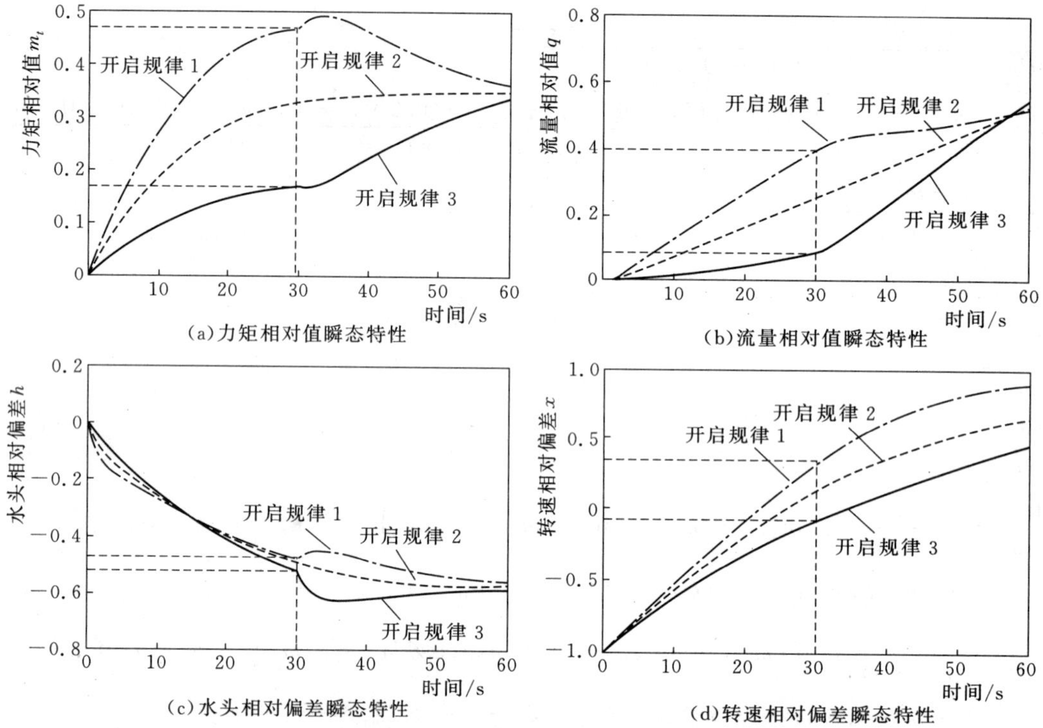

图 3.8　水轮机调节系统力矩相对值、流量相对值、水头相对偏差和转速相对偏差在三种开机规律下的瞬态特性

图 3.8 (a) 为力矩相对值在开机过程动态响应，由图 3.8 (a) 可知，水轮机力矩随着导叶开启而逐渐增大且增大速度与导叶开启速度一致。对于导叶两段开启规律，水轮机力矩在导叶折点处均出现一定程度波动。对于导叶开启规律 1 (先快后慢)，水轮机力矩在折点处出现突增变化，而对于导叶开启规律 3 (先慢后快)，水轮机力矩在折点处出现突降变化。这三种导叶开启规律在 60s 时导叶开度相对值都达到 0.6，此时水轮机力矩相对值都趋于 0.35。

图 3.8 (b) 为流量相对值开机过程动态响应，分析图 3.8 (b) 可知，水轮机流量与导叶开度变化规律较为一致。在导叶开启规律 1 (先快后慢) 下，水轮机流量相对值在前 30s 经历了快速增加到 0.45 左右，然后开始缓慢增加，在 60s 时达到 0.52。对于导叶开启规律 2 (直线开启)，水轮机流量相对值也呈现线性增加规律，在 60s 时达到 0.53。在导叶开启规律 3 (先慢后快) 下，水轮机流量相对值经历缓慢增加和快速增加两个阶段，最终在 60s 时到达 0.54。

图 3.8 (c) 为水头相对偏差值开机过程动态响应，由图 3.8 (c) 可知，水轮机水头在三种导叶开启规律下呈现不同的变化规律。在导叶开启规律 1 (先快后慢) 下，水轮机

水头相对偏差值在前 30s 迅速减小并在导叶开启规律折点处出现阶跃突增变化，随后继续减小在 60s 时达到－0.55 左右。在导叶开启规律 2 下，水轮机水头相对偏差值在导叶折点处出现阶跃突减变化，随后呈现缓慢增加变化。

图 3.8（d）为转速相对偏差值开机过程动态响应，分析图 3.8（d）可知，机组转速相对偏差值随导叶开度增加均呈现逐渐增加趋势。在导叶开启规律 1（先快后慢）下，机组转速相对偏差值上升最快，在 60s 时达到 0.8。在导叶开启规律 3（先慢后快）下，机组转速相对偏差值增加较为缓慢，在 60s 时增加到 0.47。

综上所述，本节所建立水轮机调节系统与轴系系统耦合动力学模型可以简单反映水轮机调节系统在开机过渡过程中系统参数动力学响应。但仅根据水轮机调节系统状态变量的动力学特性难以分析轴系系统在开机过程的瞬态特性。

为了进一步分析在开机过程中轴系系统在不同导叶开启规律下瞬态特性，分别在导叶直线开启和导叶折线开启规律下分析发电机转子在横向和纵向振动响应，仿真结果如图 3.9 和图 3.10 所示。

图 3.9 为发电机转子在不同开机过程（开启规律 1、开启规律 2 和开启规律 3）横向振动响应，在不同开启规律下发电机转子横向动态响应变化显著。图 3.9（a）为发电机转子在导叶开启规律 1 下横向振动响应，由图 3.9（a）可知，在导叶开启规律 1（先快后

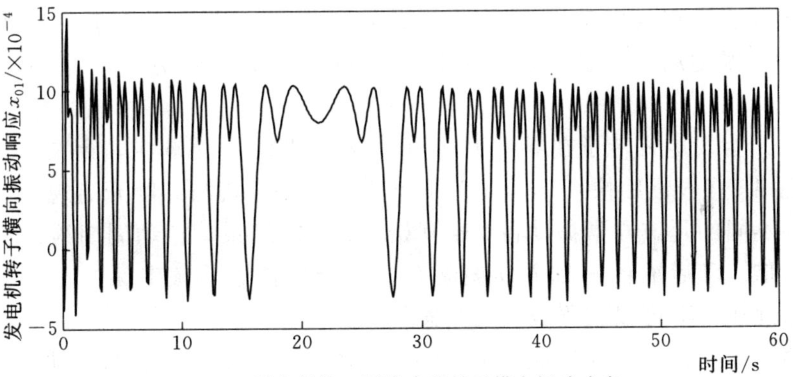

(a)开启规律 1 下发电机转子横向振动响应

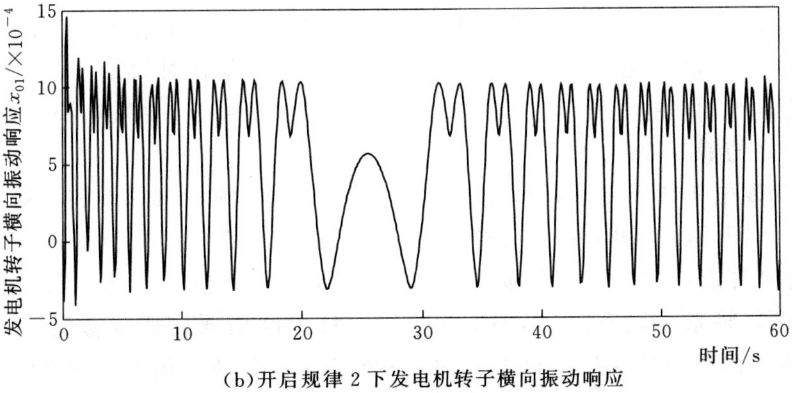

(b)开启规律 2 下发电机转子横向振动响应

图 3.9（一）　发电机转子在不同开机过程横向振动响应

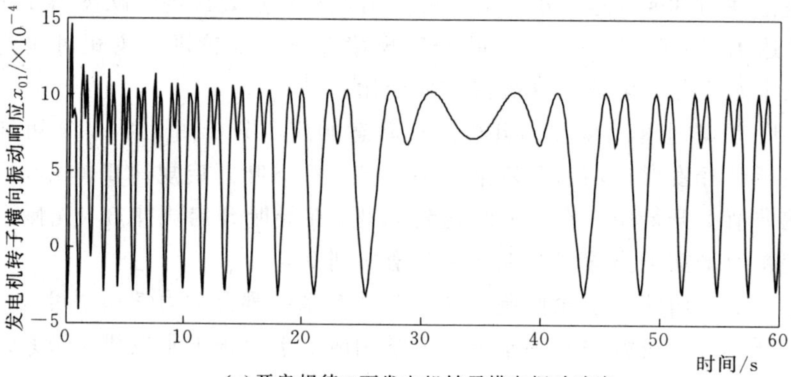

(c)开启规律3下发电机转子横向振动响应

图3.9（二）　发电机转子在不同开机过程横向振动响应

慢）下，轴系x轴方向振动响应在16～28s之间出现异常振动变化，具体表现为振动周期增加且振动幅值减小。随后轴系x轴方向的振动幅值有增大趋势且振动周期逐渐减小，说明在该导叶开启规律下，轴系系统在x轴方向经历异常振动后有失稳趋势。

图3.9（b）为发电机转子在导叶开启规律2下横向振动响应，分析图3.9（b）可知，在导叶开启规律2（直线开启）下，轴系x轴方向的振动在20～31s过程中也出现异常振动，该异常振动也表现为振动周期增加且振幅减小。与导叶开启规律1中出现的异常振动相比，该异常振动周期更长，振动也较大。随后轴系x轴方向的振动逐渐恢复初始范围。

图3.9（c）为发电机转子在导叶开启规律3下横向振动响应，由图3.9（c）可知，在导叶开启规律3（先慢后快）下，轴系x轴方向振动出现与导叶开启规律1中波形相似的异常振动。不同的是该异常振动在25s开始、在44s结束，振动周期约为图3.9（a）中异常振动的2倍。随后轴系x轴方向振动有减小趋势且振动频率保持不变，说明轴系系统在导叶开启规律3下可以获得较好的瞬态特性。

综上所述，在三种导叶开启规律下，轴系系统横向振动响应表明，轴系系统在开机过程中均经历异常振动。在导叶开启规律1下，异常振动时间最短，随后振动幅值呈现发散趋势且振动频率逐渐增加；在导叶开启规律2下，异常振动幅值最大，随后振动幅值逐渐恢复振动周期基本不变；在导叶开启规律3下，异常振动保持时间最长，随后振动幅值有逐渐衰减趋势且周期不变。所以，轴系系统在导叶开启规律3（先慢后快）下，在x轴方向可以获得较好的瞬态特性。

图3.10为发电机转子在不同开机过程（开启规律1、开启规律2和开启规律3）纵向振动响应，在不同开启规律下发电机转子纵向振动响应存在明显差异。图3.10（a）为发电机转子在导叶开启规律1下纵向振动响应，分析图3.10（a）可知，在导叶开启规律1（先快后慢）下，轴系y轴方向振动响应在16～28s之间出现异常振动变化，具体表现为振动周期增加且振动幅值突减。随后轴系y轴方向的振动幅值有增大趋势且振动周期逐渐减小，说明在该导叶开启规律下，轴系系统在y轴方向经历异常振动后有失稳趋势。

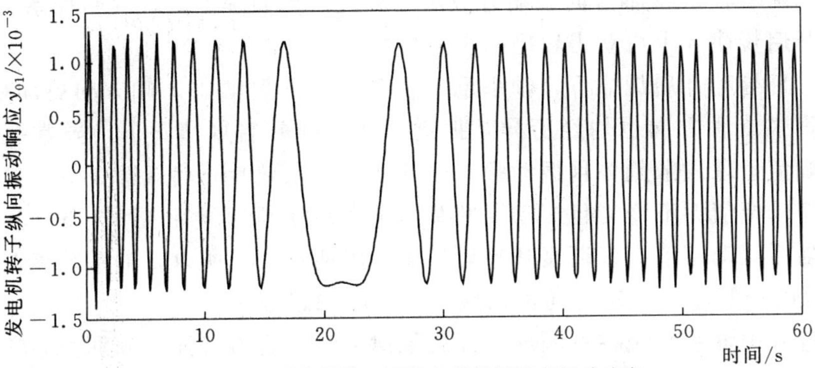

(a)开启规律 1 下发电机转子纵向振动响应

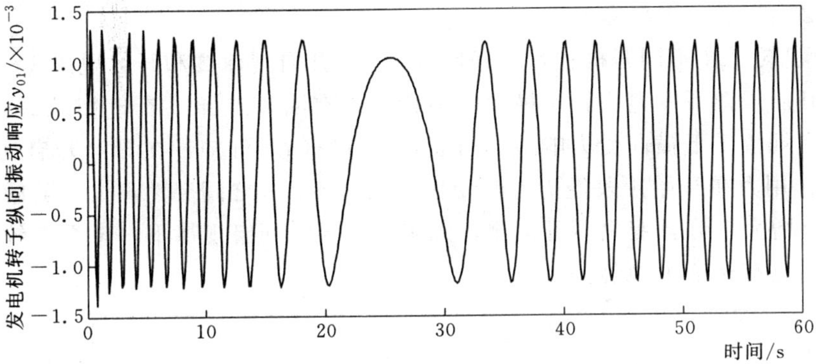

(b)开启规律 2 下发电机转子纵向振动响应

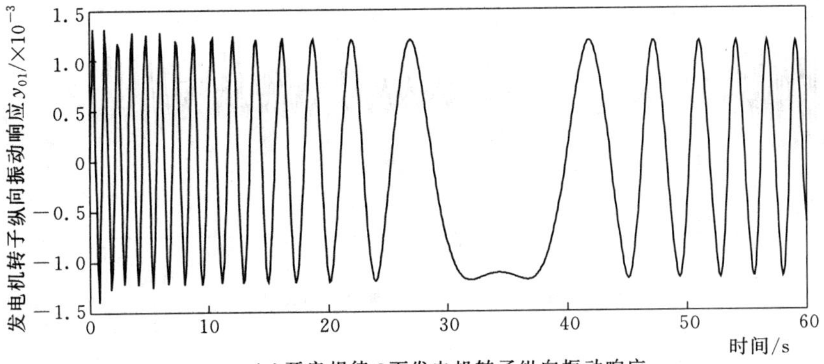

(c)开启规律 3 下发电机转子纵向振动响应

图 3.10　发电机转子在不同开机过程纵向振动响应

图 3.10 对应程序

图 3.10（b）为发电机转子在导叶开启规律 2 下纵向振动响应，由图 3.10（b）可知，在导叶开启规律 2（直线开启）下，轴系 y 轴方向的振动在 20～31s 过程中也出现异常振动，该异常振动也表现为振动周期增加且振幅减小。与导叶开启规律 1 中出现的异常振动相比，该异常振动周期更长，振动也较大。随后轴系 x 轴方向的振动逐渐恢复初始范围。

图 3.10（c）为发电机转子在导叶开启规律 3 下纵向振动响应，分析图 3.10（c）可知，在导叶开启规律 3（先慢后快）下，轴系 y 轴方向振动出现与导叶开启规律 1 中波形相似的异常振动。不同的是该异常振动在 25s 开始、在 44s 结束，振动周期约为图 3.10（a）

中异常振动的两倍。随后轴系 y 轴方向振动有减小趋势且振动频率不变，说明轴系系统 y 轴振动方向在导叶开启规律 3 下可获得较好的瞬态特性。

综上所述，在三种导叶开启规律下，轴系系统 y 轴方向的振动比 x 轴方向更加稳定，轴系系统在开机过程中 y 轴方向也均经历异常振动。在导叶开启规律 1 下，异常振动时间最短，随后振动幅值呈现发散趋势且振动频率逐渐增加；在导叶开启规律 2 下，异常振动幅值最大，随后振动幅值逐渐恢复且振动周期基本不变；在导叶开启规律 3 下，异常振动保持时间最长，随后振动幅值有逐渐衰减趋势且振动周期不变。所以，轴系系统在导叶开启规律 3（先慢后快）下，在 y 轴方向可以获得较好的瞬态特性。

为了研究开机过程中轴系系统在不同导叶开启规律下瞬态受力特征，分别在导叶直线开启和导叶折线开启规律下，对发电机转子横向和纵向受力动态响应进行分析，仿真结果如图 3.11 和图 3.12 所示。

图 3.11 为发电机转子在不同开机过程（开启规律 1、开启规律 2 和开启规律 3）横向受力响应，在不同开启规律下发电机转子横向受力特征存在明显差异。图 3.11（a）为发电机转子在导叶开启规律 1 下横向受力响应，分析图 3.11（a）可知，在导叶开启规律 1 下，轴系 x 轴方向作用力在开始阶段经历大幅变化并在 16～28s 之间突然消失。随后轴系 x 轴方向受力情况有增大趋势且变化不可预测，说明在该导叶开启规律下，轴系系统在 x 轴方向受力情况复杂且有逐渐失稳趋势。

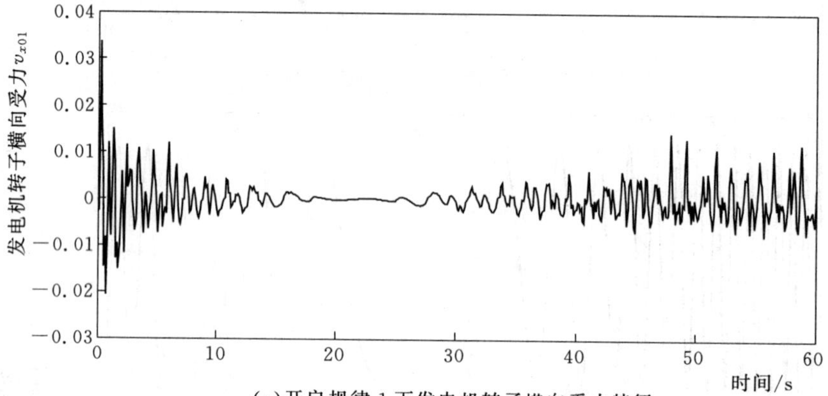

(a)开启规律 1 下发电机转子横向受力特征

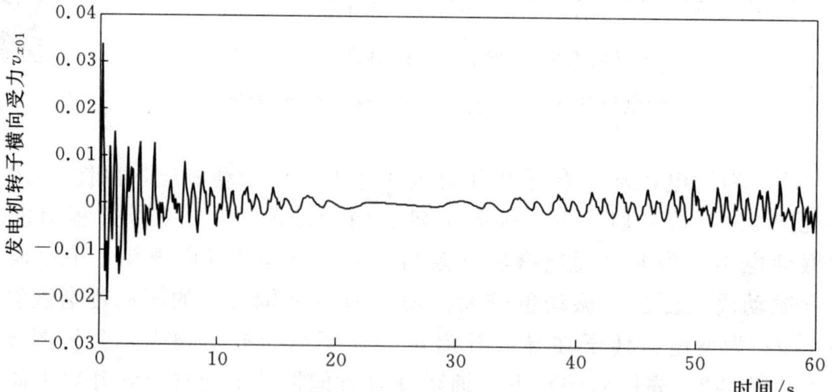

(b)开启规律 2 下发电机转子横向受力特征

图 3.11（一）　发电机转子在不同开机过程横向受力特征

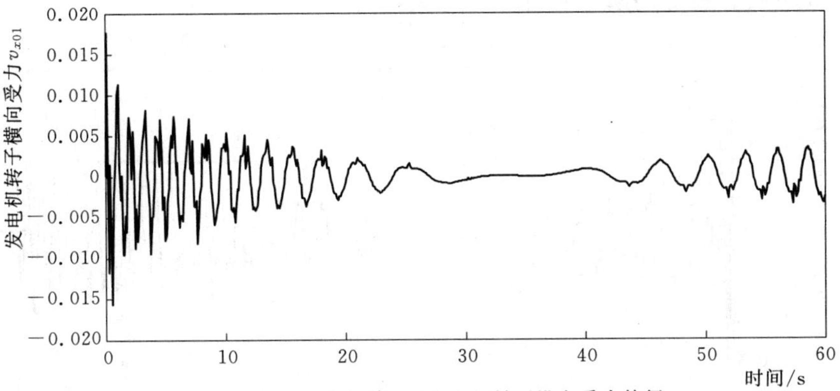

(c)开启规律3下发电机转子横向受力特征

图3.11（二） 发电机转子在不同开机过程横向受力特征

图3.11（b）为发电机转子在导叶开启规律2下横向受力响应，由图3.11（b）可知，在导叶开启规律2下，轴系x轴方向受力也经历相似的大幅波动，并在20～31s过程中突然减小为0，随后受力强度逐渐恢复仍呈现不可预测变化。与导叶开启规律1中出现的受力突然消失现象相比，该受力消失时间更长。

图3.11（c）为发电机转子在导叶开启规律3下横向受力响应，分析图3.11（c）可知，在导叶开启规律3下，轴系x轴方向受力在开始阶段逐渐减小，在25～44s之间减小到0，随后逐渐恢复至周期变化且受力波动较小。说明轴系系统x轴方向上的作用力在导叶开启规律3下具有较好的瞬态特性。

综上所述，在三种导叶开启规律下，轴系系统x轴方向作用力响应均出现逐渐减小至0然后逐渐增加的变化趋势。在导叶开启规律1下，作用力消失时间最短，随后作用力振动幅值逐渐增加且呈现不可预测变化；在导叶开启规律3下，x轴方向作用力消失时间最长，随后作用力振动幅值保持较小范围变化且周期不变。所以，轴系系统在导叶开启规律3（先慢后快）下，在x轴方向作用力可以获得较好的瞬态特性。

图3.12为发电机转子在不同开机过程（开启规律1、开启规律2和开启规律3）纵向受力响应，在不同开启规律下发电机转子纵向受力特征变化显著。图3.12（a）为发电机转子在导叶开启规律1下纵向受力响应，分析图3.12（a）可知，在导叶开启规律1下，轴系y轴方向作用力在开始阶段经历大幅变化并在18～26s之间经历小幅波动，随后轴系y轴方向受力逐渐增大且变化趋于剧烈。说明在该导叶开启规律下，轴系系统在y轴方向受力情况复杂且有逐渐失稳趋势。

图3.12（b）为发电机转子在导叶开启规律2下纵向受力响应，由图3.12（b）可知，在导叶开启规律2下，轴系y轴方向受力也经历相似的大幅波动，并在20～31s过程中趋于平稳，随后受力强度逐渐恢复且有逐渐增大趋势。与导叶开启规律1中后期出现的大幅随机受力扰动相比，该开启规律下轴系y轴方向受力变化幅度较小。

图3.12（c）为发电机转子在导叶开启规律3下纵向受力响应，分析图3.12（c）可知，在导叶开启规律3下，轴系y轴方向受力在开始阶段逐渐减小，在28～44s之间接近于0，随后逐渐恢复至周期变化且受力波动较小。说明轴系系统y轴方向上的作用力在导

叶开启规律 3 下具有较好的瞬态特性。

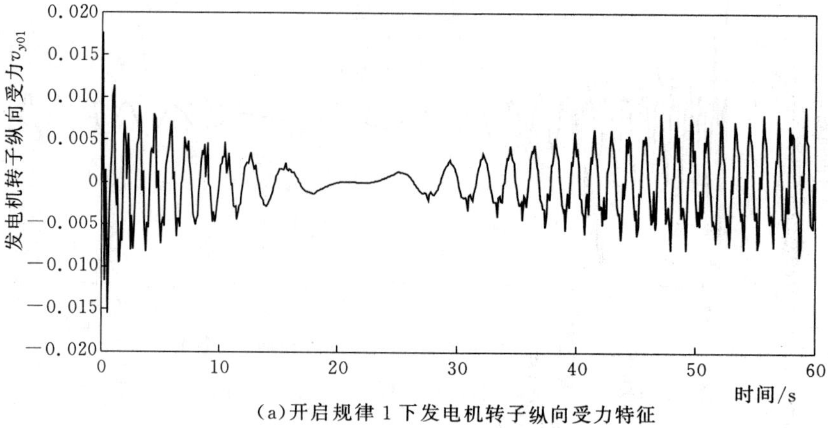

(a)开启规律 1 下发电机转子纵向受力特征

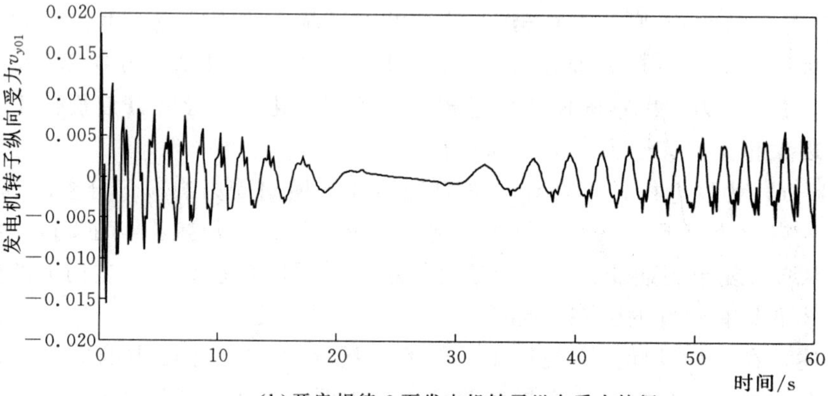

(b)开启规律 2 下发电机转子纵向受力特征

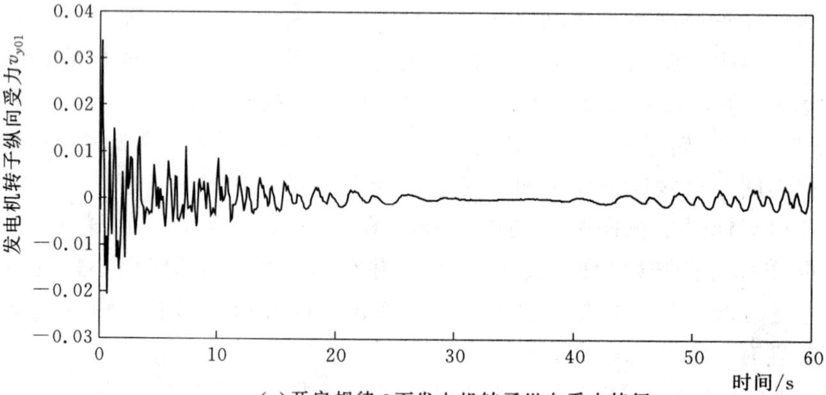

(c)开启规律 3 下发电机转子纵向受力特征

图 3.12　发电机转子在不同开机过程纵向受力特征

综上所述，在三种导叶开启规律下，轴系系统 y 轴方向作用力响应均出现逐渐减小至 0 然后逐渐增加的变化趋势。在导叶开启规律 1 下，作用力消失时间最短，随后作用力振动幅值逐渐增加且呈现不可预测变化；在导叶开启规律 3 下，x 轴方向作用力消失时间最长，随后作用力振动幅值保持较小范围变化且振动周期不变。所以，轴系系统在导叶开启规律 3（先慢后快）下，在 y 轴方向作用力可以获得较好的瞬态特性。

思考	水轮机调节系统与轴系系统瞬态耦合模型可以分析哪些问题？

3.4 本 章 小 结

本章首先通过改进水轮机调节系统力矩和流量模型，建立了能反映水轮机调节系统瞬态过程动态特性数学模型，并在甩负荷关机过渡过程中分别仿真分析了导叶直线关闭和不同折线关闭规律下系统动态特性。进一步地，基于水轮机和发电机耦联机理，推导建立了水轮机调节系统与轴系系统瞬态耦合动力学模型，并分析了开机过渡过程中导叶不同开启规律对系统动态特性的影响。主要结论如下：

（1）在甩负荷关机过渡过程中，在设置导叶直线关闭规律下，水轮机调节系统最大转速上升值和最大水头值都超过导叶折线关闭规律下极大值。因此，在甩负荷过渡过程中设置导叶折线关闭规律可以获得更好的水轮机调节系统瞬态特性。

（2）在同一时刻下，转速最大上升值随折点处导叶开度值增大而增加，水头最大值随折点处导叶开度值增大而减小。故在相同关闭时间内，导叶关闭规律折点设置需要平衡转速和水头极大值。

（3）在开机过渡过程中，在设置三种导叶开启规律下，水轮机调节系统瞬态特性随导叶开启速率变化产生一定程度突变，先慢后快开启规律可以获得较好的轴系系统动态响应并改善瞬态过程中轴系受力情况。

本章在以往研究基础上，推导建立了水轮机调节系统与轴系系统瞬态耦合动力学模型，可以从一定程度上描述各系统在开机过程动力学特性及其相互影响规律。但该系统模型准确性受到导叶与系统传递系数表达式影响，未来将对导叶与传递系数在不同过渡过程非线性关系进行研究。

课后阅读

[1] 郭冰倩．水轮机调节系统耦联机组轴系整体模型及其稳定性［D］．咸阳：西北农林科技大学，2019.

[2] 许贝贝．水力发电机组系统可靠性与多能互补综合性能研究［D］．咸阳：西北农林科技大学，2020.

[3] 乔卫东，马薇，刘宏昭，等．基于非线性模型的水轮发电机组轴系耦合动力特性分析［J］．机械强度，2005（3）：312－315.

[4] 张解生，许贝贝，陈帝伊，等．水力机组系统参数全局敏感性分析［J］．水力发电学报，2019，38（4）：146－159.

[5] XU Beibei，ZHANG Jingjing，Egusquiza Monica，et al. A review of dynamic models and stability analysis for a hydro－turbine governing system［J］．Renewable & Sustainable Energy Reviews，2021，144：110880.

课后思考题

（1）影响水轮机轴系稳定性的因素有哪些？

（2）水轮机调节系统与轴系系统瞬态耦合建模的关键是什么？

第4章　水轮机调节系统的鲁棒终端滑模控制

4.1　背景、意义及国内外研究现状

4.1.1　背景及意义

水力资源是我国的宝贵资源，它的可再生、清洁无污染、运行费用低等优点让世界各国都竞相大力发展。据资料表明，我国百万千瓦级以上的水电厂能够占到我国水电装机容量的1/3。据勘查统计，我国河流水能资源蕴藏量6.76亿kW，年发电量59200亿kW·h；可开发水能资源的装机容量3.78亿kW，年发电量19200亿kW·h。大力发展水力发电可减少大量二氧化碳的排放量，为降低温室效应影响起到显著的作用。水能是我国乃至世界经济发展重要而可贵的资源，利用水能发电便于电力调峰，可缓解电力系统供电高峰期的供电压力，保证供电系统供电稳定性。

水轮发电机组将水能转换成电能，供用户使用。在实际用电过程中，除要保证供电的可靠、安全外，电力用户还对电能质量有一定的要求，如频率稳定、电压波形呈正弦波。但在实际用电过程中，由于用电设备的投入、切除、故障等原因的干扰，负荷经常不断地发生变化，如此便导致供电频率的变化。例如，在一个工作日内，由于人们作息时间的规律性，系统负荷会呈现周期性的高低变化，出现用电的波峰和波谷。由于电力负荷的变化，会导致频率发生变化。若频率变化超过一定的范围，将会导致工业生产过程中，加工工件达不到加工的精度要求，出现次品和废品的情况，同时还会影响水轮发电机组和电力系统的稳定运行等。因此，我国电力系统规定：提供给电力用户的用电频率应保持在50Hz附近，波动范围不超过±0.2Hz。容量小于3000MW的地方电网，偏差不得大于±0.5Hz。

水轮机调节系统是由水力、机械、电气等部分构成，并具有开机、停机、空载、并网运行和孤立电网等多种工作状态的复杂综合型控制系统。水轮机调节系统根据电网负荷的变化，通过水轮机组调节机构，调整进入水轮机的流量，即调整水轮机输出的有功功率，使水轮机组的转速维持在额定值附近。在电力系统中，主要担任以下任务：根据实际运行状况，对机组进行自动操作控制，实现开停机、增减负荷、调相与发电工作模式转换；维持电力系统负荷平衡，保证电网频率的稳定；担任调峰、调频任务，保证电力系统的稳定。水轮机调节系统对电力系统及水轮发电机组的安全可靠运行起到举足轻重的作用，其能否正常运行直接影响着整个电力系统的供电稳定性。

水轮机调节系统在运行过程中，往往会存在各种不确定因素影响水电站的正常运行，尾水的压力脉动削弱系统阻尼，引起机组振荡，严重时使电网产生低频振荡，影响电网安全运行；过水系统中的大范围水锤现象会影响设备的使用寿命，严重时，也会使电网产生超低频振荡；在转子不对中时，轴系间的刚性法兰固定连接引起轴线平行位移以及角度位

移，产生不同程度的削波和拍振现象，导致机组的剧烈震动。在以上因素的综合作用下，水轮机调节系统的控制变得愈发困难，而传统 PID 控制方法应用于水电站实际运行中存在着一些问题，因此很有必要探索适合水轮机调节系统的新的控制方法。

4.1.2　国内外研究现状

4.1.2.1　水轮机调节系统模型研究

水轮机调节系统由引水系统、水轮机系统、发电机系统、调速器系统等部分组成。通常根据系统输入信号波动的大小，将水轮发电机组系统分为大波动和小波动两种情况。小波动的负荷或功率扰动变化范围不超过±10%，频率扰动不超过±8%。当参数变化超过前述范围时，属于大波动范围。根据系统波动的大小，水轮发电机组有非线性模型和线性模型之分。线性模型广泛采用差分方程、传递函数或是线性微分方程组进行表示，具有物理意义清晰、结构简单等特点。由于理论成熟、计算简便，并能满足一般的工程要求，因而得到广泛的应用。但由于其在近似化处理的过程中忽略了系统的非线性特性，因此多应用于系统处于小波动情况的研究。

随着计算机性能的提高，以及非线性动力系统理论的研究不断深入发展，关于水轮机调节系统非线性模型的理论分析和研究逐步受到学者们的重视。IEEE PES 工作组于 1992 年提出了简单的适用于不同水电站的非线性水轮机调节系统模型。

4.1.2.2　水轮机调节系统的控制策略

一般来说，传统的 PID 控制是最早应用于水轮机调节系统的控制方法，由于 PID 控制具有结构较为简单、易操作、易实现等优势，实际运行中的水电站基本都采用这种控制方法，PID 控制应用范围广阔，有大量实际应用经验。但由于水轮机调节系统具有很强的非线性特征，水轮机传递系数在不同工况下差异很大，而且不同机组的负荷存在明显差异，导致水轮机调节系统被控对象的参数在不同工况点发生很大变化。PID 控制作为一种传统的线性控制方法，不能满足对系统的精确控制，控制调节时间较长。而且 PID 参数仅针对几个工作条件进行设置，其工作条件的适应性很弱，特别是在当今对柔性运行的要求越来越高的情况下，PID 控制已经难以满足实际运行的需求，近年来大型水电站事故停机的报道已屡见不鲜。

自动控制理论的发展直接影响着水轮机调节系统控制策略的发展。随着近几年学者对控制理论的不断研究，出现了人工智能控制策略，水轮机调节系统的控制策略也得到了充分发展。近些年来陆续出现了最优 PID 控制、滑模控制、自适应控制、神经网络控制、模糊控制等多种控制策略。不少学者将智能控制策略应用到水轮机调节系统，并做了大量工作，取得了一定的研究成果。下面就本章涉及的滑模控制进行详细介绍。

20 世纪 50 年代，苏联学者 Emelyanov 和 Utkin 针对二阶线性系统，首先提出了变结构控制的概念。随后一些学者研究了变结构控制在高阶系统中的应用。经过半个世纪的发展，其已经成为自动控制领域一个独立的研究分支。

滑模变结构控制属于非线性控制的范畴，与常规控制方法相比，其控制规律具有不连续性的特点，控制系统的结构随时间而发生变化。其基本思想是，首先根据被控系统的特征，构造一个滑模面，其次设计相应的控制器将被控系统从任意的初始状态引导到事先设计的滑模面上，并根据系统变量的运动状态，不断改变控制器的结构，将被控系统的状态变量维持在构造的滑模面上滑动。滑模变结构控制策略响应速度快，鲁棒性好，物理实现简单，并且无需在线识别，适用于线性与非线性系统、确定性与不确定性系统、连续与离散系统等。在实际工程领域得到了广泛的应用，如机器人控制、飞机控制、卫星姿态控制、电机与电力系统控制等领域。

传统线性滑模控制方法理论上控制时间为无穷大，其稳态误差不在有限时间内收敛至零。20 世纪 80 年代末，提出了终端滑模概念，以非线性滑模代替传统线性滑模，其目的是使系统状态在有限时间收敛至平衡点。滑模控制本身所存在的高频抖振问题极大地制约了滑模控制的应用。目前，已有学者将滑模控制与模糊逻辑控制相结合，针对不同的水轮机系统设计了模糊滑模控制器，既可以保证控制器的鲁棒性，又可以通过模糊逻辑来消除抖振现象。仿真结果显示，这类控制器可以使系统稳定在期望的点或周期轨道上，体现了良好的鲁棒性。

思考	终端滑模控制在自动化方面可能会有怎样的研究与发展方向?

4.2 水轮机调节系统的数学建模

4.2.1 引言

水轮机调节系统由机械液压系统、压力引水系统、水轮机、发电机及负荷和调速器等部分组成。各组成子系统的共同作用决定了它的暂态过程，当系统受到较大的扰动时，系统参数的变化极不规律，这就要求考虑其非线性特性。对水轮机调节系统进行建模分析，并研究其非线性特性，提出更好的控制方法用以控制系统稳定，最终保证供电质量，具有一定的实际研究价值。

4.2.2 非线性数学模型建立

根据水电站的组成及研究目的，可以建立多种不同形式的水轮机调节系统数学模型，如线性模型和非线性模型、二阶发电机模型和三阶发电机模型、刚性水击模型和弹性水击模型等。本小节将水轮机调节系统分为四个主要部分：水轮机本体、引水系统、发电机系统、液压随动系统，结合二阶发电机模型，建立了水轮机调节系统的非线性模型。

根据式（2.13），水轮机调节系统的非线性数学模型可以表示为

$$\begin{cases}\dot{\delta}=\omega_0\omega \\ \dot{\omega}=\dfrac{1}{T_{ab}}\left(m_t-D\omega-\dfrac{E_q' V_s}{x_{d\Sigma}'}\sin\delta-\dfrac{V_s^2}{2}\dfrac{x_{d\Sigma}'-x_{q\Sigma}}{x_{d\Sigma}' x_{q\Sigma}}\sin 2\delta\right) \\ \dot{m}_t=\dfrac{1}{e_{qh}T_w}\left(-m_t+e_y y+\dfrac{ee_y T_w}{T_y}y\right) \\ \dot{y}=-\dfrac{1}{T_y}y\end{cases} \tag{4.1}$$

式中：δ、ω、m_t 和 y 分别为发电机转子角度偏差、发电机转速相对偏差、水轮机输出增量扭矩偏差和导叶开度的增量偏差；T_{ab} 为旋转部件的惯性时间常数；D 为发电机的阻尼

系数；E'_q为 q 轴的暂态电动势；V_s 为无穷大系统母线电压；$x'_{d\Sigma}$为 d 轴暂态电抗；$x_{q\Sigma}$为 q 轴暂态电抗；e_{qh} 为流量对水头的传递系数；T_w 为水流惯性时间常数；e_y 为转矩对主接力器行程的传递系数；e 为传递系数；T_y 为接力器行程的传递时间。

思考	系统数学模型还可以在哪些方面改进来更好地描述调节系统的特性？

4.3　水轮机调节系统的滑模控制

4.3.1　水轮机调节系统的分析

对于式（4.1）的水轮机调节系统，各参数选取如下：

$\omega_0=300\text{rad/s}$，$T_{ab}=19.0\text{s}$，$D=2.0$，$E'_q=1.35$，$T_w=0.8\text{s}$，$T_y=0.1\text{s}$，$x'_{d\Sigma}=1.25$，$x_{q\Sigma}=1.474$，$V_s=1.0$，$e=0.7$，$e_{qh}=0.5$，$e_y=1.0$。

为了便于对其数学分析，现用 x、y、z、w 分别替代δ、ω、m_t、y。同时考虑加入随机负荷扰动：$d_1(t)=0.8\text{rand}(1)$、$d_2(t)=0.1\text{rand}(1)$、$d_3(t)=0.5\text{rand}(1)$、$d_4(t)=0.9\text{rand}(1)$。以模拟水轮机调节系统在实际运行中，经常受到电网负荷大小不确定性变化的影响状况。将各参数值代入系统中，则考虑随机负荷扰动下的水轮机调节系统的数学模型为

$$\begin{cases}\dot{x}=300y+0.8\text{rand}(1)\\ \dot{y}=-\dfrac{2}{19}y+\dfrac{1}{19}z-\dfrac{1}{19}(1.08\sin x+0.061\sin 2x)+0.1\text{rand}(1)\\ \dot{z}=-2.5z+6.6w+0.5\text{rand}(1)\\ \dot{w}=-10w+0.9\text{rand}(1)\end{cases}\tag{4.2}$$

状态变量的初值取为：$[x,\ y,\ z,\ w]=[0,\ 0,\ p/6,\ 0]$，则式（4.2）的时域图如图 4.1 所示，可以看出此时水轮机调节系统处于不稳定的运行工况，因此需要设计相应的控制器保证水轮机调节系统的安全稳定运行。

4.3.2　稳定性定理

对于一个渐进稳定的力学系统，其总能量 V 是一个正定函数。它连续地减小，直到达到系统的平衡点。由此说明，总能量 V 对时间的导数应该是负定的。

在控制系统中，状态变量不一定有明显的物理意义。苏联学者李雅普诺夫指出，状态变量的任何正定函数都可以作为“能量函数”，并且如果能找到一个能量函数是不增的（即不随时间而增大），则 $x=0$ 是稳定的平衡状态。这种判断系统稳定性的方法称为李雅普诺夫第二方法。

设某一给定的系统为

$$\frac{\mathrm{d}x}{\mathrm{d}t}=f(x),f(0)=0\tag{4.3}$$

则 $x=0$ 是该系统的平衡状态。为应用李雅普诺夫第二方法分析平衡状态 $x=0$ 的稳定性，先引入李雅普诺夫函数。

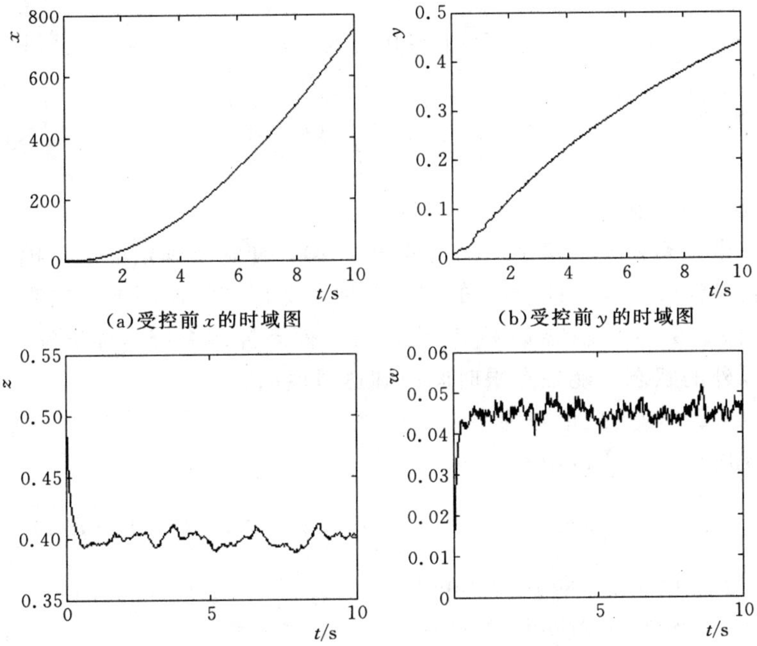

(a)受控前 x 的时域图　(b)受控前 y 的时域图

(c)受控前 z 的时域图　(d)受控前 w 的时域图

图 4.1　受控前状态变量时域图

如果存在函数 $V(x)$ 满足以下条件：

(1) $V(x)$ 和它的所有一阶偏导数 $\partial V/\partial x_i$ 连续。

(2) $V(x)$ 在原点及其某个邻域 $\|x\|<k$ 内正定。

(3) 在 $\|x\|<k$ 时，有

$$\begin{aligned}\frac{\mathrm{d}V}{\mathrm{d}t} &\equiv \frac{\partial V}{\partial x_1}\frac{\mathrm{d}x_1}{\mathrm{d}t}+\cdots+\frac{\partial V}{\partial x_n}\frac{\mathrm{d}x_n}{\mathrm{d}t} \\ &\equiv \frac{\partial V}{\partial x_1}f_1+\cdots+\frac{\partial V}{\partial x_n}f_n \\ &\equiv \left(\frac{\partial V}{\partial x}\right)^T f \leqslant 0\end{aligned} \tag{4.4}$$

其中 $f=[f_1,\cdots,f_n]^T$，则称 $V(x)$ 是系统的李雅普诺夫函数。

定理 4.1：对于式（4.3），如果存在如上定义的李雅普诺夫函数，则平衡状态是稳定的；如果存在的李雅普诺夫函数使得 $\frac{\mathrm{d}V}{\mathrm{d}t}<0$，则系统的平衡状态 $x=0$ 是渐进稳定的。

4.3.3 滑模面及控制器的设计

引理 4.1：假设存在一个连续正定函数 $V(t)$ 满足如下微分不等式：

$$\dot{V}(t)\leqslant -cV^{\eta}(t),\forall t\geqslant t_0,V(t_0)\geqslant 0 \tag{4.5}$$

式中：c、η 为两个常量，$c>0$，$0<\eta<1$。

那么对任意给定初始时间 t_0，$V(t)$ 满足如下形式的不等式：

$$V^{1-\eta}(t)\leqslant V^{1-\eta}(t)-c(1-\eta)(t-t_0),\quad t_0\leqslant t\leqslant t_1 \tag{4.6}$$

并且

$$V(t) \equiv 0, \forall t \geqslant t_1 \tag{4.7}$$

t_1 为

$$t_1 = t_0 + \frac{V^{1-\eta}(t_0)}{c(1-\eta)} \tag{4.8}$$

设计滑模变结构控制器一般可分为两步：

(1) 设计一个具有良好动态品质的滑模面 $s(x)$，使它所确定的滑动模态渐进稳定。

(2) 设计控制器 $u(t)$，满足要求的到达条件，保证在滑模面上形成滑动模态区。

一旦滑模面 $s(x)$ 和控制器 $u(t)$ 确定，滑动模态控制系统就能够完全确立起来，任何处于滑模面以外的状态就能在有限时间内到达滑模面。

因此，式（4.2）的受控形式为

$$\begin{cases} \dot{x} = 300y + 0.8\mathrm{rand}(1) + u_1 \\ \dot{y} = -\dfrac{2}{19}y + \dfrac{1}{19}z - \dfrac{1}{19}(1.08\sin x + 0.061\sin 2x) + 0.1\mathrm{rand}(1) + u_2 \\ \dot{z} = -2.5z + 6.6w + 0.5\mathrm{rand}(1) + u_3 \\ \dot{w} = -10w + 0.9\mathrm{rand}(1) + u_4 \end{cases} \tag{4.9}$$

式中：u_1、u_2、u_3、u_4 为控制输入，加入合理的控制输入可将不稳定的系统控制在固定轨道。

为便于数学分析，用$[x_1, x_2, x_3, x_4]$代替$[x, y, z, w]$，将式（4.9）的形式统一为

$$\dot{x} = f(x) + d(t) + u \tag{4.10}$$

其中，系统状态 $x = [x_1, x_2, x_3, x_4]^T$，系统原始项 $f(x) = [f_1(x), f_2(x), f_3(x), f_4(x)]^T$，随机扰动 $d(t) = [d_1, d_2, d_3, d_4]^T$，控制输入 $u = [u_1 \quad u_2 \quad u_3 \quad u_4]^T$。

控制的目标是使系统状态 $x = [x_1, x_2, x_3, x_4]$跟踪一个给定的时变状态 $x_d = [x_{d1}, x_{d2}, x_{d3}, x_{d4}]^T$。定义跟踪误差为

$$e = x - x_d \tag{4.11}$$

误差动力系统可写为

$$\dot{e} = \dot{x} - \dot{x}_d = f(x) + d(t) + u - \dot{x}_d \tag{4.12}$$

定义时变的终端滑模面为

$$s = \alpha e + \int_0^t \beta |e|^r \mathrm{sat}(e)\mathrm{d}t \tag{4.13}$$

式中：α、β、r 均为给定的正实数，$0<r<1$。

$$\mathrm{sat}(e) = \begin{cases} \mathrm{sign}(e), & |e| > k \\ e/k, & |e| \leqslant k \end{cases} \tag{4.14}$$

式中：k 为给定的正实数，一般 k 的取值较小。采用饱和函数能够有效抑制抖振现象。

在滑动模态下需满足：$s = \dot{s} = 0$，即

$$\dot{s} = \alpha\dot{e} + \beta |e|^r \mathrm{sat}(e) = 0 \tag{4.15}$$

定理 4.2：如果选取式（4.13）的滑模面，滑模控制器的形式为

$$u(t) = -f(x) - [ks + (\xi + L|s|^u)\mathrm{sign}(s)] - (\beta/\alpha)|e|^r \mathrm{sat}(e) + \dot{x}_d \tag{4.16}$$

式中：k、L、u 均为给定的正实数，$0<u<1$；ξ 为随机扰动的有界范围。

那么在式（4.16）的控制下，式（4.10）将在有限时间$\dfrac{1}{\alpha k\ (1-u)}\ln\dfrac{k\,|\,s\ (0)\,|^{1-u}+L}{L}$内收敛到滑模面 $s=0$。

证明：选取正定的李雅普诺夫函数 $V=|s|$，对其求时间的一阶导数有

$$\dot{V}=\text{sign}(s)\dot{s} \tag{4.17}$$

代入 $\dot{s}=\alpha\dot{e}+\beta|e|^{r}\text{sat}(e)$ 得

$$\begin{aligned}\dot{V}&\leqslant\text{sign}(s)[\alpha\dot{e}+\beta|e|^{r}\text{sat}(e)]\\&=\text{sign}(s)\{\alpha[f(x)+d(t)+u-\dot{x}_d]+\beta|e|^{r}\text{sat}(e)\}\\&\leqslant\text{sign}(s)\{\alpha[f(x)+u-\dot{x}_d]+\beta|e|^{r}\text{sat}(e)\}+|\text{sign}(s)\alpha d(t)|\\&\leqslant\text{sign}(s)\{\alpha[f(x)+u-\dot{x}_d]+\beta|e|^{r}\text{sat}(e)\}+\alpha\xi\end{aligned} \tag{4.18}$$

结合式（4.16）和式（4.18），整理得

$$\begin{aligned}\dot{V}&\leqslant\text{sign}(s)\{\alpha[f(x)+u-\dot{x}_d]+\beta|e|^{r}\text{sat}(e)\}+\alpha\xi\\&=\text{sign}(s)(\alpha\{f(x)-f(x)-[ks+(\xi+L|s|^{u})\text{sign}(s)\\&\quad-(\beta/\alpha)|e|^{r}\text{sat}(e)+\dot{x}_d-\dot{x}_d]+\beta|e|^{r}\text{sat}(e)\})+\alpha\xi\\&=\text{sign}(s)(\alpha\{-[ks+(\xi+L|s|^{u})\text{sign}(s)]\})+\alpha\xi\\&=-\alpha k|s|-\alpha\xi-\alpha L|s|^{u}+\alpha\xi\\&=-\alpha k|s|-\alpha L|s|^{u}\leqslant 0\end{aligned} \tag{4.19}$$

由定理4.1知，式（4.10）的状态轨迹会收敛到滑模面 $s=0$，根据引理4.1得知，式（4.10）将在有限时间内稳定。

下面求取有限时间 T：

由 $\dfrac{\mathrm{d}V}{\mathrm{d}t}=\dfrac{\mathrm{d}|s|}{\mathrm{d}t}\leqslant-\alpha k|s|-\alpha L|s|^{u}$ 得

$$\mathrm{d}t\leqslant\frac{-\mathrm{d}|s|}{\alpha(k|s|+L|s|^{u})}=-\frac{1}{1-u}\frac{\mathrm{d}|s|^{1-u}}{\alpha(k|s|^{1-u}+L)} \tag{4.20}$$

对式（4.20）两边在0到 t_r 上积分，有

$$\int_0^{t_r}\mathrm{d}t\leqslant\int_{s(0)}^{s(t_r)}-\frac{1}{1-u}\frac{\mathrm{d}\,|\,s\,|^{1-u}}{\alpha(k\,|\,s\,|^{1-u}+L)} \tag{4.21}$$

整理得

$$t_r\leqslant-\frac{1}{\alpha k(1-u)}\ln(\alpha k\,|\,s\,|^{1-u}+\alpha k)\,\Big|_{s(0)}^{s(t_r)} \tag{4.22}$$

已知 $s(t_r)=0$，故

$$t_r\leqslant\frac{1}{\alpha k(1-u)}\ln\frac{k|s(0)|^{1-u}+L}{L} \tag{4.23}$$

即式（4.10）的状态轨迹将在有限时间 $t_r\leqslant\dfrac{1}{\alpha k(1-u)}\ln\dfrac{k|s(0)|^{1-u}+L}{L}$ 收敛到滑模面 $s=0$。命题得证。

4.3.4 仿真结果及分析

将上述方法应用于水轮机调节系统，选取滑模面参数 $\alpha=4$、$\beta=6$、$r=0.4$，控制器

参数 $k=1$、$L=8$、$u=0.4$。

根据式（4.13），水轮机调节系统的滑模面选取如下：

$$s_i=4e_i+\int_0^t 6\,|e_i|^{0.4}\mathrm{d}\tau \quad (i=1,2,3,4) \tag{4.24}$$

根据式（4.16），控制器设计为

$$\begin{cases}u_1(t)=-f_1(x)-[s_1+(0.8+8\,|s_1|^{0.4})\mathrm{sign}(s_1)] \\ \qquad -(6/4)\,|e_1|^{0.4}\mathrm{sat}(e_1)+\dot{x}_{d1} \\ u_2(t)=-f_2(x)-[s_2+(0.1+8\,|s_2|^{0.4})\mathrm{sign}(s_2)] \\ \qquad -(6/4)\,|e_2|^{0.4}\mathrm{sat}(e_2)+\dot{x}_{d2} \\ u_3(t)=-f_3(x)-[s_3+(0.5+8\,|s_3|^{0.4})\mathrm{sign}(s_3)] \\ \qquad -(6/4)\,|e_3|^{0.4}\mathrm{sat}(e_3)+\dot{x}_{d3} \\ u_4(t)=-f_4(x)-[s_4+(0.9+8\,|s_4|^{0.4})\mathrm{sign}(s_4)] \\ \qquad -(6/4)\,|e_4|^{0.4}\mathrm{sat}(e_4)+\dot{x}_{d4}\end{cases} \tag{4.25}$$

为便于说明本章滑模面及控制器的优越性，选取参考滑模面及控制器作为对比，如下所示：

$$s_i=e_i+\int_0^t 5e_i\mathrm{d}\tau \quad (i=1,2,3,4) \tag{4.26}$$

$$\begin{cases}u_1(t)=-(5e_1+300e_2)-(300x_{d1}-\dot{x}_{d1})-5\mathrm{sat}(s_1/h) \\ u_2(t)=-\left[-\dfrac{1.08}{19}\sin e_1-\dfrac{0.061}{19}\sin 2e_1+\left(5-\dfrac{2}{19}\right)e_2+\dfrac{1}{19}e_3\right] \\ \qquad +\dfrac{1}{19}x_{d2}+\dot{x}_{d2}-\left[5+\left|\dfrac{1.08}{19}\sin x+\dfrac{0.061}{19}\sin 2x\right|\right]\mathrm{sat}(s_2/h) \\ u_3(t)=-(2.5e_3+6.6e_4)-2.9x_{d3}+\dot{x}_{d3}-5\mathrm{sat}(s_3/h) \\ u_4(t)=-\left(5-\dfrac{1}{19}\right)e_4+\dfrac{1}{19}x_{d4}+\dot{x}_{d4}-5\mathrm{sat}(s_4/h)\end{cases} \tag{4.27}$$

取固定点 $x_d=[0,\ 0,\ 0,\ 0]$，系统初值取 $[x,\ y,\ z,\ w]=[0,\ 0,\ \pi/6,\ 0]$，在 0s 时加入控制器，式（4.27）状态变量的时域图如图 4.2 所示。

通过图 4.2 可以看出，提出的方法能够在有限时间内稳定水轮机调节系统到固定点。与已有的方法相比，提出的方法在控制过程中，调节时间更短，超调量更小。

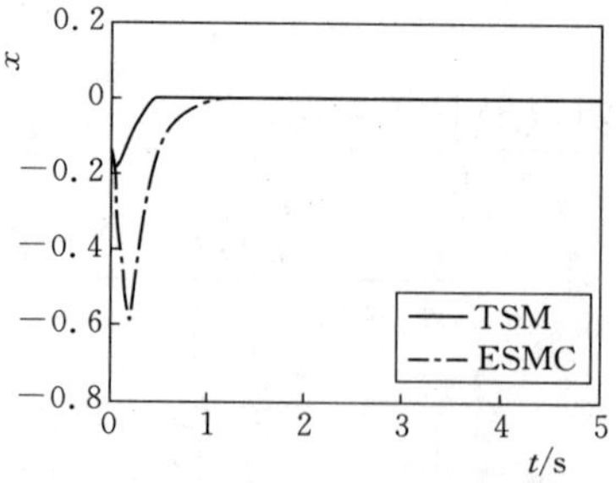

(a)受控后 x 的时域图

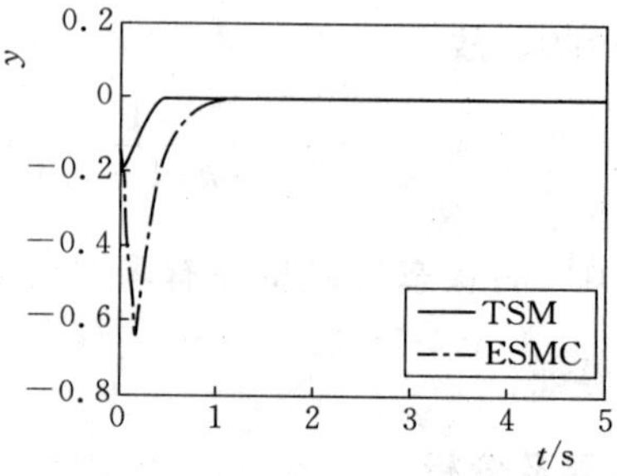

(b)受控后 y 的时域图

图 4.2（一）　受控的系统状态的时域图

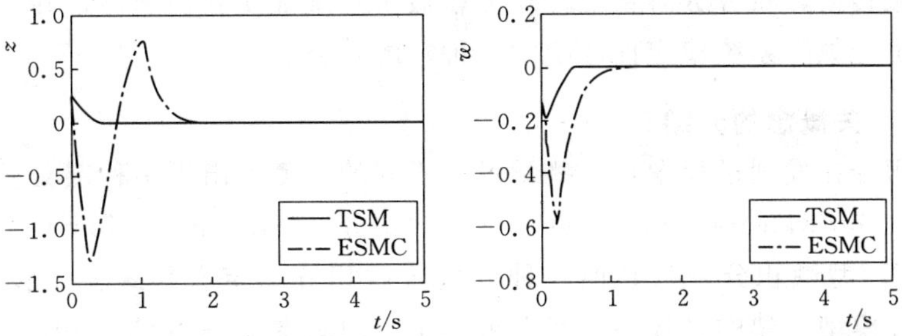

(c)受控后 z 的时域图　　(d)受控后 w 的时域图

图 4.2（二）　受控的系统状态的时域图

图 4.2 对应程序

思考	如何选择合适的李雅普诺夫函数以及滑模面？

4.4　分数阶水轮机调节系统的控制

4.4.1　引言

以往人们通常从整数阶的角度来研究分析自然界的问题，然而有学者发现自然界并不是整数维的。作为整数阶微积分的推广，分数阶微积分的发展已有 300 多年的历史。但长期以来，由于分数阶微积分的形式过于复杂，并且在实际应用中缺少明显的物理意义，学者对其研究几乎集中在数学的纯理论领域。随着科学技术的不断进步以及人们对自然界的认识不断增强，分数阶微积分的应用在最近几十年得到了快速发展。1982 年 B. B. Mandelbort 首次指出自然界及许多学科领域存在大量的分数维系统，从此人们逐步对自然界有了全新的认识。不少学者发现分数阶微积分可应用到诸如湍流和流体动力学、地震分析、量子力学、黏弹性动力学、控制理论与机器人、电化学、电磁场、生物医学等许多科学领域，并且取得了很好的研究成果，显现出其在工程应用中的独特优势。因此分数阶微积分的理论和应用研究引起了学者的广泛重视，已成为当前国际上的一个研究热点。与整数阶模型相比，分数阶系统具有更强的记忆功能，适合描述具有记忆和遗传等特性的系统；分数阶系统更容易稳定；分数阶系统更符合自然界的实际情况，能更准确地描述现实中的物理现象和工程应用。

由于具有上述整数阶模型所不能取代的优点，分数阶微积分逐步得到了控制领域专家和学者的关注。随着越来越多的分数阶模型出现，其动力学行为分析，特别是稳定性分析的重要性逐渐凸显。近年来，许多学者在这方面付出了大量的时间和精力，做了深入的研究。但是与整数阶微积分不同，分数阶微积分存在弱奇异性和非局部性，导致其稳定性分析不容易实现，进而阻碍了其在实际工程中的应用。总体而言，国内对于分数阶稳定性及分数阶系统控制的研究还不是很系统，关于分数阶系统的控制与同步的方法和策略也还比较少。对一般的分数阶系统，尤其是分数阶非线性系统，仍然缺乏有效的稳定性分析工具以及控制器的设计方法。

在本章中，基于整数阶系统的稳定性理论已非常成熟，提出了通过频率分布模型的方法，通过时频域转换，将分数阶系统转化为整数阶系统证明其稳定性，并设计了分数阶的控制器，给出了分数阶系统稳定性证明的一种新的思路。

4.4.2　分数阶有关概念的介绍

分数阶微积分在发展过程中，一些学者从不同的角度给出了多种定义形式，但是目前常用的有三种：Gunwale－Letnikov（GL）型微积分、Riemann－Liouville（RL）型微积分、Caputo（C）型微积分。与其他几种分数阶微积分的定义形式相比较，Caputo（C）型微积分在实际模型构建的过程中，经常被采用。因此本节采用 Caputo（C）型微积分的定义。

在分数阶微积分定义以及运算中，经常用到 Gamma 函数。首先给出 Gamma 函数的定义和性质。常见的 Gamma 函数形式为

$$\Gamma(z)=\int_0^{\infty} e^{-t} t^{z-1} \mathrm{d}t, \quad Re(z)>0 \tag{4.28}$$

Gamma 函数也称为第二类欧拉积分，满足：

$$\Gamma(z)\Gamma(1-z)=\frac{\pi}{\sin\pi z}, \quad 0<Re(z)<1 \tag{4.29}$$

分数阶积分算子的定义形式为

$${}_{t_0}I_t^{\alpha} f(t)={}_{t_0}D_t^{-\alpha} f(t)=\frac{1}{\Gamma(\alpha)}\int_{t_0}^{t} \frac{f(t)}{(t-\tau)^{1-\alpha}}\mathrm{d}t \tag{4.30}$$

式中：α 为正实数。

对于分数阶积分算子式（4.30）有

$$I^0 f(t)=f(t) \tag{4.31}$$

C 型分数阶导数定义为积分算子的 n 阶导数的 $n-\alpha$ 阶积分，形式为

$${}_{t_0}^{C}D_t^{\alpha} f(t)=I^{n-\alpha}\left(\frac{d}{\mathrm{d}t}\right)^n f(t)=\frac{1}{\Gamma(n-\alpha)}\int_{t_0}^{t} \frac{f^n(\tau)}{(t-\tau)^{\alpha-n+1}}\mathrm{d}\tau \tag{4.32}$$

其中，$f(t)$ 是连续函数，$n-1\leqslant\alpha<n\in Z^+$。

从式（4.30）和式（4.32）可以看出，分数阶微积分与整数阶微积分相比，包含了过去时间点的信息，因此分数阶微积分算子是可以简洁准确地描述具有历史记忆性特点的系统。

本章所用到的关于 C 型分数阶微积分的性质如下：

$$I^{\alpha} I^{\beta} f(t)=I^{\beta} I^{\alpha} f(t)=I^{\alpha+\beta} f(t) \tag{4.33}$$

$$I^{\alpha}\, {}^{C}D^{\alpha} f(t)=f(t)-f(0) \tag{4.34}$$

$${}^{C}D^{\alpha}\left[{}^{C}D^{-\beta} f(t)\right]={}^{C}D^{\alpha-\beta} f(t) \tag{4.35}$$

4.4.3　分数阶水轮机调节系统模型

由于水轮机液压随动系统有较强的历史依赖性，同时分数阶系统具有更强的记忆功能，适合描述具有记忆和遗传等特性的系统。因此，采用分数阶液压随动系统替代整数阶液压随动系统。根据分数阶微积分的定义，分数阶液压随动系统的动力学公式可以由整数阶液压随动系统的动力学公式（4.1）得到

$$D^{\alpha}y=\frac{1}{T_y}(-y) \tag{4.36}$$

于是分数阶水轮机调节系统数学模型如下：

$$\begin{cases}\dot{\delta}=\omega_0\omega \\ \dot{\omega}=\dfrac{1}{T_{ab}}\left(m_t-D\omega-\dfrac{E_q'V_s}{x_{d\Sigma}'}\sin\delta-\dfrac{V_s^2}{2}\dfrac{x_{d\Sigma}'-x_{q\Sigma}}{x_{d\Sigma}'x_{q\Sigma}}\sin2\delta\right) \\ \dot{m}_t=\dfrac{1}{e_{qh}T_w}\left(-m_t+e_yy+\dfrac{ee_yT_w}{T_y}y\right) \\ D^{\alpha}y=-\dfrac{1}{T_y}y\end{cases} \tag{4.37}$$

考虑外部扰动 $d_1(t)=d_2(t)=d_3(t)=d_4(t)=0.1\mathrm{rand}(1)$，为了便于对其数学分析，用 x、y、z、w 分别替代 δ、ω、m_t、y，代入各个参数值，分数阶水轮机调节系统的数学模型为

$$\begin{cases}\dot{x}=300y+0.1\mathrm{rand}(1) \\ \dot{y}=-\dfrac{2}{19}y+\dfrac{1}{19}z-\dfrac{1}{19}(1.08\sin x+0.061\sin2x) \\ \quad +0.1\mathrm{rand}(1) \\ \dot{z}=-2.5z+6.6w+0.1\mathrm{rand}(1) \\ D^{\alpha}w=-10w+0.1\mathrm{rand}(1)\end{cases} \tag{4.38}$$

为便于数学分析，令 $x=[x_1, x_2, x_3, x_4]=[x, y, z, w]$。系统状态变量的初值取为 $[0, 0, \pi/6, 0]$，分数阶的阶次 $\alpha=0.98$，则式（4.37）的状态变量的时域图如图 4.3 所示，可以看出此时水轮机调节系统各个参数处于不稳定的运行工况，因此需要设计相应的控制器保证水轮机调节系统的安全稳定运行。

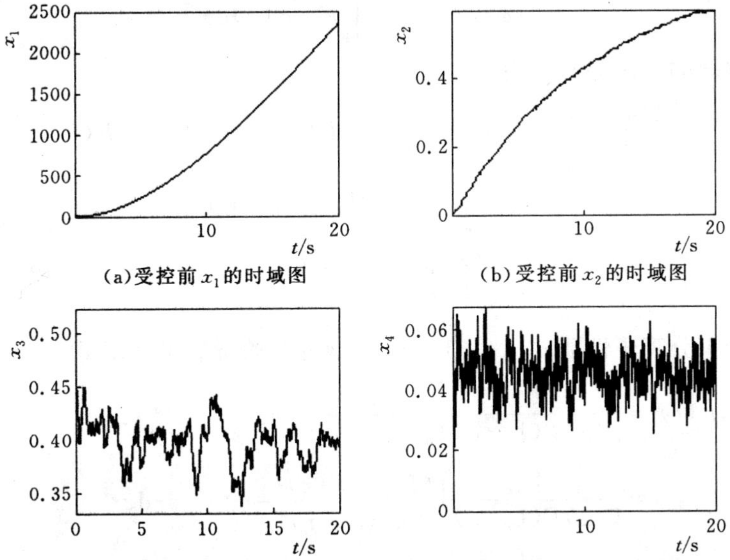

图 4.3 分数阶系统受控前状态变量的时域图

4.4.4　频率分布模型

整数阶系统的稳定性定理已经发展得相当成熟，其中最著名又简单实用的是李雅普诺夫第二方法，即 4.3.2 介绍的稳定性定理。

基于整数阶稳定性分析理论已经相当成熟。因此本章着重进行将分数阶系统转化为等价的整数阶系统的方法研究。受到在进行分数阶数值近似模拟的过程中所采用的方法的启发，通过定义一个辅助函数，基于时频域转化，提出了一种将分数阶系统转化为等价的整数阶系统的简便方法。

为便于数学分析计算，首先定义如下形式的分数阶系统：

$$D^{\alpha}X(t)=F(X) \tag{4.39}$$

式中：α 为分数阶的阶次；$F(X)$ 为分数阶系统的非线性项。

接下来，定义一个基于时频域的辅助函数：

$$\phi(\omega,t)=\int_0^t e^{-\omega^2(t-\tau)}F(\tau)\mathrm{d}\tau \tag{4.40}$$

定理 4.3：基于式（4.40），式（4.39）可以表述成如下等价的形式：

$$\begin{cases}\dfrac{\partial\phi(\omega,\ t)}{\partial t}=-w^2\phi(\omega,\ t)+F(X,\ t)\\ X(t)=\displaystyle\int_0^{\infty}u(\omega)\phi(\omega,\ t)\mathrm{d}\omega\end{cases} \tag{4.41}$$

其中，$u(\omega)=\dfrac{2\sin\alpha\pi}{\pi}\omega^{1-2\alpha}$，$\alpha\in(0,\ 1)$。

证明：证明过程将分成两步。

步骤一：

方程式（4.40）可以转化成：

$$\phi(\omega,t)=e^{-\omega^2 t}\int_0^t e^{\omega^2\tau}F(\tau)\mathrm{d}\tau \tag{4.42}$$

对上式求时间的一阶导数，有

$$\begin{aligned}\frac{\partial\phi(\omega,\ t)}{\partial t}&=-\omega^2e^{-\omega^2 t}\int_{t_0}^t e^{\omega^2\tau}F(\tau)\mathrm{d}\tau+e^{-\omega^2 t}e^{\omega^2 t}F(t)\\&=-\omega^2\int_{t_0}^t e^{-\omega^2(t-\tau)}F(\tau)\mathrm{d}\tau+F(t)\\&=-\omega^2\phi(\omega,\ t)+F(t)\end{aligned} \tag{4.43}$$

步骤二：

根据分数阶积分算子性质式（4.31）和 C 型分数阶导数的定义式（4.32），有

$$\begin{aligned}{}_{t_0}I_t^{\alpha}F(t)&=\frac{1}{\Gamma(\alpha)\Gamma(1-\alpha)}\int_{t_0}^t\frac{F(\tau)}{(t-\tau)^{1-\alpha}}\mathrm{d}\tau\int_0^{\infty}e^{-z}z^{-\alpha}\mathrm{d}z\\&=\frac{1}{\Gamma(\alpha)\Gamma(1-\alpha)}\int_0^{\infty}\int_{t_0}^t\frac{F(\tau)}{(t-\tau)^{1-\alpha}}e^{-z}z^{-\alpha}\mathrm{d}\tau\mathrm{d}z\\&=\frac{1}{\Gamma(\alpha)\Gamma(1-\alpha)}\int_0^{\infty}\int_{t_0}^t F(\tau)\left(\frac{z}{t-\tau}\right)-\alpha\,\frac{1}{(t-\tau)}e^{-z}\mathrm{d}\tau\mathrm{d}z\end{aligned} \tag{4.44}$$

定义变量：

$$z=\omega^2(t-\tau) \tag{4.45}$$

有：$\mathrm{d}z=2\omega(t-\tau)\mathrm{d}\omega$。

根据式（4.44）和式（4.45），可得

$$\begin{aligned}{}_{t_0}I_t^{\alpha}F(t)&=\frac{1}{\Gamma(\alpha)\Gamma(1-\alpha)}\int_0^{\infty}\int_{t_0}^{t}F(\tau)\omega^{1-2\alpha}e^{-\omega^2(t-\tau)}\mathrm{d}\tau\mathrm{d}\omega\\&=\frac{1}{\Gamma(\alpha)\Gamma(1-\alpha)}\int_0^{\infty}\omega^{1-2\alpha}\int_{t_0}^{t}F(\tau)e^{-\omega^2(t-\tau)}\mathrm{d}\tau\mathrm{d}\omega\end{aligned} \tag{4.46}$$

引入辅助函数，可得

$${}_{t_0}I_t^{\alpha}F(t)=\frac{2}{\Gamma(\alpha)\Gamma(1-\alpha)}\int_0^{\infty}\omega^{1-2\alpha}\phi(\omega,t)\mathrm{d}\omega \tag{4.47}$$

记：

$$\mu(\omega)=\frac{2}{\Gamma(\alpha)\Gamma(1-\alpha)}\omega^{1-2\alpha} \tag{4.48}$$

根据式（4.29），可得

$$\mu(\omega)=\frac{2\sin\alpha\pi}{\pi}\omega^{1-2\alpha} \tag{4.49}$$

那么式（4.47）可以写成：

$${}_{t_0}I_t^{\alpha}F(t)=\int_0^{\infty}\mu(\omega)\phi(\omega,t)\mathrm{d}\omega \tag{4.50}$$

综上：

$$X(t)=D^{-\alpha}F(t)=\int_0^{\infty}\mu(\omega)\phi(\omega,t)\mathrm{d}\omega \tag{4.51}$$

证明完毕。

注：定理4.3提供了一种基于时频域转换将分数阶系统模型转化成等价整数阶模型的方法。通过该定理，可以将求解分数阶系统稳定性的问题转化为易于求解的整数阶稳定性。

4.4.5 滑模面及控制器的设计

接下来，按照设计整数阶系统滑模面及控制器的步骤，设计适用分数阶系统的滑模面及控制器。

首先取终端滑模面：

$$s(t)=D^{\alpha-1}x+D^{-1}[k_1x+k_2\ln^u(|x|+1)\mathrm{sat}(x)] \tag{4.52}$$

式中：x 为系统的状态变量；k_1、k_2、u 为已知的滑模面参数，$k_1>0$，$k_2>0$，$0<u<1$。

当系统状态变量达到滑模面时满足：

$$s(t)=0 \tag{4.53}$$

根据式（4.52）和式（4.53），有

$$s(t)=D^{\alpha-1}x+D^{-1}[k_1x+k_2\ln^u(|x|+1)\mathrm{sat}(x)]=0 \tag{4.54}$$

有：

$$D^{\alpha-1}x=-D^{-1}[k_1x+k_2\ln^{\alpha}(|x|+1)\mathrm{sat}(x)] \tag{4.55}$$

根据 C 型分数阶微积分的性质式（4.35），有

$$D^{\alpha}x=-[k_1x+k_2\ln^{\alpha}(|x|+1)\mathrm{sat}(x)] \tag{4.56}$$

定理 4.4：式（4.56）是稳定的，并且其状态变量会收敛到零。

证明：

根据定理 4.3，滑模动态系统式（4.56）可以表述为

$$\begin{cases}\dfrac{\partial\phi(\omega,\ t)}{\partial t}=-w^2\phi(\omega,\ t)-[k_1x+k_2\ln^{\alpha}(|x|+1)\mathrm{sat}(x)]\\ x_i(t)=\displaystyle\int_0^{\infty}u(\omega)\phi(\omega,\ t)\mathrm{d}\omega\end{cases} \tag{4.57}$$

取 Lyapunov 函数：

$$V_1(t)=\frac{1}{2}\int_0^{\infty}\mu(\omega)\varphi^2(\omega,t)\mathrm{d}\omega \tag{4.58}$$

对其求时间的一阶导数：

$$\begin{aligned}\frac{\mathrm{d}V_1}{\mathrm{d}t}&=\int_0^{\infty}\mu(\omega)\phi(\omega,t)\frac{\partial\phi(\omega,\ t)}{\partial t}\mathrm{d}\omega\\&=\int_0^{\infty}\mu(\omega)\phi(\omega,\ t)\{-w^2\phi(\omega,\ t)-[k_1x+k_2\ln^{\alpha}(|x|+1)\mathrm{sat}(x)]\}\mathrm{d}\omega\\&=-\int_0^{\infty}\mu(\omega)\omega^2\phi^2(\omega,\ t)\mathrm{d}\omega-\int_0^{\infty}\mu(\omega)\phi(\omega,\ t)[k_1x+k_2\ln^{\alpha}(|x|+1)\mathrm{sat}(x)]\mathrm{d}\omega\\&=-\int_0^{\infty}\mu(\omega)\omega^2\phi^2(\omega,\ t)\mathrm{d}\omega-[k_1x+k_2\ln^{\alpha}(|x|+1)\mathrm{sat}(x)]\int_0^{\infty}\mu(\omega)\phi(\omega,\ t)\mathrm{d}\omega\\&=-\int_0^{\infty}\mu(\omega)\omega^2\phi^2(\omega,\ t)\mathrm{d}\omega-k_1x^2-k_2\ln^{\alpha}(|x|+1)x\mathrm{sat}(x)\end{aligned} \tag{4.59}$$

下面根据饱和函数 sat(·) 的定义，分两种情况讨论。

情况 1：当 $|x|>k$ 时，

$$x\mathrm{sat}(x)=x\mathrm{sign}(x) \tag{4.60}$$

由于 $x\mathrm{sign}(x)=|x|$ 且 k 是一正实数，则：

$$x\mathrm{sat}(x)=|x|>0 \tag{4.61}$$

那么，

$$\frac{\mathrm{d}V_1}{\mathrm{d}t}\leqslant 0 \tag{4.62}$$

情况 2：当 $|x|\leqslant k$ 时，

$$x\mathrm{sat}(x)=x\mathrm{sign}(x/k)=x^2/k>0 \tag{4.63}$$

显然：

$$\frac{\mathrm{d}V_1}{\mathrm{d}t}\leqslant 0 \tag{4.64}$$

综上得

$$\frac{\mathrm{d}V_1}{\mathrm{d}t}\leqslant 0 \tag{4.65}$$

根据李雅普诺夫稳定性定理，滑模动态系统状态变量渐进收敛并保持到零。

对于式（4.37），其受控形式简记为

$$D^{\alpha}(x)=f(x)+d(t)+u(t) \tag{4.66}$$

其中，系统状态 $x=[x_1, x_2, x_3, x_4]^T$，系统原始项 $f(x)=[f_1(x), f_2(x), f_3(x), f_4(x)]^T$，随机扰动 $d(t)=[d_1, d_2, d_3, d_4]^T$，控制输入 $u=[u_1, u_2, u_3, u_4]^T$，阶次 $\alpha=[1, 1, 1, 0.98]$。

定理 4.5：对于式（4.66）和式（4.52），如果终端滑模控制策略设计为

$$u(t)=-[f(x)+k_1x+k_2\ln^u(|x|+1)\mathrm{sat}(x)+\eta s+(\xi+L|s|^r)\mathrm{sign}(s)] \tag{4.67}$$

式中：η、L、r 为给定的控制器参数，$\eta>0$，$L>0$，$0<r<1$；ξ 为外部扰动的有界值，在水轮机调节系统中，$\xi=[\xi_1, \xi_2, \xi_3, \xi_4]=[0.1, 0.1, 0.1, 0.1]$，那么系统状态变量的轨迹将在有限时间内收敛到滑模面 $s(t)=0$。

证明：

取 Lyapunov 函数 $V_2(t)=|s|$，则有

$$\dot V_2(t)=\mathrm{sign}(s)\dot s(t) \tag{4.68}$$

代入 $\dot s(t)=D^{\alpha}x+[k_1x+k_2k|x|^{\gamma}\mathrm{sat}(x)]$，得

$$\dot V_2(t)=\mathrm{sign}(s)\{D^{\alpha}x+[k_1x+k_2k|x|^{\gamma}\mathrm{sat}(x)]\} \tag{4.69}$$

考虑到 $D^{\alpha}(x)=f(x)+d(t)+u(t)$，得

$$\begin{aligned}\dot V_2(t)&=\mathrm{sign}(s)\{f(x)+d(t)+u(t)+[k_1x+k_2k|x|^{\gamma}\mathrm{sat}(x)]\}\\&\leqslant \mathrm{sign}(s)\{f(x)+u(t)+[k_1x+k_2k|x|^{\gamma}\mathrm{sat}(x)]\}+\xi\end{aligned} \tag{4.70}$$

把式（4.67）代入上式，得

$$\begin{aligned}\dot V_2(t)&\leqslant \mathrm{sign}(s)\{f(x)-[f(x)+k_1x+k_2k|x|^{\gamma}\mathrm{sat}(x)+\eta s\\&\quad+(\xi+L|s|^r)\mathrm{sign}(s)]+[k_1x+k_2k|x|^{\gamma}\mathrm{sat}(x)]\}+\xi\\&=\mathrm{sign}(s)\{-\eta s-[\xi+L|s|^r\mathrm{sign}(s)]\}+\xi\\&=-\eta|s|-(\xi+L|s|^r)+\xi\\&=-\eta|s|-L|s|^r\leqslant 0\end{aligned} \tag{4.71}$$

由 Lyapunov 稳定性定理知，式（4.66）是稳定的。

有限时间 T 的求取过程同上节，经计算可得有限时间 $T\leqslant\dfrac{1}{\eta(1-u)}\ln\dfrac{\eta|s(0)|^{1-u}+L}{L}$。

综上，定理 4.5 得证。

4.4.6　仿真结果及分析

将上述方法应用到分数阶水轮机调节系统，滑模面参数取为：$k_1=50$、$k_2=1$、$u=0.2$，控制器参数取为：$\eta=10$、$L=0.01$、$r=0.2$。系统状态变量的初值取为：$[0, 0, \pi/6, 0]$。

根据式（4.52），代入各个参数，得水轮机调节系统的滑模面为

$$s_i(t)=D^{0.98-1}x_i+D^{-1}[50x_i+\ln^{0.2}(|x_i|+1)\mathrm{sat}(x_i)], i=1,2,3,4 \tag{4.72}$$

根据式（4.67），控制器为

$$\begin{cases} u_1(t)=-[f(x_1)+50x_1+\ln^{0.2}(|x_1|+1)\mathrm{sat}(x_1) \\ \qquad +10s_1+(0.1+0.01|s_1|^{0.2})\mathrm{sign}(s_1)] \\ u_2(t)=-[f(x_2)+50x_2+\ln^{0.2}(|x_2|+1)\mathrm{sat}(x_2) \\ \qquad +10s_2+(0.1+0.01|s_2|^{0.2})\mathrm{sign}(s_2)] \\ u_3(t)=-[f(x_3)+50x_3+\ln^{0.2}(|x_3|+1)\mathrm{sat}(x_3) \\ \qquad +10s_3+(0.1+0.01|s_3|^{0.2})\mathrm{sign}(s_3)] \\ u_4(t)=-[f(x_4)+50x_4+\ln^{0.2}(|x_4|+1)\mathrm{sat}(x_4) \\ \qquad +10s_4+(0.1+0.01|s_4|^{0.2})\mathrm{sign}(s_4)] \end{cases} \tag{4.73}$$

加入控制器后，系统各状态变量的时域图如图 4.4 所示。

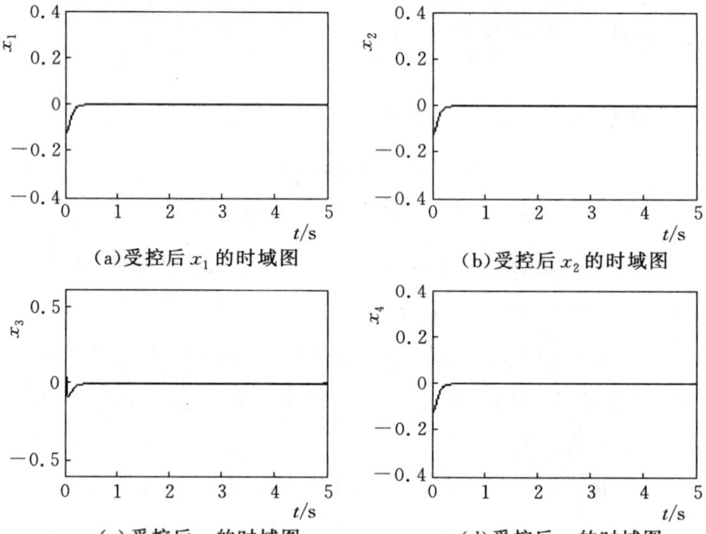

图 4.4　受控后各状态变量的时域图

由图 4.4 可知，加入控制器后系统状态变量在有限时间内快速稳定到 [0，0，0，0]。

思考	还有哪些微分方程稳定性理论可以推广应用到分数阶系统中？

4.5　时滞水轮机调节系统的滑模控制

4.5.1　机械时滞水轮机调节系统的滑模控制

4.5.1.1　机械时滞水轮机调节系统模型

考虑到液压伺服系统具有很强的历史依赖性和机械惯性，引入了带时滞的分数阶液压伺服系统：

$$D_t^{\alpha}y(t)=-\frac{1}{T_y}y(t-\tau) \tag{4.74}$$

结合式（4.37）和式（4.74），时滞分数阶水轮机调节系统数学模型表示为

$$\begin{cases}\dot{\delta}(t)=\omega_0\omega(t)\\ \dot{\omega}(t)=\dfrac{1}{T_{ab}}\left[m_t-D\omega(t)-\dfrac{E'_qV_s}{x'_{d\Sigma}}\sin\delta(t)-\dfrac{V_s^2}{2}\dfrac{x'_{d\Sigma}-x_{q\Sigma}}{x'_{d\Sigma}x_{q\Sigma}}\sin2\delta(t)\right]\\ \dot{m}_t(t)=\dfrac{1}{e_{qh}T_w}\left[-m_t+e_yy(t-\tau)+\dfrac{ee_yT_w}{T_y}y(t-\tau)\right]\\ D_t^{\alpha}y(t)=-\dfrac{1}{T_y}y(t-\tau)\end{cases}\tag{4.75}$$

为了模拟水轮机调节系统在实际运行中，受到电网负荷大小不确定性变化影响，加入如下的随机扰动：

$$d_1(t)=d_3(t)=0.1\text{rand}(1)$$
$$d_2(t)=d_4(t)=0.2\text{rand}(1)$$

水轮机调节系统各参数值选取如下：

$\omega_0=314\text{rad/s}$，$T_{ab}=9.0\text{s}$，$D=2.0$，$E'_q=1.35$，$T_w=0.8\text{s}$，$T_y=0.1\text{s}$，$x'_{d\Sigma}=1.15$，$x_{q\Sigma}=1.474$，$V_s=1.0$，$e=0.7$，$e_{qh}=0.5$，$e_y=1.0$，$\alpha=0.98$。

时滞水轮机调节系统状态变量的初值取为：$x=[0.01,\ 0.01,\ 0.01,\ 0.01]^T$，通过 Matlab 仿真，可得时滞水轮机调节系统状态变量的时域图，如图 4.5 所示。

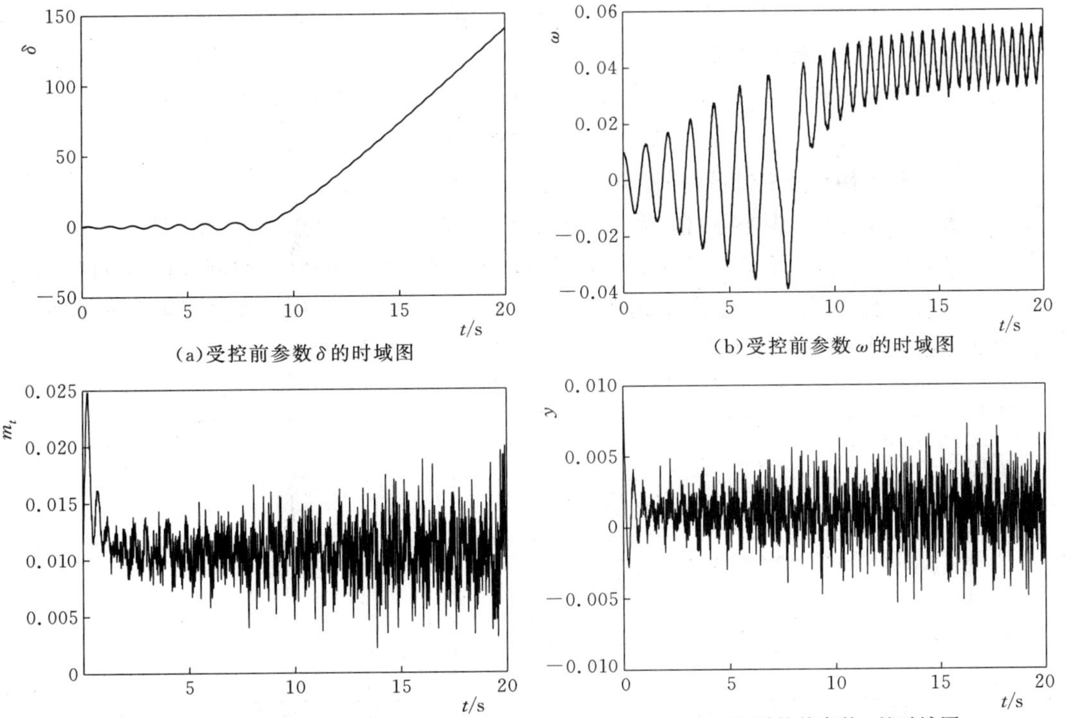

(a)受控前参数 δ 的时域图　(b)受控前参数 ω 的时域图

(c)受控前参数 m_t 的时域图　(d)受控前参数 y 的时域图

图 4.5　时滞系统受控前状态变量的时域图

观察时域图可知，此时滞水轮机调节系统各个参数的状态轨迹发散，系统此时不稳

定，需要控制器的介入。

4.5.1.2　滑模面及控制器设计

为了能使分数阶系统在有限时间内达到稳定，接下来为分数阶水轮机调节系统设计合适的滑模面及控制器。首先选取如下形式的终端滑模面：

$$s_i(t)=D^{\alpha-1}x_i+D^{-1}[\lambda_1 x_i+\lambda_2 \ln^u(|x_i|+1)\mathrm{sat}(x_i)] \tag{4.76}$$

式中：x_i 为分数阶系统的状态变量，$i=1$，2，…，n；λ_1、λ_2、u 为上述滑模面的相关参数，并且满足条件 $\lambda_1>0$，$\lambda_2>0$，$0<u<1$。

对于系统（4.75）和滑模面（4.76），终端滑模控制策略可设计为

$$u_i(t)=-[f_i(x)+\lambda_1 x_i+\lambda_2 \ln^u(|x_i|+1)\mathrm{sat}(x_i) \\ +L|s_i|^r \mathrm{sign}(s_i)+\xi \mathrm{sign}(s_i)+\xi_1 s_i] \tag{4.77}$$

式中：L、r 为已知的控制器参数，并满足条件：$L>0$，$0<r<1$；ξ 为外部扰动的有界范围，满足条件：$\xi=[\xi_1, \xi_2, \xi_3, \xi_4]=[0.1, 0.1, 0.1, 0.1]$；$u_i(t)$ 为控制输入，$u_i(t)=[u_1(t), u_2(t), u_3(t), u_4(t)]^T=[0, 0, 0, u_4(t)]^T$。

4.5.1.3　仿真

滑模面参数选取为：$\lambda_1=50$、$\lambda_2=1$、$u=0.2$，控制器参数选取为：$\lambda_1=50$、$\lambda_2=1$、$L=0.01$、$u=r=0.2$、$\xi_1=10$。

将给定的各个参数取值代入式（4.76），可得时滞分数阶水轮机调节系统的滑模面为

$$s_4(t)=D^{0.98-1}x_4+D^{-1}[50x_4+\ln^{0.2}(|x_4|+1)\mathrm{sat}(x_4)] \tag{4.78}$$

根据式（4.77），控制器形式为

$$u_4(t)=-[f(x_4)+50x_4+\ln^{0.2}(|x_4|+1)\mathrm{sat}(x_4) \\ +0.01|s_1|^{0.2}\mathrm{sign}(s_1)+0.1\mathrm{sign}(s_1)+10s_4] \tag{4.79}$$

情况 1：不同初值下控制器控制效果。

这一小节中，通过观察初值为 $x=[0.005, 0.005, 0.005, 0.005]^T$、$x=[0.01, 0.01, 0.01, 0.01]^T$ 以及 $x=[0.015, 0.015, 0.015, 0.015]^T$ 时控制器的控制效果，验证控制器的有效性，系统状态轨迹如图 4.6～图 4.8 所示。表 4.1 给出了不同初始值下系统状态轨迹的最大偏差和稳定时间。

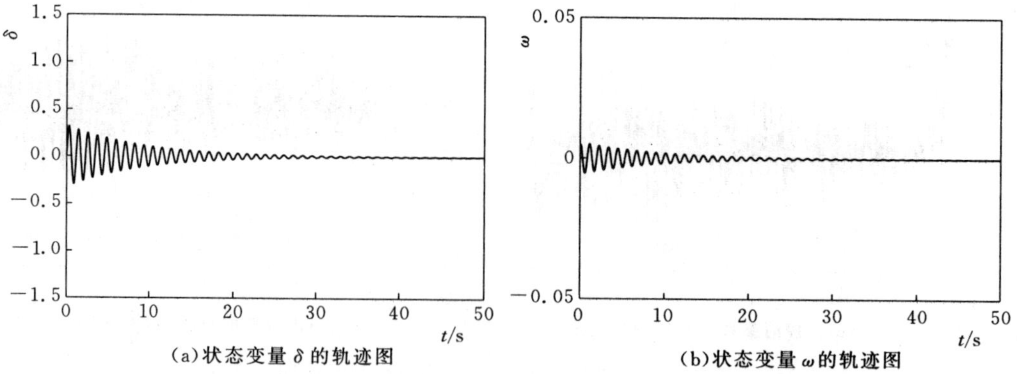

(a)状态变量 δ 的轨迹图　　(b)状态变量 ω 的轨迹图

图 4.6（一）　初值为 $x=[0.005, 0.005, 0.005, 0.005]^T$ 时系统状态轨迹

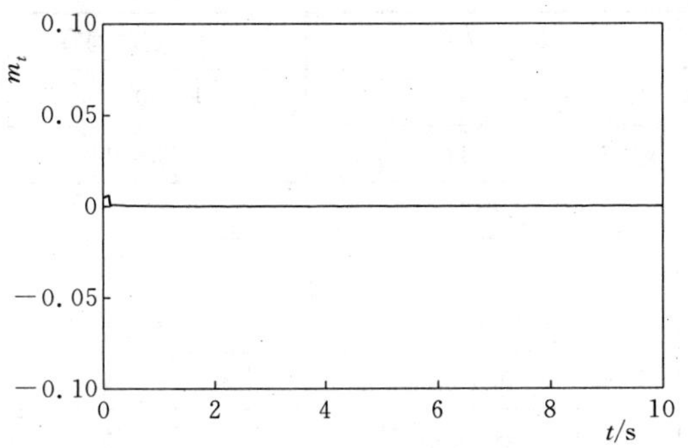

(c)状态变量m_t的轨迹图

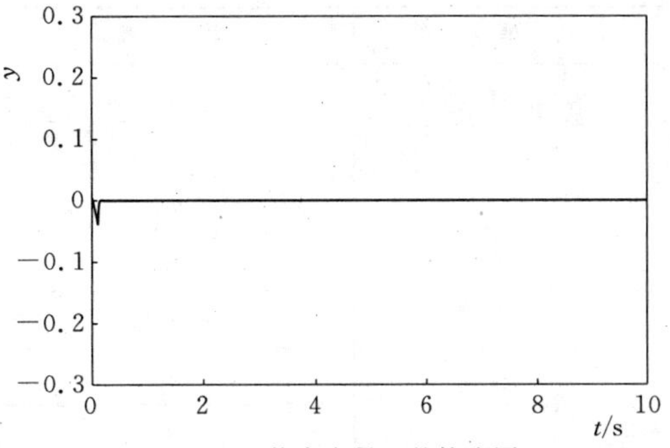

(d)状态变量 y 的轨迹图

图 4.6（二） 初值为 $x=[0.005, 0.005, 0.005, 0.005]^T$ 时系统状态轨迹

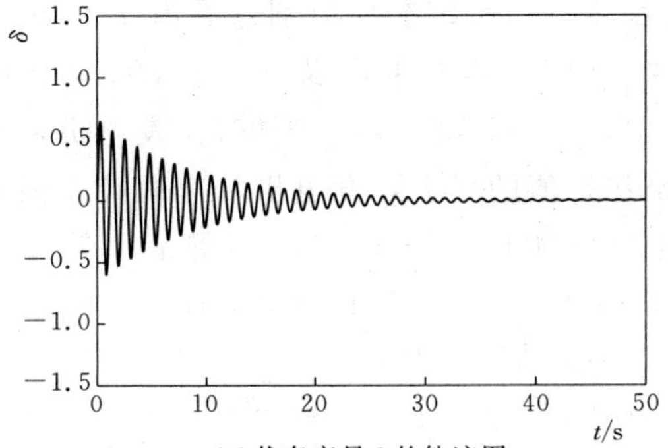

(a)状态变量δ的轨迹图

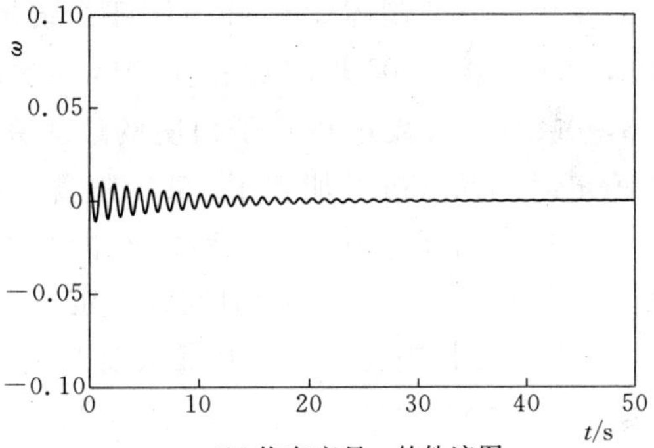

(b)状态变量ω的轨迹图

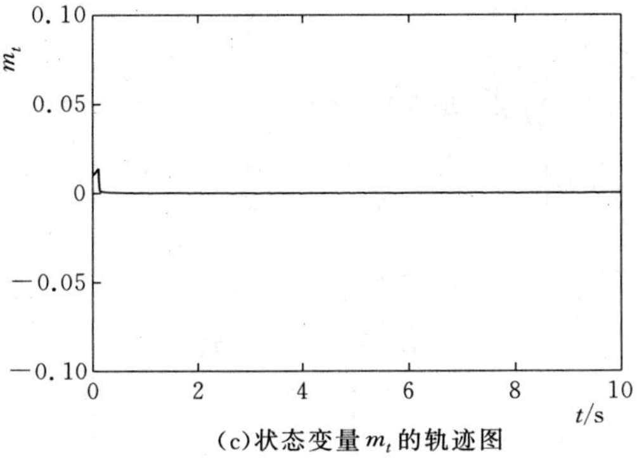

(c)状态变量m_t的轨迹图

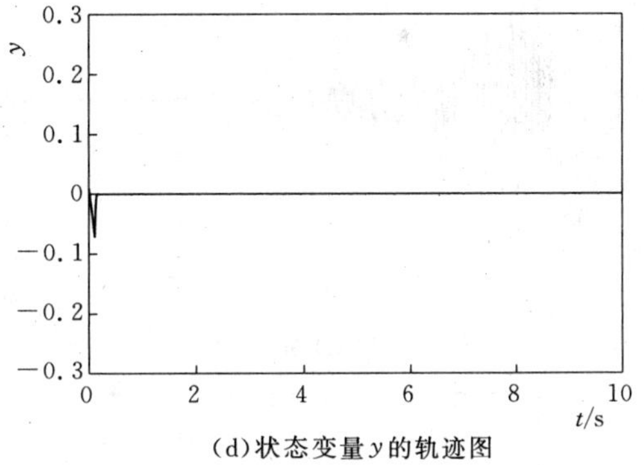

(d)状态变量y的轨迹图

图 4.7 初值为 $x=[0.01, 0.01, 0.01, 0.01]^T$ 时系统状态轨迹

表 4.1　　不同初始值下的最大偏差和稳定时间

初　值	状态变量	最大偏差	稳定时间/s
0.005	δ	0.317	38.00
	ω	−0.006	20.00
	m_t	0.006	1.20
	y	−0.040	0.20

续表

初　值	状态变量	最大偏差	稳定时间/s
0.010	δ	0.644	40.00
	ω	−0.011	27.00
	m_t	0.014	0.80
	y	−0.072	0.24
0.015	δ	0.967	45.00
	ω	−0.015	35.00
	m_t	0.024	1.90
	y	−0.091	0.26

仿真结果显示，随着初始值的增加，尽管系统状态轨迹的最大偏差和稳定时间有不同程度的变化，但控制器始终可以保证系统的稳定。当系统初值分别选取为 $x=[0.005, 0.005, 0.005, 0.005]^T$、$x=[0.01, 0.01, 0.01, 0.01]^T$ 以及 $x=[0.015, 0.015, 0.015, 0.015]^T$，发电机转子角度的最大偏差从 0.317 增大到了 0.967。发电机转子角度的稳定时间从 38s 增加到了 45s。随着系统初始值的增大，发电机转速的最大偏差从 −0.006 增大到了 −0.015，稳定时间增加了大约 15s。水轮机转矩的最大偏差值由 0.006 增长到了 0.024，稳定时间在一定范围内波动。主接力器行程稳定时间由 0.2s 增加到了 0.26s，增长幅度较小，其最大偏差从 −0.04 增加到 −0.091。

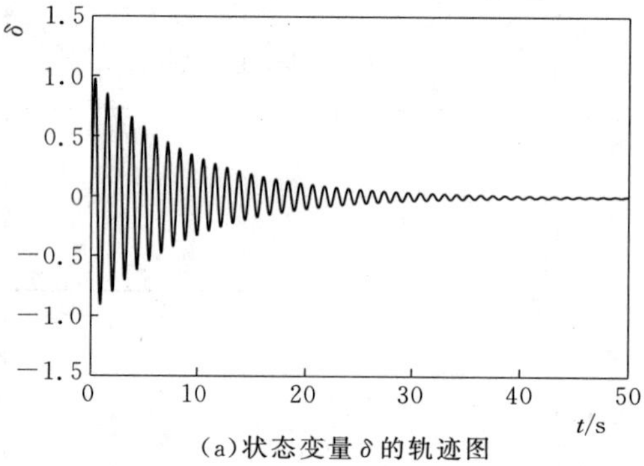

(a)状态变量 δ 的轨迹图

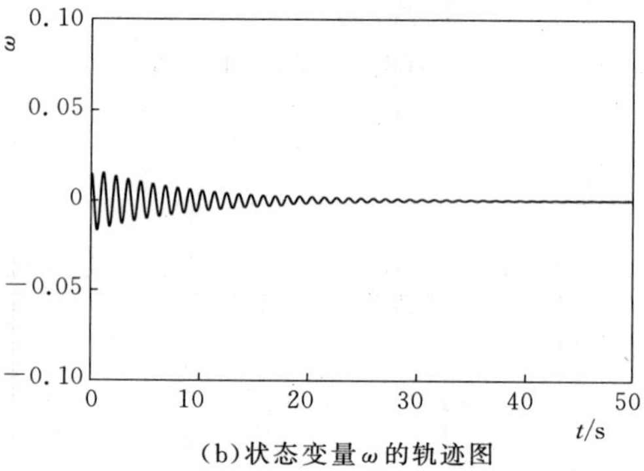

(b)状态变量 ω 的轨迹图

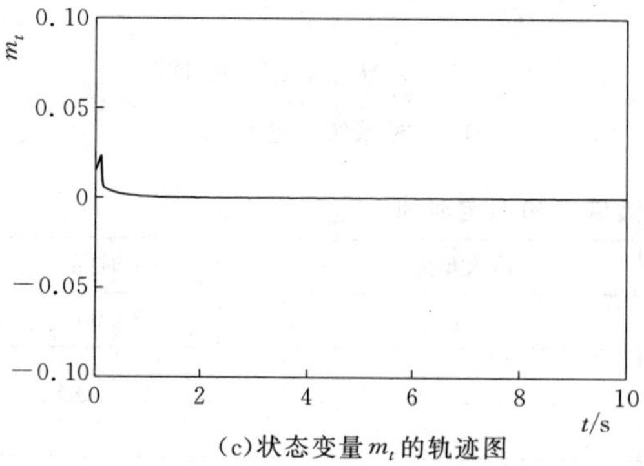

(c)状态变量 m_t 的轨迹图

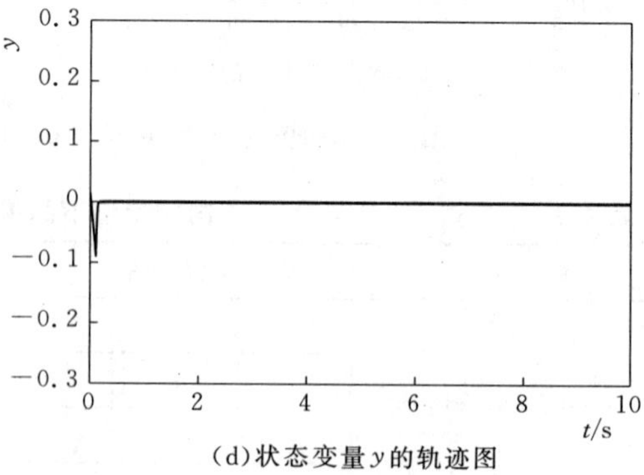

(d)状态变量 y 的轨迹图

图 4.8　初值为 $x=[0.015, 0.015, 0.015, 0.015]^T$ 时系统状态轨迹

仿真结果表明，有限时间控制器对初值有较好的适应能力，尽管系统的稳定时间及最大偏差值有不同程度的增长，但总体来看系统的稳定性没有被破坏。

情况 2：不同控制器比较（与 PID 控制比较）。

如图 4.9 和图 4.10 所示，观察仿真结果可以发现，在发电机转子角度及发电机转速两方面，PID 控制具有一定的优势，最大偏差及稳定时间均明显优于有限时间控制。在水轮机转矩及最为关键的主接力器行程两方面，有限时间控制则有着明显的优势，最大偏差及稳定时间差距很大。因此综合考虑下，有限时间控制相比较于 PID 控制可以进一步优化系统的过渡过程，提高系统的抗干扰能力。

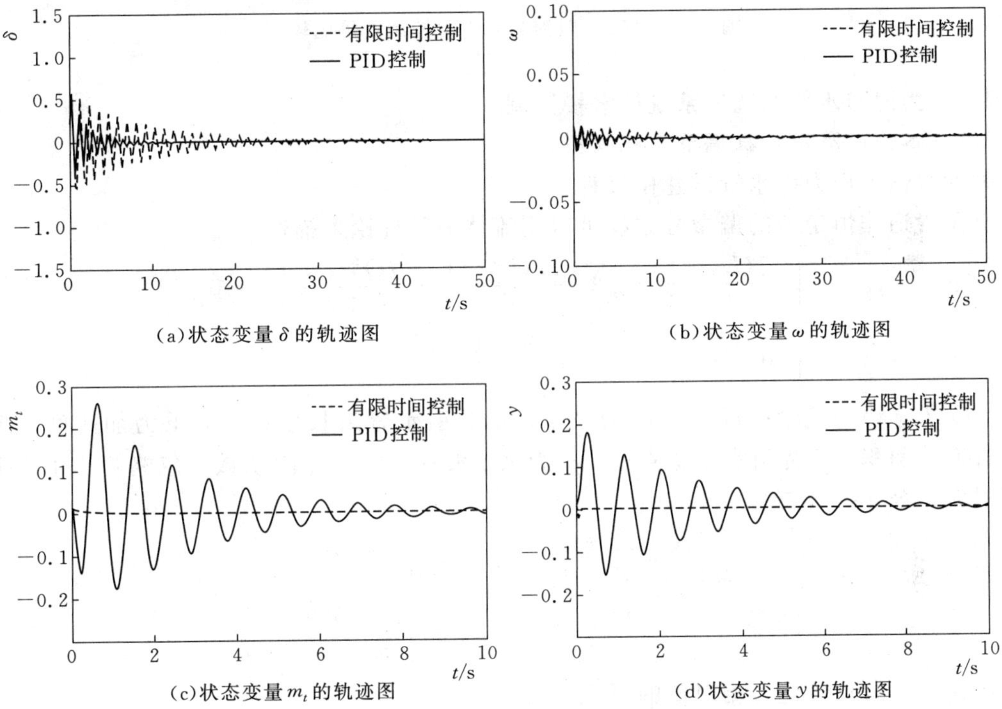

(a)状态变量 δ 的轨迹图 (b)状态变量 ω 的轨迹图

(c)状态变量 m_t 的轨迹图 (d)状态变量 y 的轨迹图

图 4.9 时滞为 0.05 时控制效果比较图

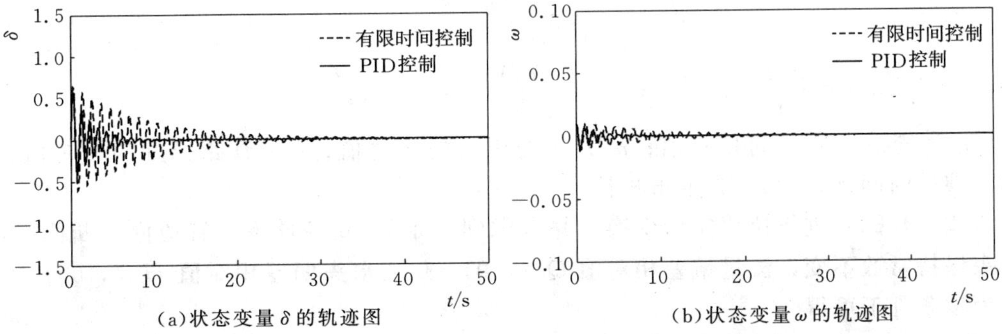

(a)状态变量 δ 的轨迹图 (b)状态变量 ω 的轨迹图

图 4.10（一） 时滞为 0.1 时控制效果比较图

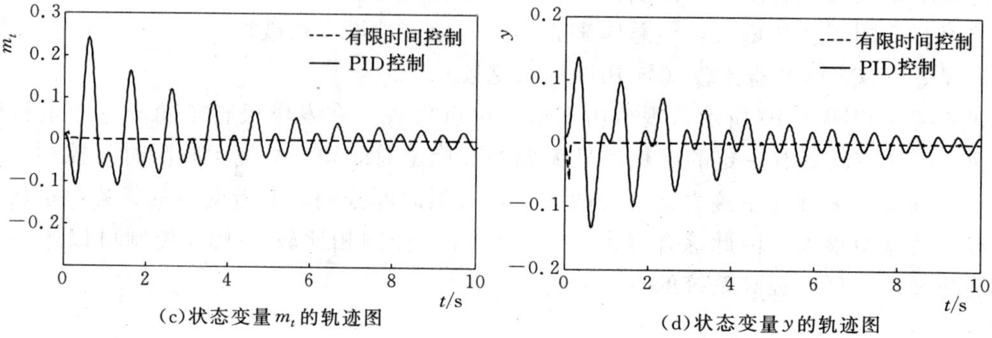

(c)状态变量m_t的轨迹图　　(d)状态变量y的轨迹图

图 4.10（二）　时滞为 0.1 时控制效果比较图

4.5.2　水力时滞水轮机调节系统的滑模控制

4.5.2.1　水力时滞水轮机调节系统模型

弹性水击下压力引水管道建模过程：

有压管道非恒定流的偏微分方程可以用流体力学理论来描述：

$$\begin{cases}\dfrac{\partial Q(L,\ t)}{\partial t}-gA\ \dfrac{\partial H(L,\ t)}{\partial L}+\dfrac{fQ^2(L,\ t)}{2dA}=0\\ gA\ \dfrac{\partial H(L,\ t)}{\partial t}-a^2\ \dfrac{\partial Q(L,\ t)}{\partial L}=0\end{cases}\tag{4.80}$$

式中：$Q(L,\ t)$为流量；$H(L,\ t)$为水压；L 为引水管道长度；g 为重力加速度；A 为引水管道截面积；d 为引水管道直径；a 为水击波速；f 为摩阻系数。忽略管道中水流的摩擦阻力，令 $f=0$，有：

$$\begin{cases}\dfrac{\partial Q(L,\ t)}{\partial t}=gA\ \dfrac{\partial H(L,\ t)}{\partial L}\\ a^2\ \dfrac{\partial Q(L,\ t)}{\partial L}=gA\ \dfrac{\partial H(L,\ t)}{\partial t}\end{cases}\tag{4.81}$$

将式（4.81）转化为相对值的形式，为

$$\begin{cases}T_w\ \dfrac{\partial q}{\partial t}=\dfrac{\partial h}{\partial l}\\ \dfrac{4T_w}{T_r^2}\ \dfrac{\partial q}{\partial l}=\dfrac{\partial h}{\partial t}\end{cases}\tag{4.82}$$

其中，$q=\dfrac{\Delta Q}{Q}$，$h=\dfrac{\Delta H}{H}$，$l=\dfrac{\Delta L}{L}$，$T_w=\dfrac{LQ}{gAH}$，$T_r=\dfrac{2L}{a}$。

式中：q 为管道中流量的相对值；h 为水击压力的相对值；l 为管路长度的相对值；T_w 为水流惯性时间常数；T_r 为水击相长。

对式（4.82）进行拉普拉斯变换，并考虑到初始 $t=0$ 条件下，管道内各断面的流量及水头保持常数不变，流量偏差相对值 $Q(l,\ 0)=0$ 及水头偏差相对值 $H(l,\ 0)=0$，即初始为零条件下可得

$$T_w sQ(l,s)=\frac{\mathrm{d}}{\mathrm{d}l}H(l,s)\tag{4.83}$$

$$\frac{4T_w}{T_r^2}\frac{\mathrm{d}}{\mathrm{d}l}Q(l,s)=sH(l,s) \tag{4.84}$$

求解上述微分方程组，经过简化处理和推导变换可以得出

$$H(l,s)=C_1e^{\left(\frac{T_r}{2}s\right)l}+C_2e^{-\left(\frac{T_r}{2}s\right)l} \tag{4.85}$$

$$Q(l,s)=\frac{1}{2h_w}\left[C_1e^{\left(\frac{T_r}{2}s\right)l}-C_2e^{-\left(\frac{T_r}{2}s\right)l}\right] \tag{4.86}$$

$$h_w=\frac{T_w}{T_r}=\frac{aQ}{2gAH} \tag{4.87}$$

式中：C_1、C_2 为待定系数；h_w 为管路特性系数。

$l=0$ 为管道出口端（水轮机端），有

$$H(0,s)=C_1+C_2 \tag{4.88}$$

$$Q(0,s)=\frac{1}{2h_w}(C_1-C_2) \tag{4.89}$$

$l=1$ 为管道进口端（水库端），并考虑到进口端（水库端）的水头始终保持不变，即 $H(1,\ s)=0$，有

$$H(1,s)=C_1e^{\frac{T_r}{2}s}+C_2e^{-\frac{T_r}{2}s}=0 \tag{4.90}$$

$$Q(1,s)=\frac{1}{2h_w}\left(C_1e^{\frac{T_r}{2}s}-C_2e^{-\frac{T_r}{2}s}\right) \tag{4.91}$$

由式（4.90）可得 $C_2=-C_1\dfrac{e^{\frac{T_r}{2}s}}{e^{-\frac{T_r}{2}s}}$，代入式（4.88）和式（4.89），可得

$$H(0,s)=-C_1\frac{e^{\frac{T_r}{2}s}-e^{-\frac{T_r}{2}s}}{e^{-\frac{T_r}{2}s}} \tag{4.92}$$

$$Q(0,s)=\frac{C_1}{2h_w}\frac{e^{\frac{T_r}{2}s}+e^{-\frac{T_r}{2}s}}{e^{-\frac{T_r}{2}s}} \tag{4.93}$$

由式（4.92）和式（4.93）可得弹性水击时引水系统传递函数：

$$G_h(s)=\frac{H(s)}{Q(s)}=\frac{H(0,s)}{Q(0,s)}=-2h_w\frac{e^{\frac{T_r}{2}s}-e^{-\frac{T_r}{2}s}}{e^{\frac{T_r}{2}s}+e^{-\frac{T_r}{2}s}}=-2h_w\frac{1-e^{-T_rs}}{1+e^{-T_rs}} \tag{4.94}$$

对式（4.94）进行简单变换可得

$$(1+e^{-T_rs})H(s)=-2h_w(1-e^{-T_rs})Q(s) \tag{4.95}$$

直接对式（4.95）进行频域拉普拉斯逆变换，可得到时滞代数方程：

$$h(t)=-h(t-T_r)+2h_wq(t-T_r)-2h_wq(t) \tag{4.96}$$

综合水轮机本体、发电机、有压引水管道、液压伺服系统四个部分的数学模型，可得如下的一类含水力时滞的混流式水轮机调节系统数学模型：

$$\begin{cases}\dot{\delta}(t)=\omega_0\omega(t)\\ \dot{\omega}(t)=\dfrac{1}{T_{ab}}\left[-D\omega(t)+e_y y(t)+e_h h(t)-\dfrac{E_q'V_s}{x_{d\Sigma}'}\sin\delta(t)-\dfrac{V_s^2}{2}\dfrac{x_{d\Sigma}'-x_{q\Sigma}}{x_{d\Sigma}'x_{q\Sigma}}\sin2\delta(t)\right]\\ \dot{y}(t)=-\dfrac{1}{T_y}y(t)\\ h(t)=-h(t-T_r)+2h_w[e_{q\omega}\omega(t-T_r)+e_{qy}y(t-T_r)+e_{qh}h(t-T_r)]\\ \qquad -2h_w[e_{q\omega}\omega(t)+e_{qy}y(t)+e_{qh}h(t)]\end{cases} \tag{4.97}$$

式中：δ 为发电机的转子角度；ω 为发电机转速的相对偏差；T_{ab} 为旋转部件的惯性时间常数；D 为发电机的阻尼系数；e_y 为水轮机转矩对主接力器行程的传递系数；y 为主接力器行程；e_h 为水轮机转矩对水头的传递系数；h 为水头；E_q'为 q 轴的暂态电动势；V_s 为电力系统无穷大系统母线电压；$x_{d\Sigma}'$为 d 轴的暂态电抗；$x_{q\Sigma}$ 为 q 轴的同步电抗；T_y 为主接力器行程的传递时间；h_w 为管道特性系数；$e_{q\omega}$ 为水轮机流量对转速的传递系数；e_{qy} 为水轮机流量对主接力器行程的传递系数；e_{qh} 为水轮机流量对水头的传递系数。

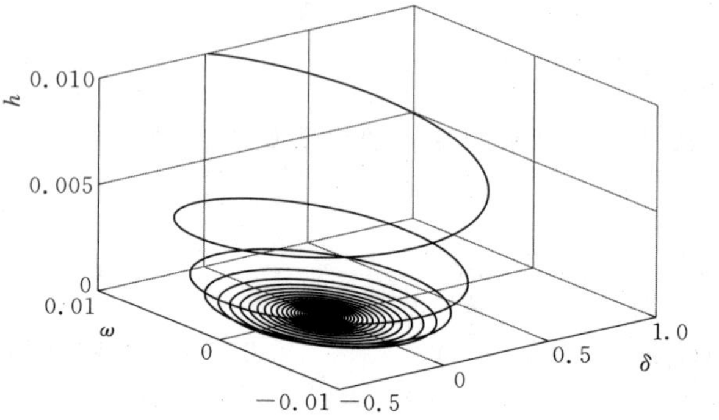

图 4.11　初值取 $x=[0.01, 0.01, 0.01, 0.01]^T$ 时水轮机调节系统三维相轨迹图

当时滞水轮机调节系统初值取 $x=[0.01, 0.01, 0.01, 0.01]^T$ 时，系统的三维相轨迹图如图 4.11 所示，系统的相轨迹图如图 4.12 所示，系统的状态轨迹图如图 4.13 所示。

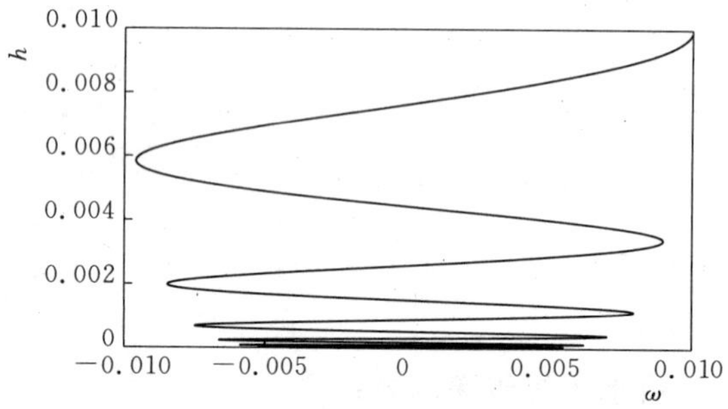

(a)状态变量 ω-h 的二维相轨迹图

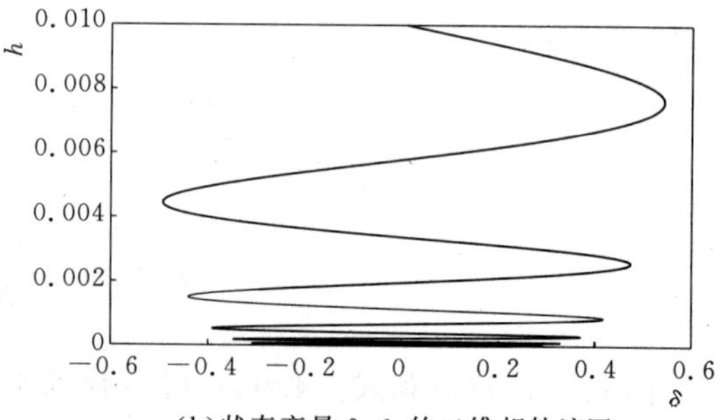

(b)状态变量 δ-h 的二维相轨迹图

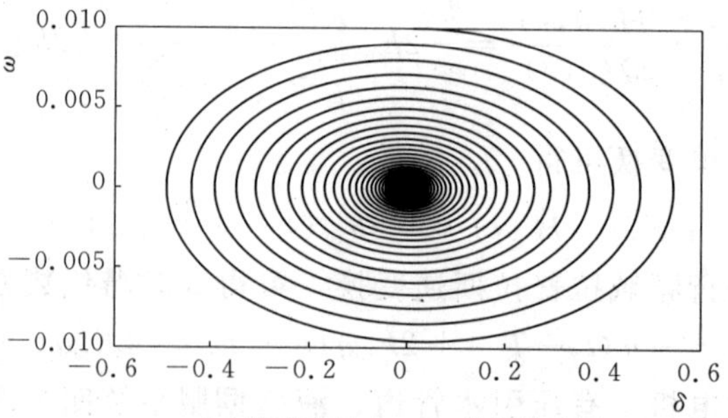

(c)状态变量 δ-ω 二维相轨迹图

图 4.12　初值取 $x=[0.01, 0.01, 0.01, 0.01]^T$ 时水轮机调节系统相轨迹图

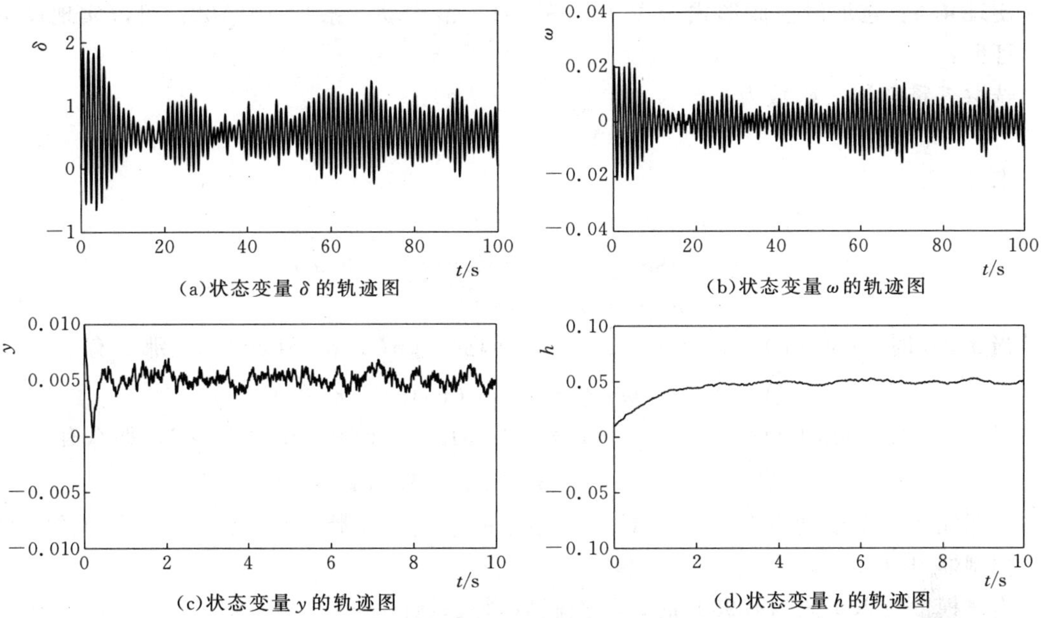

(a)状态变量 δ 的轨迹图　(b)状态变量 ω 的轨迹图

(c)状态变量 y 的轨迹图　(d)状态变量 h 的轨迹图

图 4.13　受控前时滞水轮机调节系统状态轨迹图

HTGS 的相轨迹图反映了系统的强非线性特性。此外，系统（4.97）的状态轨迹在启动条件下处于不规则振动和不稳定操作中。因此，有必要设计一种鲁棒的系统控制器。控制器应使系统在外界干扰的影响下保持稳定状态，可以为水电站的安全稳定运行提供保证。

4.5.2.2　滑模面及控制器设计

考虑随机扰动的影响，可将时滞水轮机系统抽象为如下的形式：

$$x(t)=f(x,t)+d(t)+u(t) \tag{4.98}$$

其中 $x(t)=[x_1(t),\ x_2(t),\ x_3(t),\ x_4(t)]^T$，$f(x,\ t)=[f(x_1,\ t),\ f(x_2,\ t),\ f(x_3,\ t),\ f(x_4,\ t)]^T$，$d(t)=[d_1(t),\ d_2(t),\ d_3(t),\ d_4(t)]^T$，$u(t)=[u_1(t),\ u_2(t),\ u_3(t),\ u_4(t)]^T$，分别代表状态变量、水轮机调节系统模型函数、随机扰动以及控制器输出。

针对时滞水轮机调节系统，可选取如下形式滑模面：

$$s(t)=x+D^{-1}[mx+n\tanh(x)] \tag{4.99}$$

式中：m、n 为已知的参数值，并且满足 $m>0$，$n>0$。

当系统到达平衡点时，滑模面满足如下方程：

$$\begin{cases} s(t)=0 \\ \dot{s}(t)=0 \end{cases} \tag{4.100}$$

即

$$\dot{s}=\dot{x}+[mx+n\tanh(x)]=0 \tag{4.101}$$

得

$$\dot{x}=-[mx+n\tanh(x)] \tag{4.102}$$

滑模动力系统（4.102）的稳定性将影响滑膜面（4.99）的收敛性，接下来对系统稳定性进行证明。

定理 4.6：选取滑模面形式为式（4.99）时，滑模动力系统（4.102）可以实现稳定。

证明：

选取李雅普诺夫函数为

$$V(t)=|x| \tag{4.103}$$

求导：

$$\begin{aligned}\dot{V}(t)&=\text{sign}(x)\dot{x}\\&=-m\,\text{sign}(x)x-n\,\text{sign}(x)\tanh(x)\\&=-m|x|-n\,\text{sign}(x)\tanh(x_i)\end{aligned} \tag{4.104}$$

当 $x>0$ 时，$\text{sign}(x)=1$，$\tanh(x_i)>0$，因此 $\text{sign}(x)\tanh(x)>0$，那么有

$$\dot{V}(t)=-m|x|-n\,\text{sign}(x)\tanh(x)<0$$

当 $x<0$ 时，$\text{sign}(x)=-1$，$\tanh(x_i)<0$，因此 $\text{sign}(x)\tanh(x)>0$，那么有

$$\dot{V}(t)=-m|x|-n\,\text{sign}(x)\tanh(x)<0$$

证明完毕，滑模动力系统（4.102）是稳定的系统，即滑模面（4.99）可以收敛到零。

控制器设计：

当滑模面选取为式（4.99）时，将控制器形式设计为

$$u=-[f(x)+d(t)+mx+n\tanh(x)]-\lambda_1\text{sig}(s)^{m/n}-\lambda_2\text{sig}(s)^{p/q} \tag{4.105}$$

其中 $|d(t)|<\zeta$，$\zeta>0$，并且 $\lambda_1>0$，$\lambda_2>0$，$\text{sig}(s)^{m/n}=|s|^{m/n}\text{sign}(s)$。

控制器（4.105）可以等效为

$$u=-[f(x)+\zeta+mx+n\tanh(x)]-\lambda_1\text{sig}(s)^{m/n}-\lambda_2\text{sig}(s)^{p/q} \tag{4.106}$$

4.5.2.3　系统固定时间稳定性证明

首先给出如下引理。

引理 4.2：考虑如下系统：

$$\dot{\omega}=-\beta\omega^{m/n}-\gamma\omega^{p/q},\omega(0)=\omega_0 \tag{4.107}$$

式中：$\beta>0$，$\gamma>0$；p、q、m、n 为正整数，且满足 $p<q$，$m>n$。

系统（4.107）在平衡点上是固定时间稳定的，其收敛时间的上界为

$$T<\frac{1}{\beta}\frac{n}{m-n}+\frac{1}{\gamma}\frac{q}{q-p} \tag{4.108}$$

定理 4.7：在滑模面（4.99）及控制器（4.106）的作用下，系统（4.97）将在固定时间内收敛到零。

选取李雅普诺夫函数：

$$V(t)=|s| \tag{4.109}$$

求导：

$$\begin{aligned}\dot{V}(t)&\leqslant\text{sign}(s)\dot{s}\\&=\text{sign}(s)[\dot{x}+mx+n\tanh(x)]\\&=\text{sign}(s)[f(x,t)+d(t)+u(t)+mx+n\tanh(x)])\\&=\text{sign}(s)\{f(x,t)+d(t)-[f(x)+\zeta+mx+n\tanh(x)]\\&\quad-\lambda_1\text{sign}(s)^{m/n}-\lambda_2\text{sign}(s)^{p/q}+mx+n\tanh(x)\}\\&=\text{sign}(s)[d(t)-\zeta-\lambda_1\text{sign}(s)^{m/n}-\lambda_2\text{sign}(s)^{p/q}]\end{aligned}$$

$$
\begin{aligned}
&\leqslant \operatorname{sign}(s)\left[-\lambda_1 \operatorname{sign}(s)^{m/n}-\lambda_2 \operatorname{sign}(s)^{p/q}\right]+|d(t)|-|\zeta| \\
&\leqslant \operatorname{sign}(s)\left[-\lambda_1 \operatorname{sign}(s)^{m/n}-\lambda_2 \operatorname{sign}(s)^{p/q}\right] \\
&=\operatorname{sign}(s)\left[-\lambda_1 |s|^{m/n} \operatorname{sign}(s)-\lambda_2 |s|^{p/q} \operatorname{sign}(s)\right] \\
&=-\lambda_1 |s|^{m/n}-\lambda_2 |s|^{p/q} \\
&=-\lambda_1 V^{m/n}-\lambda_2 V^{p/q}
\end{aligned} \tag{4.110}
$$

根据引理4.2，时滞水轮机调节系统可以在固定时间内收敛为零，稳定时间的上界为：$T<\frac{1}{\lambda_1}\frac{n}{m-n}+\frac{1}{\lambda_2}\frac{q}{q-p}$。

4.5.2.4 仿真

为了验证本书所设计的滑模面及控制器的有效性，分别对比不同初值、不同时滞及不同控制器参数下系统状态变量轨迹图，并选取一类有限时间滑模控制器进行比较，观察控制器的控制效果。

相关参数选取为：$\omega_0=314\mathrm{rad/s}$，$T_{ab}=9.0\mathrm{s}$，$D=2.0$，$e_y=1.0$，$e_h=1.5$，$E'_q=1.25$，$V_s=1.0$，$x'_{d\Sigma}=1.15$，$x_{q\Sigma}=1.474$，$T_y=0.1\mathrm{s}$，$h_w=0.5$，$e_{q\omega}=0$，$e_{qy}=1.0$，$e_{qh}=0.5$。考虑到水轮机调节系统在实际运行中始终受功率负载不确定性变化的影响，仿真时加入如下随机扰动模拟负载变化对系统稳定性的影响：$d(t)=0.1\mathrm{rand}(1)$。

（1）情况1：初值的影响。

滑模面及控制器参数选取为：$b_1=b_2=100$，$\lambda_1=\lambda_2=0.1$，$m=6$，$n=1$，$p=2$，$q=7$，通过改变系统的初值观察控制器的控制效果。当时滞水轮机调节系统初值分别选取为：$x=[0.01,0.01,0.01,0.01]^T$，$x=[0.02,0.02,0.02,0.02]^T$以及$x=[0.03,0.03,0.03,0.03]^T$时，时滞量选取为$\tau=0.1$。系统的状态轨迹如图4.14～图4.16所示。表4.2给出了不同初值下状态轨迹的最大偏差值及稳定时间。

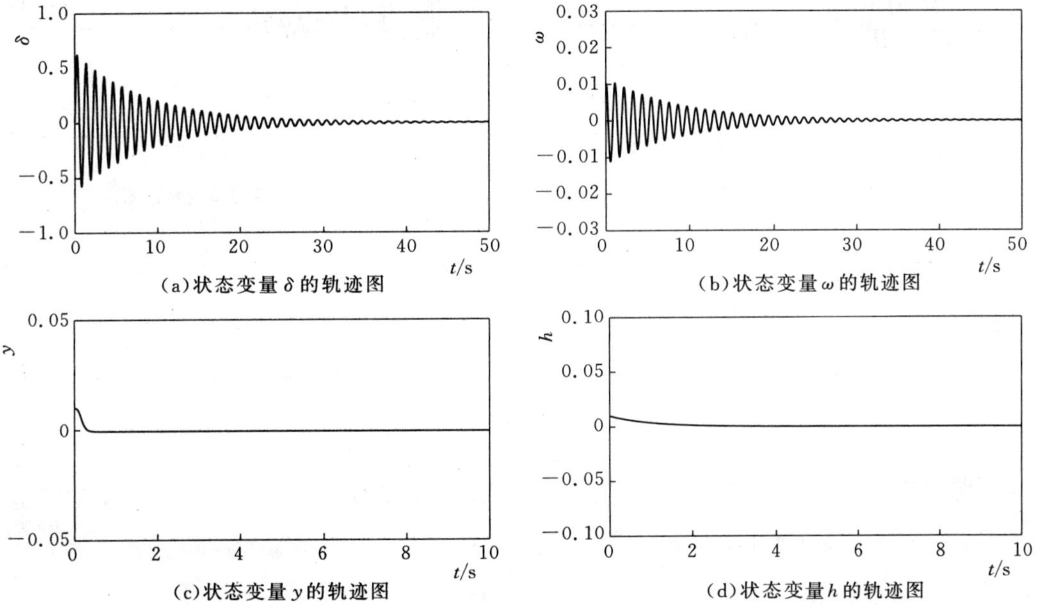

图4.14 初值为$x=[0.01,0.01,0.01,0.01]^T$时时滞水轮机调节系统状态轨迹

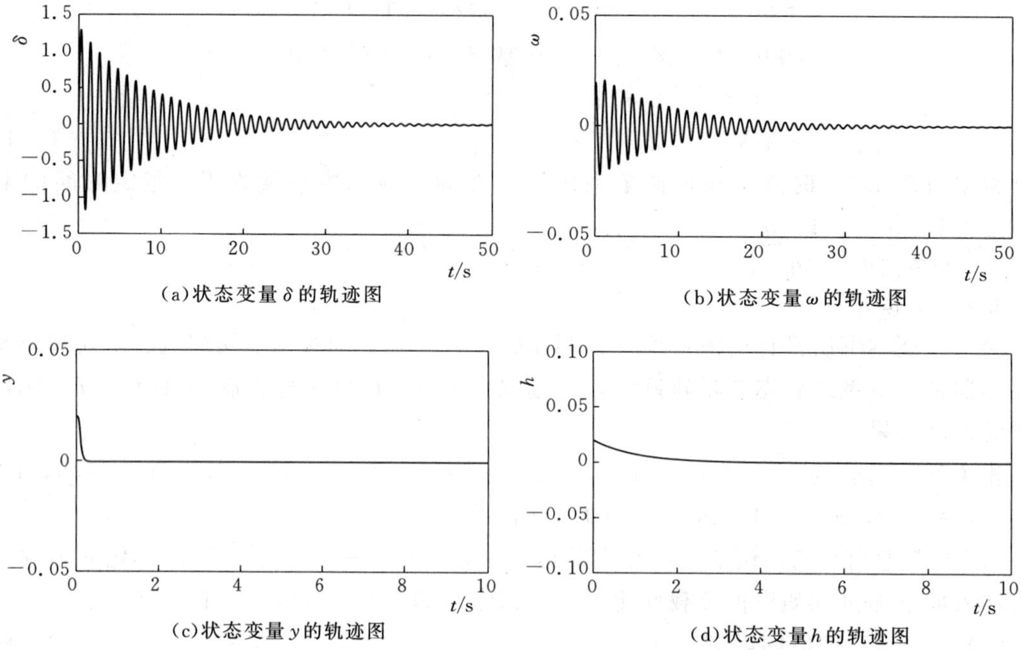

(a)状态变量 δ 的轨迹图　　(b)状态变量 ω 的轨迹图

(c)状态变量 y 的轨迹图　　(d)状态变量 h 的轨迹图

图 4.15　初值为 $x=[0.02,\ 0.02,\ 0.02,\ 0.02]^T$ 时时滞水轮机调节系统状态轨迹

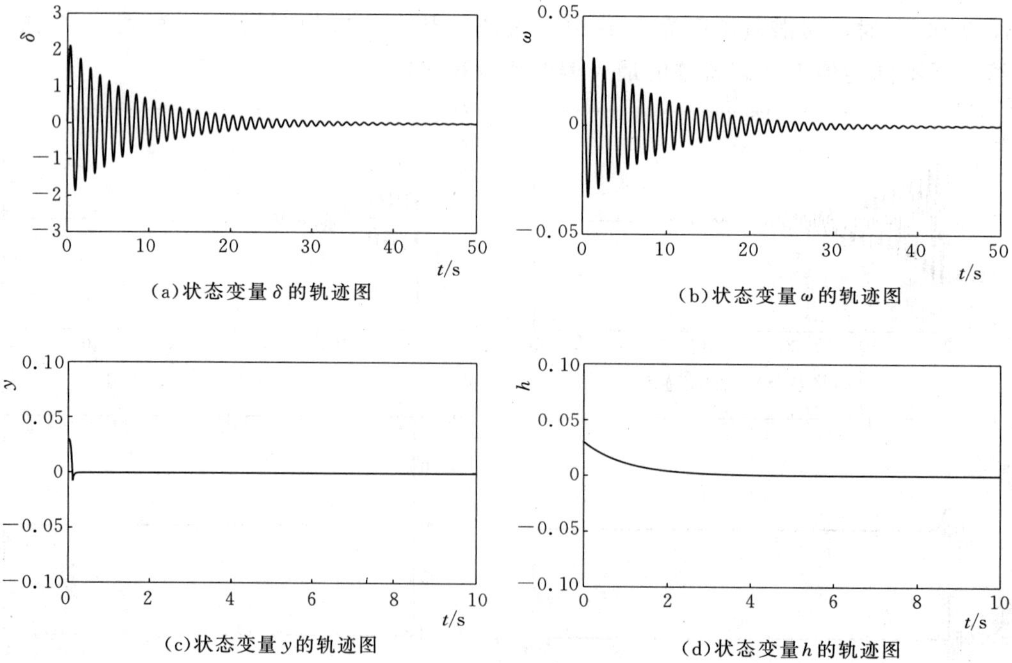

(a)状态变量 δ 的轨迹图　　(b)状态变量 ω 的轨迹图

(c)状态变量 y 的轨迹图　　(d)状态变量 h 的轨迹图

图 4.16　初值为 $x=[0.03,\ 0.03,\ 0.03,\ 0.03]^T$ 时时滞水轮机调节系统状态轨迹

表 4.2　　　不同初始值下的最大偏差和稳定时间

初　值	状态变量	最大偏差	稳定时 间/s
0.01	δ	0.627	>40
	ω	−0.01	>25
	y	0	0.4
	h	0	4.6
0.02	δ	1.296	>40
	ω	−0.022	>30
	y	0	0.4
	h	0	5.3
0.03	δ	2.117	>45
	ω	−0.033	>40
	y	−0.008	0.4
	h	0	5.7

首先，系统的稳态没有因为初始值的增加而被破坏。其次，系统状态轨迹的最大偏差和稳定时间有不同程度的变化。发电机转子角对初始值的变化很敏感，当系统初值分别选取为 $x=[0.01,0.01,0.01,0.01]^T$、$x=[0.02,0.02,0.02,0.02]^T$ 以及 $x=[0.03,0.03,0.03,0.03]^T$，发电机转子角的最大偏差从 0.627 增大到 1.296 和 2.117。最大偏差的增长率分别为 51.6%和 38.8%，发电机转子角的稳定时间也从 40s 左右增加到 45s。随着系统初始值的增大，发电机转速的最大偏差从−0.01 增大到−0.022 和−0.033。最大偏差增长率分别为 54.6%和 33.3%，稳定时间增加了大约 10s。主接力器行程和水头对系统初始值的变化不敏感。主接力器行程稳定时间稳定在 0.5s 左右。主接力器行程的最大偏差从 0 增加到−0.008。而随着系统初始值的增加，水头稳定时间变化不大。

仿真结果表明，该控制器对系统的不同初值具有良好的适应性，能够保证系统在不同初值下的固定时间稳定性。

(2) 情况 2：时滞的影响。

在本节中，验证了时滞变化对水轮机调节系统稳定性的影响。选取时滞为 0.1s、0.2s、0.3s 时系统的状态轨迹进行比较。滑模面及控制器参数选取为：$b_1=b_2=100$，$\lambda_1=\lambda_2=0.1$，$m=6$，$n=1$，$p=2$，$q=7$。表 4.3 给出了不同时滞值下状态轨迹的最大偏差值及稳定时间，水轮机调节系统状态轨迹如图 4.17 所示。

表 4.3　　　不同时滞下状态轨迹的最大偏差及稳定时间

时滞/s	状态变量	最大偏差	稳定时间/s
0.1	δ	0.629	35
	ω	−0.011	25
	y	0	0.6
	h	0	4.5

续表

时滞/s	状态变量	最大偏差	稳定时间/s
0.2	δ	0.840	35
	ω	−0.015	25
	y	−0.003	0.6
	h	0	4.5
0.3	δ	1.104	35
	ω	−0.019	25
	y	−0.028	0.75
	h	0	4.5

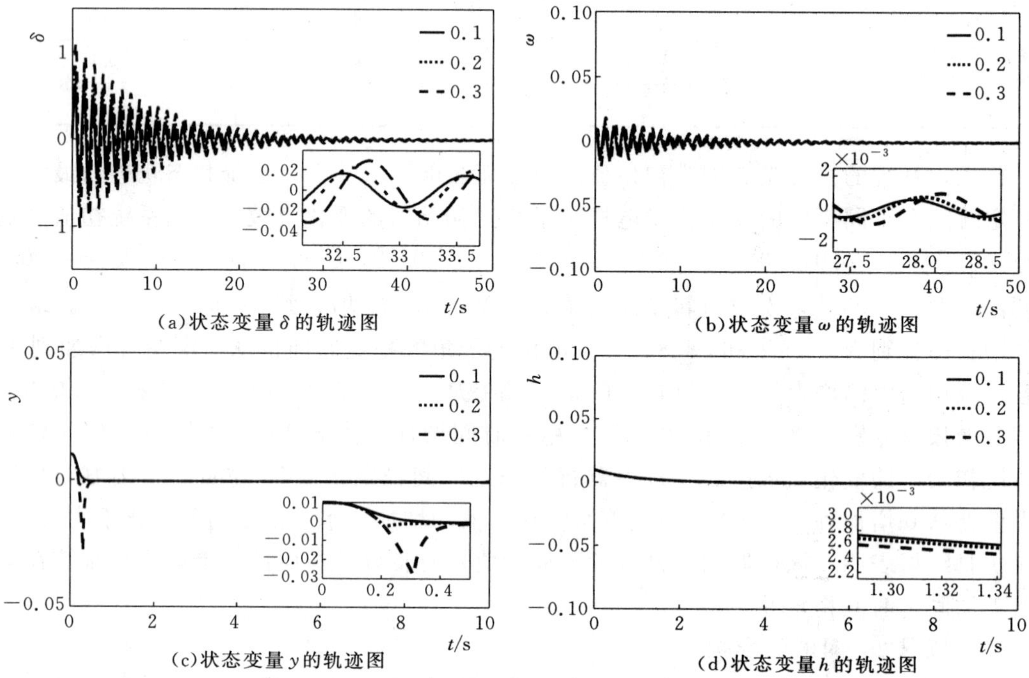

(a)状态变量δ的轨迹图　(b)状态变量ω的轨迹图

(c)状态变量y的轨迹图　(d)状态变量h的轨迹图

图 4.17　不同时滞下水轮机调节系统状态轨迹

观察仿真结果可以发现，随着时滞的增大，系统的稳定状态并未被破坏。发电机转子角度对时滞的变化非常敏感，分别选取时滞为$\tau=0.1$s、$\tau=0.2$s 和$\tau=0.3$s 时，发电机转子角度的最大偏差分别从 0.629 增大到 0.84 和 1.104，最大偏差的增长率分别为 25.1%和 23.9%，发电机转子角度稳定时间约为 35s。随着时滞的增大，发电机转速的最大偏差从−0.011 增大到−0.015 和−0.019。最大偏差的增长率分别为 26.7%和 21.1%，发电机转速的稳定时间约为 25s。水头对时滞的变化不敏感。不同时滞下水头的状态轨迹非常相似。当时滞分别为$\tau=0.1$s、$\tau=0.2$s 和$\tau=0.3$s 时，主接力器行程的最大偏差从 0 增加到−0.003 和−0.028，主接力器行程的稳定时间从 0.6s 增加到 0.75s。根据引理 4.2，系统应在 6s 内达到稳定。因此，在给定参数的前提下，稳定时间的上界在计算时间范围内，符合固定时间稳定的要求。水头对时滞变化不敏感，稳定时间变化不明显。

(3) 情况 3：控制器参数敏感性分析。

本节主要验证了滑模面和控制器参数对主接力器行程控制效果的影响。

首先，选取参数 $\lambda_1=\lambda_2=0.1$、$n=1$、$p=2$，当 $m=8$、$q=9$ 以及 $m=4$、$q=5$ 时，观察主接力器控制效果的不同，主接力器状态轨迹如图 4.18 所示。

其次，选取参数 $\lambda_1=\lambda_2=0.2$、$n=1$、$p=2$，当 $m=8$、$q=9$ 以及 $m=4$、$q=5$ 时，观察主接力器控制效果的不同，主接力器状态轨迹如图 4.19 所示。最后，主接力器在不同控制器参数下的行程误差见表 4.4。

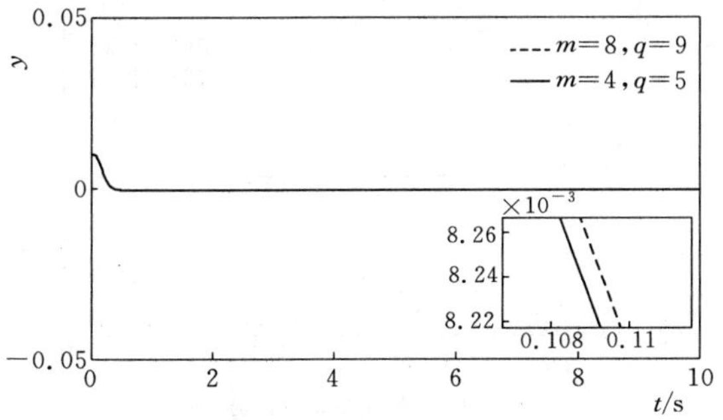

图 4.18 当 $\lambda_1=\lambda_2=0.1$ 时主接力器行程状态轨迹

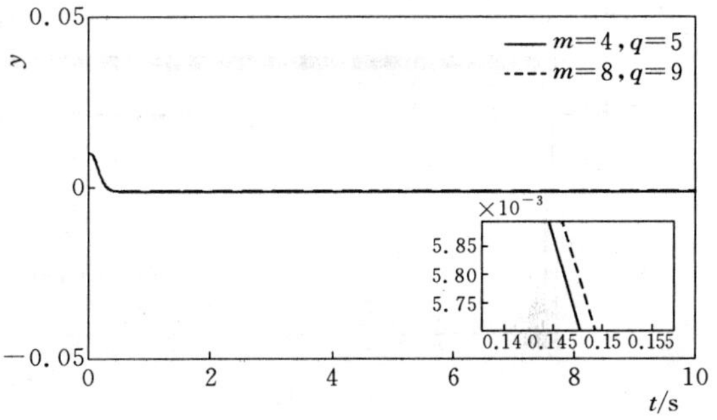

图 4.19 当 $\lambda_1=\lambda_2=0.2$ 时主接力器行程状态轨迹

表 4.4 不同控制器参数下主接力器行程误差

λ_1，λ_2	n，p	m，q	误 差
$\lambda_1=\lambda_2=0.1$	$n=1$，$p=2$	$m=8$，$q=9$	−0.0006
		$m=4$，$q=5$	−0.0006
$\lambda_1=\lambda_2=0.2$	$n=1$，$p=2$	$m=8$，$q=9$	−0.0011
		$m=4$，$q=5$	−0.0012

通过观察不同控制参数下主接力器行程的控制效果，可以发现主接力器行程的状态轨迹是相似的。当 λ_1 和 λ_2 为 0.1 时，主接力器行程稳定时间为 0.6s。选择 λ_1 和 λ_2 为 0.2 时，主接力器行程稳定时间为 0.45s。当 λ_1 和 λ_2 由 0.1 增加到 0.2 时，主接力器的行程误差增加了约−0.0005。当 λ_1、λ_2 和 n、p 的值固定时，改变 m 和 q 的值对误差量没有显著影响。由于主接力器行程误差的大小与 λ_1 和 λ_2 有直接关系，因此 λ_1 和 λ_2 的值不应太大。否则，主接力器行程误差将影响系统的稳定运行。

仿真结果表明，在控制器的作用下，主接力器行程的稳定时间在每组参数下计算的固定时间范围内，控制器具有良好的适应性。

(4) 情况 4：不同控制器比较。

本节选取一类有限时间控制器与固定时间控制器进行比较，以验证固定时间控制器的优越性。当水轮机调节系统初始值选择为 $x=[0.01, 0.01, 0.01, 0.01]^T$ 和 $x=[0.02, 0.02, 0.02, 0.02]^T$ 时，时滞选择为 $\tau=0.2$s，系统的状态轨迹如图 4.20 和图 4.21 所示。

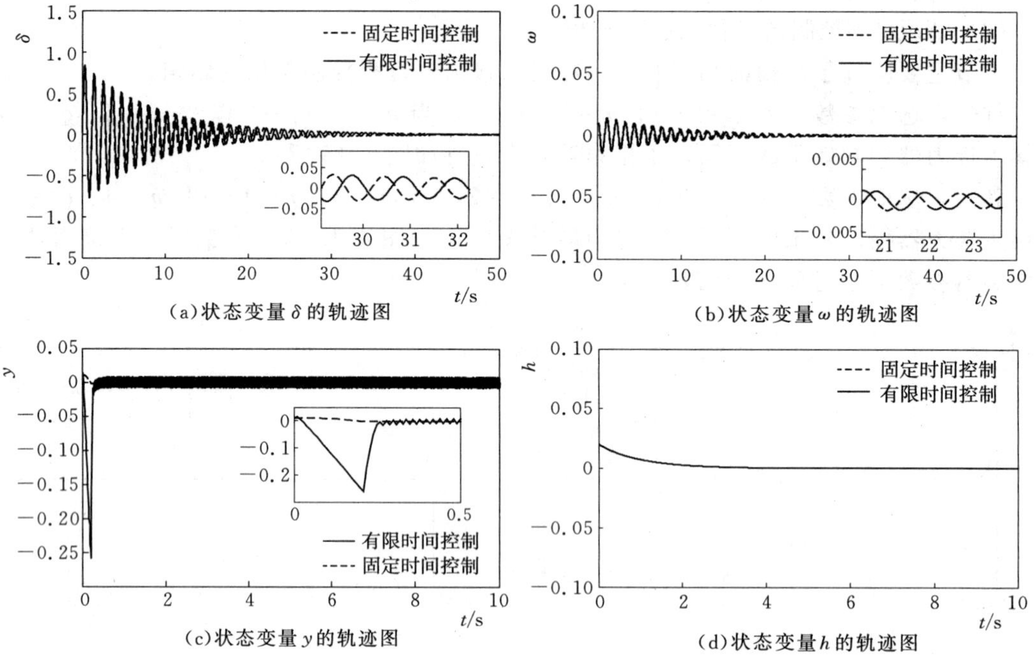

(a)状态变量 δ 的轨迹图　(b)状态变量 ω 的轨迹图

(c)状态变量 y 的轨迹图　(d)状态变量 h 的轨迹图

图 4.20　当 $x=[0.01,\ 0.01,\ 0.01,\ 0.01]^T$ 时时滞水轮机调节系统状态轨迹

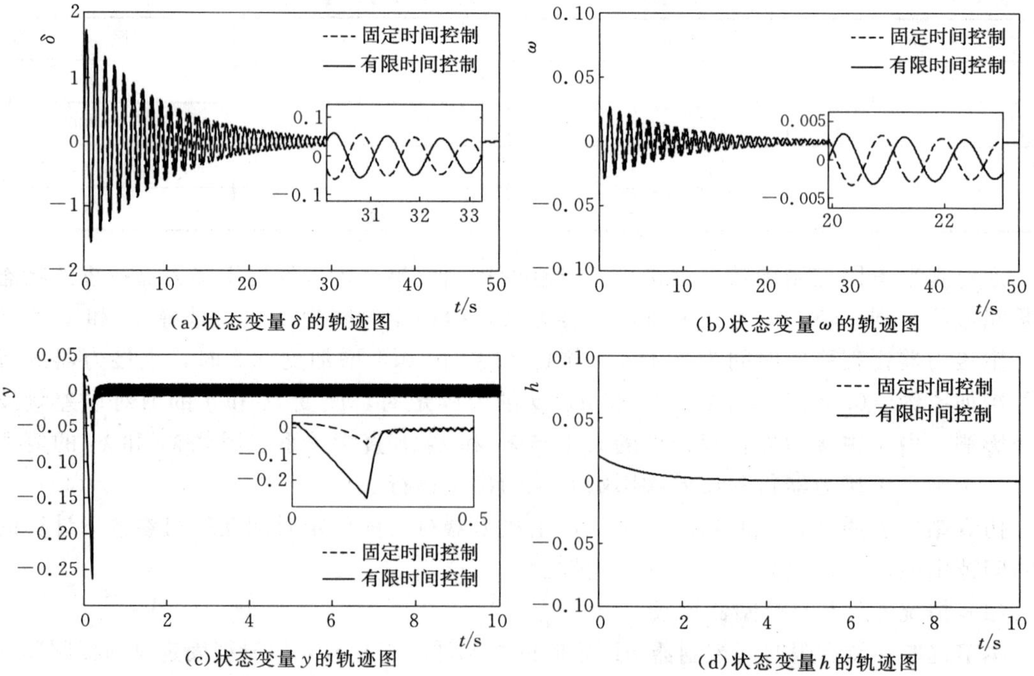

(a)状态变量 δ 的轨迹图　(b)状态变量 ω 的轨迹图

(c)状态变量 y 的轨迹图　(d)状态变量 h 的轨迹图

图 4.21　当 $x=[0.02,\ 0.02,\ 0.02,\ 0.02]^T$ 时时滞水轮机调节系统状态轨迹

在没有控制器作用的情况下，发电机转子角速度、发电机转速和水头的状态轨迹相似，最大偏差及稳定时间没有明显的区别。在不同控制器的作用下，主接力器行程的状态轨迹变化很大。仿真结果表明，在主接力器行程控制方面，固定时间控制器的控制过程更加平稳。状态轨迹稳定后，不存在明显的抖振。在固定时间控制器的作用下，主接力器行程的最大偏差从－0.003 增加到－0.058。随着初始值的增加，主接力器行程的稳定时间保持在 0.45s 左右。

在有限时间控制器的作用下，主接力器行程的最大偏差从－0.26 增加到－0.264。随着初始值的增加，主接力器行程的稳定时间从 0.5s 左右增加到 0.6s 左右。此外，状态轨迹稳定后存在周期性的反复振荡，不利于水轮机调节系统的稳定运行。因此，本小节设计的固定时间控制器具有明显的优越性。

思考	机械与水力时滞对调节系统控制效果有什么影响？

课后阅读

[1] Fridman L. Technical committee on variable structure and sliding mode control [J]. IEEE Control Systems Magazine，2018，38 (4)：17 - 18.

[2] 景亮，张忠阳，崔乃刚，等．固定时间收敛扰动观测终端滑模制导律设计 [J]. 系统工程与电子技术，2019，41 (8)：1820 - 1826.

[3] 陈鹏．时滞水轮机调节系统有限时间稳定性研究 [D]. 咸阳：西北农林科技大学，2021.

[4] HUANG S H，ZHOU B，BU S Q，et al. Robust fixed - time sliding mode control for fractional - order nonlinear hydro - turbine governing system [J]. Renewable Energy，2019，139：447 - 458.

[5] MA Teng，WANG Bin. Disturbance observer - based Takagi - Sugeno fuzzy control of a delay fractional - order hydraulic turbine governing system with elastic water hammer via frequency distributed model [J]. Information Sciences，2021，569：766 - 785.

课后思考题

(1) 什么叫有差调节？什么叫无差调节？各有什么特点？

(2) 过渡过程的动态品质常用指标有哪些？

(3) 目前大中型水电站上应用的调速器按照结构及工作原理的不同分为哪几类？

第5章　水轮机调节系统的有限时间模糊控制稳定性

5.1　研究背景及意义

在水电站中，水轮发电机是核心设备，承担着能量转换的重要任务。由于在水轮发电机系统中各个部分都十分复杂，可能存在着各种各样的干扰，很难建立非常准确的数学模型，因此，非线性系统的建模方面仍然需要进一步深入的研究。由于水轮机调节特性的固有复杂性，以及受到当时知识水平和计算机技术的限制，人们对于非线性系统的理论深度掌握不够，因此，大多数学者采用线性化的数学模型来描述水轮机调节系统的动态特性，并将其用在水轮机调节系统的分析研究中，但考虑到水轮发电机中某些环节（如压力引水管道、调速器等）的非线性特性，采用线性化数学模型必然不会得到理想的计算结果，与实际的运行情况相比可能会存在很大的差异，这将严重影响水电站的设计、建设和运行，因此，用非线性分析方法描述水轮机调节系统的模型显得十分有意义。另外，在早期的水轮发电机系统的建模中，大多数学者采用整数阶微积分来描述水轮发电机系统的动态特性，随着理论水平的提高，人们发现，整数阶微积分在描述实际的物理过程中存在一定的局限性，并不适合复杂的水轮发电机系统，而采用分数阶微分算法建立的模型比整数阶微分算法更能准确地反映系统的动态过程，因此，亟须建立分数阶微分描述的水轮发电机系统的数学模型。

对于微分系统来说，稳定运行状态是施加控制的最终目标。当正常运行的系统受到外界干扰时，总是期望在暂态的过渡过程中，系统的超调量、振荡频率、稳态时间都越小越好，这就要求选择最佳的控制策略。良好的控制方法可以使微分系统经过短暂的暂态过程就能恢复到稳定运行状态，而单一控制方法往往不能满足对暂态过程的要求，因此，采用多重控制策略相结合的方法成为控制领域研究的新方向。

学者 Takagi 与 Sugeno 提出的 T－S 模糊控制算法，改进了传统的模糊算法，简化了非线性系统的控制，该方法主要是利用 T－S 模糊理论对非线性系统建模，通过设计模糊控制器，达到控制的目的。T－S 模糊控制对于不确定的非线性模型拥有强大的处理功能，被广泛地应用在许多非线性系统的分析控制中。然而，单独的模糊控制往往并不能获得期望的暂态性能，系统在稳定前的超调量和振荡次数仍然很大，而有限时间稳定控制策略关注的恰恰是系统的暂态特性，该控制方法可以使系统的运动轨迹在一个有限的时间区间内达到稳定，系统的暂态性能十分优越。有限时间稳定性理论最早在 1961 年由学者 Dorato 提出，并最先应用于线性系统稳定控制的分析研究中，随后便被广泛应用。由于基于有限时间稳定性理论提出的稳定性条件是以矩阵不等式的形式给出，受到数学理论发展的限制，难以计算，直到近年来线性矩阵不等式的发展，才有效地解决了这一问题，使有限时间稳定控制方法成为研究的热点。

因此，将 T-S 模糊控制策略和有限时间稳定控制策略相结合应用于水轮机调节系统，是一个值得研究的方向。

5.1.1 T-S 模糊控制理论与 PDC 控制律

1965 年，Zadeh L A 教授发表了著名的论文“*Fuzzy sets*”，提出了模糊集合的概念。模糊理论是建立在模糊集合和模糊逻辑的基础上，引入“隶属度函数（Membership function）”这一概念来描述那些介于“属于”或“不属于”的中间过渡关系，突破了经典集合论中的绝对关系，模糊控制是以模糊理论为基础，以模糊语言变量和逻辑推理为工具，利用人的经验和知识，把直觉推理纳入到决策之中的一种智能控制。1973 年，Zadeh L A 教授提出了一种将逻辑规则的语言描述转化成相关控制律的思想，从而使对复杂系统做出合乎实际的、符合人类思维方式的处理成为可能，为早期模糊控制器的形成奠定了理论基础。

T-S 模糊算法最早由日本学者 Takagi 和 Sugeno 在 1985 年提出，主要应用在无法获得精确模型的系统。T-S 模糊算法在分析非线性系统时，采用线性逼近的原则，将非线性系统局部线性化，每一个线性化后的子系统有不同的隶属度函数，利用 IF-THEN 模糊规则对每个模糊子空间输入输出简单线性关系进行描述，通过每个子系统的模糊混合即可以得到整个系统的模糊模型。T-S 模糊模型自身具有很强的优越性，基于 T-S 模糊模型的非线性系统控制分析受到了越来越多的关注。

以下介绍 T-S 模糊模型结构，设非线性系统为

$$\dot{x}(t)=F(x,u)=fx(t)+g(x)u \tag{5.1}$$

将式（5.1）描述的非线性系统表示成为一系列局部的线性系统，T-S 模糊模型由一系列 IF-THEN 模糊规则来描述非线性系统，每一个规则表示一个子系统，整个模糊系统即为各个子系统的线性组合；模糊系统的第 i 条规则可表示为

模糊规则 R^i：IF $z_1(t)$ is M_{i1} and … and $z_n(t)$ is M_{in}

$$\text{THEN}\ \dot{x}(t)=A_i x(t)+B_i u(t)\quad (i=1,2,\cdots,r) \tag{5.2}$$

式中：$M_{ij}(j=1,\ 2,\ \cdots,\ n)$ 为模糊集；r 为模糊规则数；$u(t)$为控制输入；$x(t)$为状态变量，$x(t)\in R^n$；A_i 和 B_i 为系数矩阵，$A_i\in R^{n\times n}$，$B_i\in R^{n\times n}$；$z(t)$为前件变量；$z(t)=[z_1(t),\ z_2(t),\ \cdots,\ z_n(t)]$，它独立于模型的控制输入变量 $u(\tilde{t})$。

采用单点模糊化、乘积推理以及加权平均反模糊化的模糊推理方法，则可得整个系统的状态方程为

$$\dot{x}(t)=\frac{\sum_{i=1}^{r}\omega_i[z(t)]A_i x(t)}{\sum_{i=1}^{r}\omega_i[z(t)]}+\frac{\sum_{i=1}^{r}\omega_i[z(t)]B_i u(t)}{\sum_{i=1}^{r}\omega_i[z(t)]} \tag{5.3}$$

其中，$\omega_i[z(t)]=\prod_{j=1}^{n}M_{ij}[z_j(t)]$，$M_{ij}[z_j(t)]$ 为 $z_j(t)$ 的隶属度函数，并且满足以下条件：

$$\begin{cases}\sum_{i=1}^{r}\omega_i[z(t)]>0\\ \omega_i[z(t)]\geqslant 0\quad(i=1,2,\cdots,r)\end{cases}\tag{5.4}$$

令

$$h_i[z(t)]=\frac{\omega_i[z(t)]}{\sum_{i=1}^{r}\omega_i[z(t)]}\tag{5.5}$$

则式（5.3）可以写作：

$$\dot{x}(t)=\sum_{i=1}^{r}h_i[z(t)][A_ix(t)+B_iu(t)]\quad(i=1,2,\cdots,r)\tag{5.6}$$

式中：$h_i[z(t)]$ 为 IF－THEN 规则的权重。

基于以上结果，经过简单计算，可以得到

$$\begin{cases}\sum_{i=1}^{r}h_i[z(t)]=1\\ h_i[z(t)]\geqslant 0\quad(i=1,2,\cdots,r)\end{cases}\tag{5.7}$$

在 T－S 模糊模型的基础上，采用并行分布补偿（PDC）技术对模糊模型（5.6）的每个子系统进行局部状态反馈控制器的设计；模糊控制器的设计享用模糊模型（5.6）的前件，其第 i 条模糊规则如下：

控制规则 R^i：IF $z_1(t)$ is M_{i1} and … and $z_n(t)$ is M_{in}

THEN $u(\tilde{t})=K_ix(t)$　$(i=1,\ 2,\ \cdots,\ r)$

整个系统的控制规律为各个子系统局部反馈控制的加权和，即

$$u(\tilde{t})=\sum_{j=1}^{r}h_j[z(t)]K_jx(t)\tag{5.8}$$

式中：$K_j\ (j=1,\ 2,\ \cdots,\ r)$ 为子系统反馈器的增益。

将式（5.8）代入式（5.6），可得到系统的 T－S 模糊模型：

$$\dot{x}(t)=\sum_{i=1}^{r}h_i[z(t)][A_ix(t)+G_iw(t)]+\sum_{i=1}^{r}h_i[z(t)]B_i\sum_{j=1}^{r}h_j[z(t)]K_jx(t)\tag{5.9}$$

考虑到式（5.7），式（5.9）可以表示为

$$\dot{x}(t)=\sum_{i=1}^{r}\sum_{j=1}^{r}h_i[z(t)]h_j[z(t)][(A_{0i}+B_iK_j)x(t)+G_iw(t)]\quad(i=1,2,\cdots,r)\tag{5.10}$$

式（5.10）给出了闭环系统的 T－S 模糊模型。

T－S 模糊控制系统既具有模糊的思想，可以利用专家的经验知识，又可以充分利用现有的线性系统和非线性系统的有关理论进行系统分析和控制器设计研究。因此 T－S 模糊系统既适合实际工程应用又适宜于描述复杂系统的动静态特性，建立了模糊系统和传统控制理论之间的联系，在解决非线性系统分析和控制问题方面显示了巨大的潜力，正在受到越来越多的关注。

在整数阶的情况下，T－S 模糊系统研究已经取得了很大的成果，在研究非线性系统

的过程起到了非常大的作用。经过不断发展，可以将其应用到分数阶系统中。2010年，郑永爱首次给出了分数系统T-S模糊模型，利用分数阶T-S模糊系统来解决非线性混沌系统的控制问题。由于T-S模糊模型能够为非线性系统的研究提供一个好的途径，而在分数阶控制系统理论中，针对非线性分数阶系统的稳定性和控制的研究比较困难，通过分数阶T-S模糊系统来研究分数阶非线性系统的稳定性和控制问题是一个很好的思路。分数阶T-S模糊模型的研究，为解决分数阶非线性系统的稳定性和控制问题提供了一个可行的途径，是进行分数阶非线性系统研究的有利方法。

水轮机模糊调速器是一种决策速度快、符合实时控制要求的有效控制仪器，水轮机模糊双积分并联变结构复合控制器克服了一般模糊控制存在较大静差的缺陷。模糊控制相对于常规PID控制调节性能更具有适应性，常规PID控制器很难在减小“反调”、加快调节速度和减小“超调”之间达到比较理想的效果，将模糊决策理论和PID控制相结合，改进后的水轮机PID模糊控制器，由于加入微分作用和采用变宽度的隶属度函数，其调节性能更好。模糊控制本身具有一定的鲁棒性，但也较难直接用于在调节过程中结构和参数变化范围较大的水轮机调节系统，若使模糊控制器具有学习能力，自动调整自身的规则、参数，是可以完成各种工况下的控制任务的。

5.1.2 有限时间控制理论基础

一些经典的稳定性概念，例如Lyapunov稳定、渐进稳定、有界输入-有界输出稳定（Bounded-input，bounded-output，BIBO）等，都是定义在无限时间区间内，有限时间稳定与通常意义下的稳定是截然不同的概念，有限时间稳定注重研究的是系统的暂态性能。所谓有限时间稳定，就是指在一个有限的时间区间范围，系统的状态轨迹始终能保持在预先给定的界限。下面给出一些相关的经典定义。

考虑如下非线性系统：

$$\dot{x}(t)=f(t,x) \tag{5.11}$$

$$\dot{x}(t)=f(t,x)+d(t) \tag{5.12}$$

式中：$\dot{x}(t)$为系统状态，$\dot{x}(t)\in R^n$；f：$D\rightarrow R^n$ 为非线性函数；$d(t)$ 为外部扰动。

定义5.1：针对非线性系统（5.11），如果存在一个函数 $T_x(x_0)$：$\Omega/\{0\}\rightarrow(0,\infty)$使得对于任意的$t\in[0,T_x(x_0)]$满足如下两个条件：①当$t\rightarrow T_x(x_0)$时，$\lim\limits_{t\rightarrow T_x(x_0)} x(t,x_0)=0$；②当$t>T_x(x_0)$时，有$x(t,x_0)\equiv 0$。那么系统（5.11）是局部有限时间稳定的；若 $\Omega=D=R^n$ 则系统为全局有限时间稳定的。

定义5.2：考虑非线性系统（5.12），如果存在$\varepsilon>0$和$0<T(\varepsilon,x_0)<\infty$，使得：

$$\|x\|<\varepsilon,\ t\geqslant t_0+T(\varepsilon,x_0)$$

其中$x_0=x(t_0)$，那么，系统（5.12）是局部实际有限时间稳定的。

定义5.3：考虑如下系统：

$$\dot{x}(t)=Ax(t)+Bu(t) \tag{5.13}$$

对于给定的三个正实数c_1、c_2、$T(c_1<c_2)$，一个正定矩阵R，当$u(t)=0$，如果有以下关系成立：

$$x_0^TRx_0\leqslant c_1\Rightarrow x(t)^TRx(t)\leqslant c_2,\text{对于 }\forall t\in[0,T] \tag{5.14}$$

则该系统（5.13）是关于（c_1，c_2，T，R）有限时间稳定的。

定义 5.4：考虑如下系统：

$$\dot{x}(t)=Ax(t)+Bu(t)+Gw(t) \tag{5.15}$$

对于给定的三个正实数 c_1，c_2，$T(c_1<c_2)$，一个正定矩阵 R，当 $u(t)=0$，如果有

$$x_0^T R x_0 \leqslant c_1 \Rightarrow x(t)^T R x(t) \leqslant c_2，对于\ \forall t \in [0,\ T]$$

则该系统（5.15）是关于（c_1，c_2，T，R）有限时间有界的。

定义 5.4 中，有 $w(t)^T w(t) \leqslant d$。

当定义 5.4 中的干扰 $w(t)=0$ 时，系统（5.15）即为有限时间稳定，即定义 5.4 等价于定义 5.3。

5.1.3　线性矩阵不等式（LMI）简介

对于基于 T－S 模糊模型的控制器的设计，其基本思想是：将整个状态空间分解为多个模糊子空间，并对局部的模糊子系统设计出相应的线性控制器，整个系统的控制则为局部控制的加权组合。这样的模糊控制系统相当于将一个非线性系统用分块线性系统来逼近，由于模糊划分的光滑过渡，因而该模糊系统能够连续逼近任意的非线性系统。对于局部系统反馈控制器，可以利用经典控制论中的根轨迹、极点配置、线性矩阵不等式（LMI）凸优化算法等方法进行设计。

近年来，线性矩阵不等式广泛应用于解决系统与控制中的一系列问题。随着解决 LMI 内点法的提出以及 Matlab 中 LMI 控制工具箱的推广，LMI 控制工具箱已经成为从控制工程到系统识别设计和结构设计等诸多领域的一个强大的设计工具。由于许多控制问题都可以转化为一个 LMI 系统的可行性问题或者一个具有 LMI 约束大的凸优化问题，应用 LMI 来解决系统和控制问题已经成为这些领域中的一大研究热点。

LMI 技术主要有以下特点：

（1）很多设计的特征和约束条件可以用 LMI 来表示。

（2）一个问题如果能被转化成 LMI 形式，那么这个问题就可用高效的凸优化算法求解。

（3）对于许多缺少解析解的多约束多目标问题，可以用 LMI 技术来处理。

近 10 年来，LMI 被广泛用来解决系统和控制中的一些问题，在本书中，主要是以 LMI 为工具来处理模糊系统的稳定性分析和控制器设计问题。

具有的矩阵不等式为

$$L(x)=L_0+\sum_{i=1}^{m} x_i L_i<0 \tag{5.16}$$

式（5.16）称为线性矩阵不等式（LMI）。其中 $x=[x_1,\ x_2,\ \cdots,\ x_m]^T \in R^m$ 是由 x_i 构成的决策变量；L_0，L_1，…，L_m 为给定的常矩阵，是已知的实对称矩阵。式（5.16）中的不等式符号意味着 $L(x)$是负定的，即对于所有的非零向量 $\nu \in R^n$，满足 $\nu^T L(x)\nu<0$。

如果把式（5.16）中的 $L(x)$看作是从决策向量 R^m 到 $S^n=\{M:\ M=M^T \in R^{n\times n}\}$的一个映射，则知函数 $L(x)$是一个仿射函数，并不为一个线性函数，其中 S^n 为实对称矩阵集。因此，LMI 更多地会以式（5.17）的表达形式给出：

$$L(X_1,X_2,\cdots,X_n)<R(X_1,X_2,\cdots,X_n) \tag{5.17}$$

其中$L(\cdot)$和$R(\cdot)$是矩阵变量X_1，X_2，…，X_n的仿射函数。式（5.17）通过适当的数学运算也可以转化成式（5.16）。

思考	水轮机调节系统模糊控制方法还可以有哪些改进？

5.2　水轮机调节系统的有限时间模糊控制

5.2.1　水轮机调节系统的T－S模糊模型

考虑包含二阶发电机系统和刚性水击的整数阶水轮机调节系统，分别建立发电机，引水系统和接力器动态模型，联立得到调节系统非线性数学模型：

$$\begin{cases}\dot{\delta}=\omega_0\omega\\ \dot{\omega}=\dfrac{1}{T_{ab}}\left(m_t-D\omega-\dfrac{E_q'V_s}{x_{d\Sigma}'}\sin\delta-\dfrac{V_s^2}{2}\dfrac{x_{d\Sigma}'-x_{q\Sigma}}{x_{d\Sigma}'x_{q\Sigma}}\sin2\delta\right)\\ \dot{m}_t=\dfrac{1}{e_{qh}T_w}\left(-m_t+e_yy+\dfrac{ee_yT_w}{T_y}y\right)\\ \dot{y}=-\dfrac{1}{T_y}y\end{cases} \tag{5.18}$$

式（5.18）水轮机调节系统的数学模型是在一个简化的二阶发电机系统的非线性动态模型的基础上建立的，在模型建立的过程中考虑了电力系统的常用参数，因此，模型的建立具有一定的实际意义，可利用该模型进行电力系统的稳定性分析和水轮机调节系统的非线性控制器的设计。

考虑在式（5.18）的基础上增加随机扰动，并分别用变量x_1、x_2、x_3、x_4代替变量δ、ω、m_t、y，得

$$\begin{cases}\dot{x}_1=\omega_0x_2+\text{rand}(1)\\ \dot{x}_2=\dfrac{1}{T_{ab}}\left(x_3-Dx_2-\dfrac{E_q'V_s}{x_{d\Sigma}'}\sin x_1-\dfrac{V_s^2}{2}\dfrac{x_{d\Sigma}'-x_{q\Sigma}}{x_{d\Sigma}'x_{q\Sigma}}\sin2x_1\right)+0.1\text{rand}(1)\\ \dot{x}_3=\dfrac{1}{e_{qh}T_w}\left(-x_3+e_yx_4+\dfrac{ee_yT_w}{T_y}x_4\right)+0.5\text{rand}(1)\\ \dot{x}_4=-\dfrac{1}{T_y}x_4+0.9\text{rand}(1)\end{cases} \tag{5.19}$$

因此，可针对整数阶水轮机调节系统（5.19），设计有限时间模糊控制器$u(t)$，满足定义5.2，实现有限时间模糊控制。

为了对整数阶水轮机调节系统（5.19）建立更为精确的T－S模糊模型，引入Taylor级数：

$$\sin x=x-\frac{x^3}{3!}+\frac{x^5}{5!}-\frac{x^7}{7!}+\cdots+(-1)^n\frac{x^{2n+1}}{(2n+1)!} \tag{5.20}$$

考虑到非线性系统各变量的混沌运动总是在一定的范围内变化，取 $\omega \in [-d, d]$，$d=2$。根据 5.1.1 节，对整数阶水轮机调节系统（5.19）建立模糊规则 R^1、R^2。

R^1：IF ω is $x_2(t)$ (near 0)

THEN $\dot{x}(t)=A_1x(t)+B_1u(t)+G_1w(t)$

R^2：IF ω is $x_2(t)$ (near $\pm d$)

THEN $\dot{x}(t)=A_2x(t)+B_2u(t)+G_2w(t)$

隶属度函数取为

$$\begin{cases} M_1(x_2(t))=\dfrac{1}{2}\left[1+\dfrac{x_2(t)}{d}\right] \\ M_2(x_2(t))=\dfrac{1}{2}\left[1-\dfrac{x_2(t)}{d}\right] \end{cases}$$

系数矩阵为

$$A_1=\begin{bmatrix} 0 & 314 & 0 & 0 \\ \dfrac{17231}{16951} & -\dfrac{2}{9} & \dfrac{1}{9} & 0 \\ 0 & 0 & -\dfrac{5}{2} & \dfrac{33}{2} \\ 0 & 0 & 0 & -10 \end{bmatrix}$$

$$A_2=\begin{bmatrix} 0 & 314 & 0 & 0 \\ \dfrac{1577}{16951} & -\dfrac{2}{9} & \dfrac{1}{9} & 0 \\ 0 & 0 & -\dfrac{5}{2} & \dfrac{33}{2} \\ 0 & 0 & 0 & -10 \end{bmatrix}$$

B_1 和 B_2 均取为四阶单位矩阵，即 $B_1=B_2=I^{4\times 4}$。

根据 5.1.1 节，相应的控制器可由规则 R^1、R^2 描述：

R^1：IF ω is $x_2(t)$ (near 0)

THEN $u(t)=K_1x$

R^2：IF ω is $x_2(t)$ (near $\pm d$)

THEN $u(t)=K_2x$

控制器的总体输出为

$$u(t)=\sum_{j=1}^{2}h_j[z(t)]K_jx(t) \tag{5.21}$$

因此，整数阶水轮机调节系统的 T－S 模糊模型可以描述为

$$\dot{x}(t)=\sum_{i=1}^{2}\sum_{j=1}^{2}h_i[z(t)]h_j[z(t)][(A_i+B_iK_j)x(t)+G_iw(t)] \tag{5.22}$$

5.2.2　有限时间模糊控制器设计

为了设计出满足稳定性条件的有限时间模糊控制器，首先给出以下定理。

定理 5.1：对于给定的时间常数 $T>0$，如果存在一个正实数 a 及两个正定对称矩阵

P 和 Q，有下列线性矩阵不等式成立：

$$\begin{bmatrix} P\widetilde{A}+\widetilde{A}^{T}P-aP & P\widetilde{B} \\ \widetilde{B}^{T}P & -aQ \end{bmatrix}<0 \tag{5.23}$$

$$c_1\lambda_{\max}(\widetilde{P})+d\lambda_{\max}(Q)<c_2e^{-aT}\lambda_{\min}(\widetilde{P}) \tag{5.24}$$

则整数阶水轮机调节系统（5.22）是关于（c_1，c_2，d，T，R）有限时间有界的。

式（5.23）中，$\widetilde{A}=\sum_{i=1}^{r}\sum_{j=1}^{r}h_ih_j(A_i+BK_j)$，$\widetilde{B}=\sum_{i=1}^{r}\sum_{j=1}^{r}h_ih_jG_i$，（$i$，$j=1$，2）；式（5.24）中，$\widetilde{P}=R^{-1/2}PR^{-1/2}$，$\lambda$ 表示某个矩阵的特征值。

证明：选取 Lyapunov 函数为

$$V(t)=V[x(t),w(t)]=x^{T}Px+w^{T}Qw \tag{5.25}$$

并假设

$$\dot{V}[x(t),w(t)]<aV[x(t),w(t)] \tag{5.26}$$

根据式（5.26），可得

$$\begin{aligned}
&\dot{V}[x(t),\ w(t)]-aV[x(t),\ w(t)]\\
&=\dot{x}^{T}Px+x^{T}P\dot{x}-ax^{T}Px-aw^{T}Qw\\
&=(\widetilde{A}x+\widetilde{B}w)TPx+x^{T}P(\widetilde{A}x+\widetilde{B}w)-ax^{T}Px-aw^{T}Qw\\
&=x^{T}(\widetilde{A}^{T}P+P\widetilde{A}-aP)x+w^{T}\widetilde{B}^{T}Px+x^{T}P\widetilde{B}w-aw^{T}Qw\\
&=\begin{bmatrix} x \\ w \end{bmatrix}^{T}\begin{bmatrix} \widetilde{A}^{T}P+P\widetilde{A}-aP & P\widetilde{B} \\ \widetilde{B}^{T}P & -aQ \end{bmatrix}\begin{bmatrix} x \\ w \end{bmatrix}<0
\end{aligned}$$

因此，可以得到

$$\begin{bmatrix} \widetilde{A}^{T}P+P\widetilde{A}-aP & P\widetilde{B} \\ \widetilde{B}^{T}P & -aQ \end{bmatrix}<0$$

即，式（5.23）得证。

为了得到满足有限时间稳定的条件，做进一步处理，如式（5.27）和式（5.28）所示。

$$\begin{aligned}
V[x(t),w(t)]&=x(t)^{T}Px(t)+w(t)^{T}Qw(t)\\
&=x(t)^{T}Px(t)+w(t)^{T}Qw(t)\\
&=x(t)^{T}R^{1/2}\widetilde{P}R^{1/2}x(t)+w(t)^{T}Qw(t)\\
&\geqslant\lambda_{\min}(\widetilde{P})x(t)^{T}Rx(t)
\end{aligned} \tag{5.27}$$

$$\begin{aligned}
V[x(0),w(0)]e^{at}&=[x(0)^{T}Px(0)+w(0)^{T}Qw(0)]e^{aT}\\
&=[x(0)^{T}R^{1/2}\widetilde{P}R^{1/2}x(0)+w(0)^{T}Qw(0)]e^{aT}\\
&\leqslant[\lambda_{\max}(\widetilde{P})x(0)^{T}Rx(0)+\lambda_{\max}(Q)w(0)^{T}w(0)]e^{aT}\\
&=[\lambda_{\max}(\widetilde{P})c_1+\lambda_{\max}(Q)d]e^{aT}
\end{aligned} \tag{5.28}$$

根据式（5.24）、式（5.27）、式（5.28），可得

$$\begin{aligned}\lambda_{\min}(\widetilde{P})x(t)^T Rx(t) &\leqslant V[x(t),w(t)] < V[x(0),w(0)]e^{aT}\\ &\leqslant [\lambda_{\max}(\widetilde{P})c_1 + \lambda_{\max}(Q)d]e^{aT}\\ &\Rightarrow \lambda_{\min}(\widetilde{P})x(t)^T Rx(t) \leqslant [\lambda_{\max}(\widetilde{P})c_1 + \lambda_{\max}(Q)d]e^{aT}\\ &\Rightarrow x(t)^T Rx(t) \leqslant \frac{[\lambda_{\max}(\widetilde{P})c_1 + \lambda_{\max}(Q)d]e^{aT}}{\lambda_{\min}(\widetilde{P})}\end{aligned} \tag{5.29}$$

因此，$x(t)^T Rx(t) \leqslant c_2$，$\forall t \in [0,\ T]$。

根据定义 5.2，整数阶水轮机调节系统（5.22）是关于（c_1，c_2，d，T，R）有限时间有界的。

为了得到更加宽松的稳定性条件，对定理 5.1 所述有限时间有界条件进行进一步改进，得到定理 5.2。

定理 5.2：系统（5.22）是有限时间有界的，对于给定（c_1，c_2，d，T，R），如果存在实数 a 和正定对称矩阵 $P \in R^{n\times n}$，$Q \in R^{p\times q}$，令 $\widetilde{P} = R^{-1/2}PR^{-1/2}$，使线性矩阵不等式（5.30）～式（5.33）成立。

$$\begin{bmatrix} P\widetilde{A} + \widetilde{A}^T P - aP & \widetilde{B}Q \\ Q\widetilde{B}^T & -Q \end{bmatrix} < 0 \tag{5.30}$$

$a>0$ 时，

$$\frac{c_1 e^{aT}}{\lambda_{\min}(P)} + \frac{d}{a\lambda_{\min}(Q)}(e^{aT} - 1) < \frac{c_2}{\lambda_{\max}(P)} \tag{5.31}$$

$a=0$ 时，

$$\frac{c_1}{\lambda_{\min}(P)} + \frac{dT}{a\lambda_{\min}(Q)} < \frac{c_2}{\lambda_{\max}(P)} \tag{5.32}$$

$a<0$ 时，

$$\frac{c_1 e^{aT}}{\lambda_{\min}(P)} + \frac{d}{a\lambda_{\min}(Q)}(e^{aT} + 1) < \frac{c_2}{\lambda_{\max}(P)},\quad 且 \frac{c_1}{\lambda_{\min}(P)} < \frac{c_2}{\lambda_{\max}(P)} \tag{5.33}$$

证明：选择 Lyapunov 函数为

$$V(t) = V[x(t),w(t)] = x^T P^{-1} x \tag{5.34}$$

并假设：

$$\dot{V}[x(t),w(t)] < aV[x(t),w(t)] + w^T Q^{-1} w \tag{5.35}$$

根据式（5.35），得

$$\begin{aligned}&\dot{V}[x(t),w(t)] - aV[x(t),w(t)] - w^T Q^{-1} w\\ &= x^T(\widetilde{A}^T P^{-1} + P^{-1}\widetilde{A}^T - aP^{-1})x + x^T P^{-1}\widetilde{B}w + w^T\widetilde{B}^T P^{-1}x - w^T Q^{-1} w\\ &= \begin{bmatrix} x \\ w \end{bmatrix}^T \begin{bmatrix} \widetilde{A}^T P^{-1} + P^{-1}\widetilde{A}^T - aP^{-1} & P^{-1}\widetilde{B} \\ \widetilde{B}^T P^{-1} & -Q \end{bmatrix} \begin{bmatrix} x \\ w \end{bmatrix} < 0\end{aligned} \tag{5.36}$$

即

$$\begin{bmatrix} \widetilde{A}^T P^{-1} + P^{-1}\widetilde{A}^T - \alpha P^{-1} & P^{-1}\widetilde{B} \\ \widetilde{B}^T P^{-1} & -Q \end{bmatrix} < 0 \tag{5.37}$$

在式（5.37）左乘、右乘$\begin{bmatrix} P & 0 \\ 0 & Q \end{bmatrix}$即可得到式（5.30）。

根据式（5.35），可得

$$V[x(t),w(t)] < aV[x(t),w(t)] + \lambda_{\max}(Q^{-1})d \tag{5.38}$$

根据微分不等式比较原理，可得式（5.39）～式（5.41）。

$a>0$ 时，

$$V(x) \leqslant V(x_0)e^{aT} + \frac{\lambda_{\max}(Q^{-1})d}{a}(e^{aT}-1) \tag{5.39}$$

$a=0$ 时，

$$V(x) \leqslant V(x_0) + \lambda_{\max}(Q^{-1})d \tag{5.40}$$

$a<0$ 时，

$$V(x) \leqslant V(x_0)e^{aT} + \frac{\lambda_{\max}(Q^{-1})d}{a}(e^{aT}+1) \tag{5.41}$$

当 $a\neq 0$ 时，

$$\begin{aligned} \lambda_{\min}(P^{-1})x(t)TRx(t) &\leqslant V[x(t),\ w(t)] \\ &\leqslant \lambda_{\max}(P^{-1})x(0)^T Rx(0)e^{aT} + \frac{\lambda_{\max}(Q^{-1})d}{a}(e^{aT}+c) \\ &\leqslant \frac{c_1 e^{aT}}{\lambda_{\min}(P)} + \frac{d}{a\lambda_{\min}(Q^{-1})}(e^{aT}+c) \end{aligned}$$

即

$$x(t)^T Rx(t) \leqslant \lambda_{\max}(P)\left[\frac{c_1 e^{aT}}{\lambda_{\min}(P)} + \frac{d}{a\lambda_{\min}(Q^{-1})}(e^{aT}+c)\right] = c_2 \tag{5.42}$$

式（5.42）中，当 $a>0$ 时，$c=-1$；当 $a<0$ 时，$c=1$。

当 $a=0$ 时，

$$\begin{aligned} \lambda_{\min}(P^{-1})x(t)^T Rx(t) &\leqslant J[x(t),\ w(t)] \leqslant \lambda_{\max}(P^{-1})x(0)^T Rx(0) + \lambda_{\max}(Q^{-1})dt \\ &\leqslant \frac{c_1}{\lambda_{\min}(P)} + \frac{dT}{\lambda_{\min}(Q)} \end{aligned}$$

即

$$x(t)^T Rx(t) \leqslant \lambda_{\max}(P)\left[\frac{c_1}{\lambda_{\min}(P)} + \frac{dT}{\lambda_{\min}(Q)}\right] = c_2 \tag{5.43}$$

根据定义 5.2，整数阶水轮机调节系统（5.22）是关于（c_1，c_2，d，T，R）有限时间有界的。

在上述的定理基础上，为了获得易于求解的稳定性条件，做更深入的讨论。

定理 5.3：给定（c_1，c_2，d，T，R）和常数 a，存在正定对称矩阵 $P\in R^{n\times n}$、$Q\in R^{p\times q}$ 和矩阵 $L_i\in R^{p\times n}$、$Y_{ij}\in R^{n\times n}$（i，$j=1$，2）满足式（5.31）～式（5.33）且满足式（5.44）～式（5.46）。

$$A_i\tilde{P} + B_iL_i + \tilde{P}A_i^T + L_i^TB_i^T - a\tilde{P} < Y_{ii},\quad (i=1,2) \tag{5.44}$$

$$A_i\tilde{P} + B_iL_i + \tilde{P}A_i^T + L_i^TB_i^T + A_j\tilde{P} + B_jL_i + \tilde{P}A_j^T + L_i^TB_j^T - 2a\tilde{P} < Y_{ij} + Y_{ij}^T,\quad (i\neq j) \tag{5.45}$$

$$\begin{bmatrix} Y_{11} & Y_{12} & G_1 Q \\ Y_{21} & Y_{22} & G_2 Q \\ Q^T G_1 & Q^T G_2 & -Q \end{bmatrix} < 0 \tag{5.46}$$

$$K_i = L_i \widetilde{P}^{-1} \tag{5.47}$$

式（5.46）中，$Y_{ii}(i=1, 2)$ 是对称矩阵，$Y_{ji}=Y_{ij}^T$，$i \neq j$ 。

那么，在控制器（5.21）作用下，整数阶水轮机调节系统（5.22）是有限时间稳定的。

证明：选取

$$M = \begin{bmatrix} \Phi & \sum_{i=1}^{r} h_i G_i Q \\ Q \sum_{i=1}^{r} h_i G_i^T & -Q \end{bmatrix}$$

矩阵 M 中的 Φ 可以写作：

$$\begin{aligned}
\Phi &= \sum_{i=1}^{2} \sum_{j=1}^{2} h_i h_j [(A_i + B_i K_j)\widetilde{P} + \widetilde{P}(A_i + B_i K_j)^T] - a\widetilde{P} \\
&= \sum_{i=1}^{2} h_i^2 [(A_i + B_i K_j)\widetilde{P} + \widetilde{P}(A_i + B_i K_j)^T] - a\widetilde{P} + \\
&\quad \sum_{i=1}^{2} \sum_{i<j}^{2} h_i h_j [(A_i + B_i K_j + A_j + B_j K_i)\widetilde{P} + \widetilde{P}(A_i + B_i K_j + A_j + B_j K_i)^T] \\
&= \sum_{i=1}^{2} h_i^2 [A_i \widetilde{P} + B_i K_j \widetilde{P} + \widetilde{P} A_i^T + \widetilde{P} K_j^T B_i^T] - a\widetilde{P} + \\
&\quad \sum_{i=1}^{2} \sum_{i<j}^{2} h_i h_j [A_i \widetilde{P} + B_i K_j \widetilde{P} + A_j \widetilde{P} + B_j K_i \widetilde{P} + \widetilde{P} A_i^T + \widetilde{P} K_j^T B_i^T + \widetilde{P} A_j^T + \widetilde{P} K_i^T B_j^T]
\end{aligned}$$

令 $L_i = K_i \widetilde{P}$，这里 P 和 $\widetilde{P}$ 均是正定对称矩阵，因此：

$$\begin{aligned}
\Phi &= \sum_{i=1}^{2} h_i^2 [A_i \widetilde{P} + B_i L_i + \widetilde{P} A_i^T + L_i^T B_i^T - a\widetilde{P}] + \\
&\quad \sum_{i=1}^{2} \sum_{i<j}^{2} h_i h_j [A_i \widetilde{P} + B_i L_j + A_j \widetilde{P} + B_j L_i + \widetilde{P}^T A_i^T + L_j^T B_i^T + \widetilde{P}^T A_j^T + L_i^T B_j^T - 2a\widetilde{P}] \\
&< \sum_{i=1}^{2} h_i^2 Y_{ii} + \sum_{i=1}^{2} \sum_{i<j}^{2} h_i h_j (Y_{ij} + Y_{ij}^T)
\end{aligned} \tag{5.48}$$

即

$$\Phi < \begin{bmatrix} h_1 \\ h_2 \end{bmatrix}^T \begin{bmatrix} Y_{11} & Y_{12} \\ Y_{21} & Y_{22} \end{bmatrix} \begin{bmatrix} h_1 \\ h_2 \end{bmatrix}$$

所以，式（5.48）等价于式（5.44）和式（5.45）。

根据式（5.48），可得

$$M < \begin{bmatrix} h_1 \\ h_2 \\ I \end{bmatrix}^T \begin{bmatrix} Y_{11} & Y_{12} & G_1 Q \\ Y_{21} & Y_{22} & G_2 Q \\ Q^T G_1 & Q^T G_2 & -Q \end{bmatrix} \begin{bmatrix} h_1 \\ h_2 \\ I \end{bmatrix} \tag{5.49}$$

因此，式（5.46）得证。

对式（5.39）～式（5.41）做如下处理，可得较为简化的不等式（5.50）～式（5.54）。

$$\lambda_1 I < P < I \tag{5.50}$$

$$\lambda_2 I < Q \tag{5.51}$$

$a>0$ 时，

$$\frac{c_1 e^{aT}}{\lambda_1}+\frac{d}{a\lambda_2}(e^{aT}-1)<c_2, \quad 且\frac{c_1}{\lambda_1}<c_2 \tag{5.52}$$

$a=0$ 时，

$$\frac{c_1}{\lambda_1}+\frac{dT}{a\lambda_2}<c_2 \tag{5.53}$$

$a<0$ 时，

$$\frac{c_1 e^{aT}}{\lambda_1}+\frac{d}{a\lambda_2}(e^{aT}+1)<c_2, \quad 且\frac{c_1}{\lambda_1}<c_2 \tag{5.54}$$

根据 Schur 补定理，式（5.52）～式（5.54）可转化为 LMI 的标准形式：

$a>0$ 时，

$$\begin{bmatrix} c_2 & (c_1 e^{aT})^{1/2} & \frac{d}{\alpha}(e^{aT}-1)^{1/2} \\ (c_1 e^{aT})^{1/2} & \lambda_1 & 0 \\ \frac{d}{a}(e^{aT}-1)^{1/2} & 0 & \lambda_2 \end{bmatrix}>0, \quad 且\ c_1<c_2\lambda_1 \tag{5.55}$$

$a=0$ 时，

$$\begin{bmatrix} c_2 & c_1^{1/2} & (dT)^{1/2} \\ c_1^{1/2} & \lambda_1 & 0 \\ (dT)^{1/2} & 0 & \lambda_2 \end{bmatrix}>0 \tag{5.56}$$

$a<0$ 时，

$$\begin{bmatrix} c_2 & (c_1 e^{aT})^{1/2} & \frac{d}{a}(e^{aT}-1)^{1/2} \\ (c_1 e^{aT})^{1/2} & \lambda_1 & 0 \\ \frac{d}{a}(e^{aT}-1)^{1/2} & 0 & \lambda_2 \end{bmatrix}>0, \quad 且\ c_1<c_2\lambda_1 \tag{5.57}$$

证明结束。

根据定理 5.3，通过在 Matlab 的 LMI Tool 中求解 LMI 式（5.44）～式（5.46）、式（5.50）、式（5.51）、式（5.55）～式（5.57），可以求得满足稳定性定理的有限时间模糊控制器。

5.2.3 数值仿真分析

相关参数的取值分别为

$\omega_0=314\text{rad/s}$，$T_{ab}=9.0\text{s}$，$D=2.0$，$E'_q=1.35$，$x'_{d\Sigma}=1.15$，$x_{q\Sigma}=1.474$，$T_w=0.8\text{s}$，$T_y=0.1\text{s}$，$V_s=1.0$，$e_{qh}=0.5$，$e_y=1.0$，$e=0.7$，$\alpha=0.9$。

选择式（5.44）～式（5.46）、式（5.50）、式（5.51）、式（5.55）～式（5.57）中

的参数为

$B = I_{4\times4}$，$G_1 = G_2 = 0.5\text{rand}(4, 4)$，$R = I_{4\times4}$，$c_1 = 0.1$，$c_2 = 1$，$d = 1$,，$T = 1$，$a = 1$。

$x_0^T R x_0 = 0.1\times0.1+0.1\times0.1+0.1\times0.1+0.1\times0.1 = 0.04 < c_1 = 0.1$，满足定义 5.1 和定义 5.2。

在 Matlab 中求解得到参数 P、K_{11}、K_{12} 分别为

解 LMI 程序

$$P = \widetilde{P} = \text{diag}(0.7117,\ 0.7117,\ 0.7117,\ 0.7117)$$

$$K_{11} = \begin{bmatrix} -90.9855 & -160.4473 & -9.6808 & -12.6993 \\ -157.3034 & -88.7951 & -1.1946 & -2.2801 \\ -9.6620 & -2.0413 & -95.4641 & -8.0775 \\ -12.6132 & -1.8272 & -39.5481 & -99.2027 \end{bmatrix}$$

$$K_{12} = \begin{bmatrix} -90.9855 & -158.4545 & -9.6525 & -12.6848 \\ -158.3728 & -88.7951 & -1.3923 & -2.1209 \\ -9.6903 & -1.8436 & -95.4641 & -23.8937 \\ -12.6277 & -1.9865 & -23.7319 & -99.2027 \end{bmatrix}$$

将所求控制器的增益 K_{11}、K_{12} 代入整数阶水轮机调节系统中，可以得到施加控制后的整数阶水轮机调节系统的动态方程。当仅仅采用模糊方法时，在 Matlab 中求得控制器的增益矩阵：

$$K_{21} = \begin{bmatrix} -0.9430 & -142.5314 & -0.0334 & -0.0832 \\ -2.1234 & -193.7667 & -0.0922 & -0.1705 \\ -0.0559 & -7.5817 & 0.0733 & -2.1763 \\ -0.0211 & -1.8508 & -0.2510 & -0.2889 \end{bmatrix}$$

$$K_{22} = \begin{bmatrix} -0.5530 & -79.4943 & -0.0197 & -0.0531 \\ -1.7375 & -190.5949 & -0.0885 & -0.1694 \\ -0.0700 & -9.4072 & 0.0728 & -2.1774 \\ -0.0253 & -2.0845 & -0.2511 & -0.2893 \end{bmatrix}$$

当调速器部分使用 PID 算法时，PID 控制器为

$$u = -k_p\omega - k_d\dot{\omega} - k_i\frac{\delta}{\omega_0} \tag{5.58}$$

式 (5.58) 中，参数选取为：$k_p = -20$，$k_i = 1$，$k_d = 8$。

在 Matlab 中做出三种不同方法下施加控制后整数阶水轮机调节系统状态变量 x_1、x_2、x_3、x_4 的轨迹图，如图 5.1 所示。

从图 5.1 可以看出，施加控制后，不论是采用有限时间模糊控制方法，还是仅仅采用模糊控制方法或者 PID 控制方法，整数阶水轮机调节系统的状态变量运动轨迹经过一段时间的振荡后都能稳定到平衡点。对比三种控制方法的效果图来看：①单独施加模糊控制时，整数阶水轮机调节系统经过一段时间的振动之后趋于稳定，特别是水轮机系统的功角

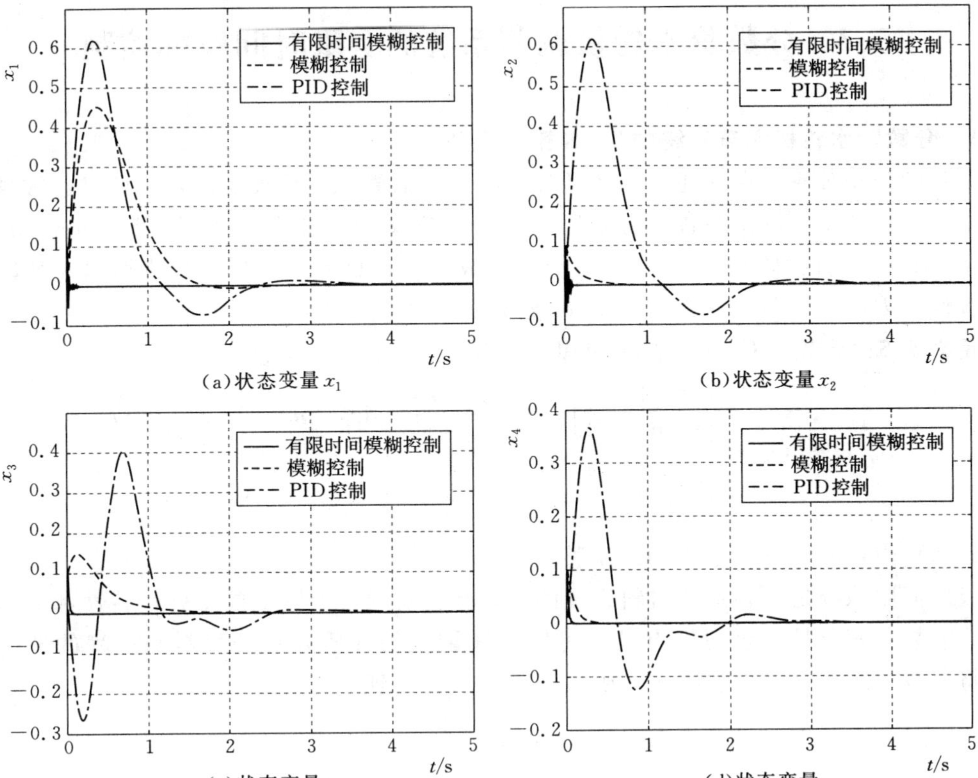

(a)状态变量 x_1 (b)状态变量 x_2

(c)状态变量 x_3 (d)状态变量 x_4

图 5.1 不同方法下加入控制器后整数阶水轮机调节系统变量 x_1、x_2、x_3、x_4 的轨迹图

经过较长时间的暂态过程才衰减至平衡点，这是模糊控制的最大缺点；②单独施加 PID 控制时，水轮机调节系统的四个状态变量功角、角频率、输出转矩和导叶开度都有较大的超调量，特别是水轮机系统功角的超调量最大，这对输出的电能质量有很大影响，同时也会对电力系统的稳定运行造成一定的危害，这是 PID 调节的最大缺点；③有限时间模糊控制可以使状态变量在较短的有限时间内达到稳定状态，暂态过程衰减较快；④有限时间模糊控制下，状态变量在暂态过程中的超调量最小，水轮机系统的暂态性能优越；⑤有限时间模糊控制方法可以有效地抵抗随机扰动，鲁棒性较好，这是有限时间模糊控制所表现出来的很大的优势。

有限时间模糊控制与 PID 控制相比具有强大的优越性，因此，可以考虑将调速器中传统的 PID 控制器替换为有限时间模糊控制器，从而达到优化控制器的目的。

目前水轮机调节系统的调速器使用的大多都是 PID 控制器，因此，本书的工作可以丰富控制器的理论研究内容，要想将有限时间模糊控制器真正应用到水轮机调节系统中，仍需做进一步的工作。

思考	水轮机调节系统的有限时间模糊控制方法有什么优势？

5.3　分数阶水轮机调节系统的有限时间模糊控制

5.3.1　分数阶水轮机调节系统的 T-S 模糊模型

分数阶微积分算法在描述实际物理过程时比整数微积分更加准确，因此已经被越来越广泛地应用在各个领域。在各种分数阶微积分的定义中，被广泛认可的是 Riemann-Liouville（R-L）分数阶算法和 Caputo 分数阶算法，考虑到 R-L 分数阶算法对初始条件的依赖性，因此，本节主要介绍 Caputo 分数阶算法的定义。

定义 5.5：分数阶 Caputo 微分可以表示为

$$
{}_{t_0}D_t^{-\alpha}f(t)=\begin{cases}\dfrac{1}{\Gamma(m-\alpha)}\displaystyle\int_{t_0}^{t}\dfrac{f^{(m)}(\tau)}{(t-\tau)^{-m+\alpha+1}}\mathrm{d}\tau, & m-1<\alpha<m\\ \dfrac{\mathrm{d}^m f(t)}{\mathrm{d}t^m}, & \alpha=m\end{cases} \tag{5.59}
$$

式（5.59）中，m 是不小于 α 的最小整数。

液压伺服系统是由黏弹性材料组成的，黏弹性材料具有明显的黏弹性特性和低温冲击韧性。分数微积分最重要的优点是它可以描述记忆的性质和各种材料和过程的遗传，因此，将分数阶微积分引入到液压伺服系统中。从而得到

$$
D^{\alpha}y=-\frac{1}{T_y}y \tag{5.60}
$$

考虑到水轮机调节系统在实际工作中外界环境的干扰，在式（5.18）中加入随机扰动，并用变量 x_1、x_2、x_3、x_4 代替变量 δ、ω、m_t、y，可得

$$
\begin{cases}\dot{x}_1=\omega_0x_2+\mathrm{rand}(1)\\ \dot{x}_2=\dfrac{1}{T_{ab}}\left(x_3-Dx_2-\dfrac{E_q'V_s}{x_{d\Sigma}'}\sin x_1-\dfrac{V_s^2}{2}\dfrac{x_{d\Sigma}'-x_{q\Sigma}}{x_{d\Sigma}'x_{q\Sigma}}\sin 2x_1\right)+0.1\mathrm{rand}(1)\\ \dot{x}_3=\dfrac{1}{e_{qh}T_w}\left[-x_3+e_yx_4+\dfrac{ee_yT_w}{T_y}x_4\right]+0.5\mathrm{rand}(1)\\ D^{\alpha}x_4=-\dfrac{1}{T_y}x_4+0.9\mathrm{rand}(1)\end{cases} \tag{5.61}
$$

为了使分数阶水轮机调节系统在有限时间内恢复到稳定运行状态，作出假设 5.1。

假设 5.1：对于分数阶系统（5.62）：

$$
\frac{\mathrm{d}^{\alpha}x(t)}{\mathrm{d}t^{\alpha}}=A_ix(t)+B_i\tilde{u}(t)+G_iw(t)\qquad(i=1,2) \tag{5.62}
$$

对于给定的正实数 c_1、c_2、T 和正定矩阵 R，假设 $x_0^TRx_0\leqslant c_1(\forall t\in[0,T])$，那么 $x(t)^TRx(t)\leqslant c_2,\forall t\in[0,T]$，这里，$\forall w(t),w(t)^Tw(t)\leqslant d$。

广义 T-S 模糊模型是整阶模糊模型的推广，将式（5.20）描述的 Talyor 级数应用到分数阶水轮机调节系统（5.61）中，考虑到混沌运动的有界性，取 $\omega\in[-d,d]$，$d=2$。根据 5.1.1 节，对分数阶水轮机调节系统（5.61），建立 IF-THEN 规则 R^1、R^2。

R^1：IF ω is $x_1(t)$ (near 0)

THEN $\dfrac{d^\alpha x(t)}{dt^\alpha}=A_1x(t)+B_1u(\tilde{t})+G_1w(t)$

R^2：IF ω is $x_2(t)$ (near $\pm d$)

THEN $\dfrac{d^\alpha x(t)}{dt^\alpha}=A_2x(t)\ +B_2u(\tilde{t})\ +G_2w(t)$

隶属度函数取为

$$M_1[x(t)]=\frac{1}{2}\left[1+\frac{x_2(t)}{d}\right],\ M_2[x(t)]=\frac{1}{2}\left[1-\frac{x_2(t)}{d}\right]$$

由 IF－THEN 模糊规则，并根据上一节引入 Taylor 级数的局部近似法处理非线性项，可得分数阶水轮机调节系统的系数矩阵：

$$A_1=\begin{bmatrix} 0 & 314 & 0 & 0 \\ \dfrac{17231}{16951} & -\dfrac{2}{9} & \dfrac{1}{9} & 0 \\ 0 & 0 & -\dfrac{5}{2} & \dfrac{33}{2} \\ 0 & 0 & 0 & -10 \end{bmatrix}$$

$$A_2=\begin{bmatrix} 0 & 314 & 0 & 0 \\ \dfrac{1577}{16951} & -\dfrac{2}{9} & \dfrac{1}{9} & 0 \\ 0 & 0 & -\dfrac{5}{2} & \dfrac{33}{2} \\ 0 & 0 & 0 & -10 \end{bmatrix}$$

B_1 和 B_2 均取为四阶单位矩阵。

根据 5.1.1 节，相应的控制器可由下列规则 R^1、R^2 描述：

R^1：IF ω is $x_2(t)$ (near 0)

THEN $u(\tilde{t})=K_1x$

R^2：IF ω is $x_2(t)$ (near $\pm d$)

THEN $u(\tilde{t})=K_2x$

控制器的总体输出为

$$u(\tilde{t})=\sum_{j=1}^{2}h_j[z(t)]K_jx(t) \tag{5.63}$$

因此，分数阶水轮机调节系统的 T－S 模糊模型可以描述为

$$\frac{d^\alpha x(t)}{dt^\alpha}=\sum_{i=1}^{2}\sum_{j=1}^{2}h_i[z(t)]h_j[z(t)][(A_i+B_iK_j)x(t)+G_iw(t)] \tag{5.64}$$

5.3.2 有限时间模糊控制器设计

为保证所设计控制器满足稳定性条件，给出引理 5.1。

引理 5.1：对于任意的状态变量 $x=[x_1,x_2,\cdots,x_n]^T$ ，如果存在一个对称正定矩阵 P 满足 $J=x^TP\dfrac{d^\alpha x}{dt^\alpha}\leqslant 0$($x^TP\dfrac{d^\alpha x}{dt^\alpha}$ 称为 J 函数)，那么分数阶系统（5.64）是关于平衡点

全局渐进稳定的。其中，$J=x^TP\dfrac{\mathrm{d}^\alpha x}{\mathrm{d}t^\alpha}\leqslant 0$ 可以等价地写作：

$$J_0=x^TP\frac{\mathrm{d}^\alpha x}{\mathrm{d}t^\alpha}+\left(\frac{\mathrm{d}^\alpha x}{\mathrm{d}t^\alpha}\right)^TPx\leqslant 0 \tag{5.65}$$

定理 5.4：对于一个给定的常数 $T>0$，如果存在一个非正实数 a 和正定矩阵 P、Q，满足下列不等式（5.66）和式（5.67），那么分数阶水轮机调节系统（5.64）是关于平衡点全局渐进稳定的。

$$\begin{bmatrix} P\widetilde{A}+\widetilde{A}^TP-aP & P\widetilde{B} \\ \widetilde{B}^TP & -aQ \end{bmatrix}<0 \tag{5.66}$$

$$c_1\lambda_{\max}(\widetilde{P})+d\lambda_{\max}(Q)<c_2e^{-aT}\lambda_{\min}(\widetilde{P}) \tag{5.67}$$

式（5.66）中，$\widetilde{A}=\sum_{i=1}^{r}\sum_{j=1}^{r}h_ih_j(A_i+BK_j)$，$\widetilde{B}=\sum_{i=1}^{r}\sum_{j=1}^{r}h_ih_jG_i$，（$i$，$j=1$，2）；式（5.67）中，$\widetilde{P}=R^{-1/2}PR^{-1/2}$，$\lambda$ 表示某个矩阵的特征值。

证明：选择 J 函数为

$$J(t)=J[x(t),w(t)]=x^TPx+w^TQw \tag{5.68}$$

假设：

$$\dot{J}[x(t),w(t)]<aJ[x(t),w(t)]<0 \tag{5.69}$$

即

$$\dot{J}[x(t),w(t)]=\left(\frac{\mathrm{d}^\alpha x}{\mathrm{d}t^\alpha}\right)^TPx+x^TP\left(\frac{\mathrm{d}^\alpha x}{\mathrm{d}t^\alpha}\right)<0 \tag{5.70}$$

根据引理 5.1，结合式（5.70）可知，分数阶水轮机调节系统（5.64）是关于平衡点全局渐进稳定的。

为了得到更加实用的条件，对式（5.69）作进一步处理。

根据式（5.69），将式（5.68）代入式（5.69），同时结合 T－S 模糊规则描述的分数阶水轮机调节系统的表达式（5.64），可以得到

$$\begin{aligned}
&\dot{J}[x(t),w(t)]-aJ[x(t),w(t)]\\
&=\left(\frac{\mathrm{d}^\alpha x}{\mathrm{d}t^\alpha}\right)^TPx+x^TP\left(\frac{\mathrm{d}^\alpha x}{\mathrm{d}t^\alpha}\right)-ax^TPx-aw^TQw\\
&=(\widetilde{A}x+\widetilde{B}w)TPx+x^TP(\widetilde{A}x+\widetilde{B}w)-ax^TPx-aw^TQw\\
&=x^T(\widetilde{A}^TP+P\widetilde{A}-aP)x+w^T\widetilde{B}^TPx+x^TP\widetilde{B}w-aw^TQw\\
&=\begin{bmatrix} x \\ w \end{bmatrix}^T\begin{bmatrix} \widetilde{A}^TP+P\widetilde{A}-aP & P\widetilde{B} \\ \widetilde{B}^TP & -aQ \end{bmatrix}\begin{bmatrix} x \\ w \end{bmatrix}<0
\end{aligned}$$

也就是说

$$\begin{bmatrix} \widetilde{A}^TP+P\widetilde{A}-aP & P\widetilde{B} \\ \widetilde{B}^TP & -aQ \end{bmatrix}<0$$

因此，式（5.66）得证。

$$\begin{aligned}J[x(t),w(t)] &= x(t)^T P x(t) + w(t)^T Q w(t)\\ &= x(t)^T P x(t) + w(t)^T Q w(t)\\ &= x(t)^T R^{1/2}\tilde{P}R^{1/2}x(t) + w(t)^T Q w(t)\\ &\geqslant \lambda_{\min}(\tilde{P})x(t)^T R x(t)\end{aligned} \tag{5.71}$$

$$\begin{aligned}J[x(0),w(0)]e^{aT} &= [x(0)^T P x(0) + w(0)^T Q w(0)]e^{aT}\\ &= [x(0)^T R^{1/2}\tilde{P}R^{1/2}x(0) + w(0)^T Q w(0)]e^{aT}\\ &\leqslant [\lambda_{\max}(\tilde{P})x(0)^T R x(0) + \lambda_{\max}(Q)w(0)^T w(0)]e^{aT}\\ &= [\lambda_{\max}(\tilde{P})c_1 + \lambda_{\max}(Q)d]e^{aT}\end{aligned} \tag{5.72}$$

根据式（5.69）、式（5.71）和式（5.72）可得

$$\begin{aligned}\lambda_{\min}(\tilde{P})x(t)^T R x(t) &\leqslant J[x(t),w(t)] < J[x(0),w(0)]e^{aT}\\ &\leqslant [\lambda_{\max}(\tilde{P})c_1 + \lambda_{\max}(Q)d]e^{aT}\\ &\Rightarrow \lambda_{\min}(\tilde{P})x(t)^T R x(t) \leqslant [\lambda_{\max}(\tilde{P})c_1 + \lambda_{\max}(Q)d]e^{aT}\\ &\Rightarrow x(t)^T R x(t) \leqslant \frac{[\lambda_{\max}(\tilde{P})c_1 + \lambda_{\max}(Q)d]e^{aT}}{\lambda_{\min}(\tilde{P})}\end{aligned} \tag{5.73}$$

令

$$c_2 = \frac{[\lambda_{\max}(\tilde{P})c_1 + \lambda_{\max}(Q)d]e^{aT}}{\lambda_{\min}(\tilde{P})} \tag{5.74}$$

因此，式（5.73）可以写作 $x(t)^T R x(t) \leqslant c_2$，$\forall t \in [0,\ T]$。

为了得到更加宽松的稳定性条件，通过改进定理 5.4，进一步提出定理 5.5。

定理 5.5：对于给定的常数 $c(c>0)$、c_1、c_3、c_4、d、T、R，如果存在一个非正实数 a 和正定矩阵 $P \in R^{n\times n}$、$Q \in R^{p\times q}(\tilde{P} = R^{-1/2}PR^{-1/2})$，满足不等式（5.75）～式（5.77），那么分数阶水轮机调节系统（5.63）是关于平衡点全局渐进稳定的。

$$\begin{bmatrix} P\tilde{A} + \tilde{A}^T P - aP & \tilde{B}Q \\ Q\tilde{B}^T & -Q \end{bmatrix} < 0 \tag{5.75}$$

$a<0$ 时，

$$\frac{c_1 e^{aT}}{\lambda_{\min}(P)} + \frac{d}{a\lambda_{\min}(Q)}(e^{aT}+c) < \frac{c_3}{\lambda_{\max}(P)},\quad 且 \frac{c_1}{\lambda_{\min}(P)} < \frac{c_3}{\lambda_{\max}(P)} \tag{5.76}$$

$a=0$ 时，

$$\frac{c_1}{\lambda_{\min}(P)} + \frac{dT}{a\lambda_{\min}(Q)} < \frac{c_4}{\lambda_{\max}(P)} \tag{5.77}$$

证明：选择 J 函数为

$$J[x(t),w(t)] = x^T P^{-1} x \tag{5.78}$$

假设：

$$\dot{J}[x(t),w(t)] < aJ[x(t),w(t)] + w^T Q^{-1} w < 0 \tag{5.79}$$

即

$$\dot{J}[x(t),w(t)]=\left(\frac{\mathrm{d}^{\alpha}x}{\mathrm{d}t^{\alpha}}\right)^{T}P^{-1}x+x^{T}P^{-1}\left(\frac{\mathrm{d}^{\alpha}x}{\mathrm{d}t^{\alpha}}\right)<0 \tag{5.80}$$

根据引理 5.1，分数阶水轮机调节系统（5.63）是关于平衡点全局渐进稳定的。

为了获得易于编程的稳定性条件，对式（5.79）作进一步处理，得

$$\begin{aligned}&\dot{J}[x(t),w(t)]-aJ[x(t),w(t)]-w^{T}Q^{-1}w\\&=x^{T}(\tilde{A}^{T}P^{-1}+P^{-1}\tilde{A}^{T}-aP^{-1})x+x^{T}P^{-1}\tilde{B}w+w^{T}\tilde{B}^{T}P^{-1}x-w^{T}Q^{-1}w\\&=\begin{bmatrix}x\\w\end{bmatrix}^{T}\begin{bmatrix}\tilde{A}^{T}P^{-1}+P^{-1}\tilde{A}^{T}-aP^{-1} & P^{-1}\tilde{B}\\ \tilde{B}^{T}P^{-1} & -Q\end{bmatrix}\begin{bmatrix}x\\w\end{bmatrix}<0\end{aligned} \tag{5.81}$$

即

$$\begin{bmatrix}\tilde{A}^{T}P^{-1}+P^{-1}\tilde{A}^{T}-aP^{-1} & P^{-1}\tilde{B}\\ \tilde{B}^{T}P^{-1} & -Q\end{bmatrix}<0 \tag{5.82}$$

在式（5.82）左乘、右乘$\begin{bmatrix}P & 0\\0 & Q\end{bmatrix}$可得式（5.75）。

根据式（5.79），可得

$$\dot{J}[x(t),w(t)]<aJ[x(t),w(t)]+\lambda_{\max}(Q^{-1})d \tag{5.83}$$

根据微分不等式的比较原理，可得：

当 $a<0$ 时，

$$J(x)\leqslant J(x_0)e^{aT}+\frac{\lambda_{\max}(Q^{-1})d}{a}(e^{aT}-1)\leqslant J(x_0)e^{aT}+\frac{\lambda_{\max}(Q^{-1})d}{a}(e^{aT}+c) \tag{5.84}$$

当 $a=0$ 时，

$$J(x)\leqslant J(x_0)e^{aT}+\lambda_{\max}(Q^{-1})dt \tag{5.85}$$

当 $a<0$ 时，

$$\begin{aligned}\lambda_{\min}(P^{-1})x(t)^{T}Rx(t)&\leqslant J[x(t),w(t)]\\&\leqslant\lambda_{\max}(P^{-1})x(0)^{T}Rx(0)e^{aT}+\frac{\lambda_{\max}(Q^{-1})d}{a}(e^{aT}+c)\\&\leqslant\frac{c_1e^{aT}}{\lambda_{\min}(P)}+\frac{d}{a\lambda_{\min}(Q^{-1})}(e^{aT}+c)\end{aligned} \tag{5.86}$$

因此，可得

$$x(t)^{T}Rx(t)\leqslant\lambda_{\max}(P)\left[\frac{c_1e^{aT}}{\lambda_{\min}(P)}+\frac{d}{a\lambda_{\min}(Q^{-1})}(e^{aT}+c)\right] \tag{5.87}$$

令

$$c_3=\lambda_{\max}(P)\left[\frac{c_1e^{aT}}{\lambda_{\min}(P)}+\frac{d}{a\lambda_{\min}(Q^{-1})}(e^{aT}+c)\right] \tag{5.88}$$

因此，$x(t)^{T}Rx(t)\leqslant c_3$。

当 $a=0$ 时，

$$\lambda_{\min}(P^{-1})x(t)^T Rx(t) \leqslant J[x(t),w(t)] \leqslant \lambda_{\max}(P^{-1})x(0)^T Rx(0) + \lambda_{\max}(Q^{-1})dT$$
$$\leqslant \frac{c_1}{\lambda_{\min}(P)} + \frac{dT}{\lambda_{\min}(Q)} \tag{5.89}$$

因此，可得：

$$x(t)^T Rx(t) \leqslant \lambda_{\max}(P)\left[\frac{c_1}{\lambda_{\min}(P)} + \frac{dT}{\lambda_{\min}(Q)}\right] \tag{5.90}$$

令

$$c_4 = \lambda_{\max}(P)\left[\frac{c_1}{\lambda_{\min}(P)} + \frac{dT}{\lambda_{\min}(Q)}\right] \tag{5.91}$$

因此，$x(t)^T Rx(t) \leqslant c_4$。

对定理 5.5 进行进一步处理，可以得到一组 LMI 描述的稳定性条件，为编程提供了极大的便利，因此，提出定理 5.6。

定理 5.6：对于给定常数 c、c_1、c_3、c_4、d、T、R，如果存在一个非正实数 a 和正定矩阵 $P \in R^{n\times n}$、$Q \in R^{p\times q}$（$\widetilde{P} = R^{-1/2}PR^{-1/2}$）以及矩阵 $L_i \in R^{p\times n}$、$Y_{ij} \in R^{n\times n}$（i，$j=1$，2），满足不等式（5.76）和式（5.77），以及式（5.92）～式（5.94），那么分数阶水轮机调节系统（5.64）是关于平衡点全局渐进稳定的。

$$A_i\widetilde{P} + B_iL_i + \widetilde{P}A_i^T + L_i^TB_i^T - a\widetilde{P} < Y_{ii} \quad (i=1,2) \tag{5.92}$$

$$A_i\widetilde{P} + B_iL_i + \widetilde{P}A_i^T + L_i^TB_i^T + A_j\widetilde{P} + B_jL_i + \widetilde{P}A_j^T + L_i^TB_j^T - 2a\widetilde{P} < Y_{ij} + Y_{ij}^T \quad (i \neq j) \tag{5.93}$$

$$\begin{bmatrix} Y_{11} & Y_{12} & G_1Q \\ Y_{21} & Y_{22} & G_2Q \\ Q^TG_1 & Q^TG_2 & -Q \end{bmatrix} < 0 \tag{5.94}$$

$$K_i = L_i\widetilde{P}^{-1} \tag{5.95}$$

其中 $Y_{ii}(i=1,2,\cdots,r)$ 是对称矩阵，$Y_{ji} = Y_{ij}^T$，$i \neq j$。

证明过程同定理 5.3，这里不再赘述。

对式（5.76）和式（5.77）作如下处理，可得较为简化的不等式（5.96）～式（5.99）。

$$\lambda_1 I < P < I \tag{5.96}$$

$$\lambda_2 I < Q \tag{5.97}$$

当 $a<0$ 时，

$$\frac{c_1e^{aT}}{\lambda_1} + \frac{d}{\alpha\lambda_2}(e^{aT}-1) < c_2, \quad 且\frac{c_1}{\lambda_1} < c_3 \tag{5.98}$$

当 $a=0$ 时，

$$\frac{c_1}{\lambda_1} + \frac{dT}{a\lambda_2} < c_4 \tag{5.99}$$

式（5.96）～式（5.99）中，λ_1 和 λ_2 为正的常数。

根据 Schur 补定理，可以将式（5.98）和式（5.99）转化为 LMI 的形式，为

当 $a<0$ 时，

$$\begin{bmatrix} c_3 & (c_1e^{aT})^{1/2} & \dfrac{d}{\alpha}(e^{aT}+c)^{1/2} \\ (c_1e^{aT})^{1/2} & \lambda_1 & 0 \\ \dfrac{d}{a}(e^{aT}+c)^{1/2} & 0 & \lambda_2 \end{bmatrix}>0,\quad 且\ c_1<c_3\lambda_1 \tag{5.100}$$

当 $a=0$ 时，

$$\begin{bmatrix} c_4 & c_1^{1/2} & (dT)^{1/2} \\ c_1^{1/2} & \lambda_1 & 0 \\ (dT)^{1/2} & 0 & \lambda_2 \end{bmatrix}>0 \tag{5.101}$$

根据定理 5.6，求解式（5.92）～式（5.94）、式（5.96）～式（5.98）和式（5.101），可以得到控制器的增益矩阵 $K_i(i=1,2)$，进而求得有限时间模糊控制器。

5.3.3 数值仿真分析

相关参数的取值分别为

$\omega_0=314\text{rad/s}$，$T_{ab}=9.0\text{s}$，$D=2.0$，$E'_q=1.35$，$x'_{d\Sigma}=1.15$，$x_{q\Sigma}=1.474$，$T_w=0.8\text{s}$，$T_y=0.1\text{s}$，$V_s=1.0$，$e_{qh}=0.5$，$e_y=1.0$，$e=0.7$，$\alpha=0.9$。

选择式（5.92）～式（5.94）、式（5.96）～（5.98）和式（5.101）中参数为

$B=I_{4\times4}$，$G_1=G_2=0.5\text{rand}(4,4)$，$R=I_{4\times4}$，$c=1.4$，$c_1=10^{-3}$，$c_3=0.145$，$d=1$，$T=1$，$a=-1$。

${x_0}^TRx_0=0.1\times0.1+0.1\times0.1+0.1\times0.1+0.1\times0.1=0.04<c_1=0.1$，满足假设 5.1。

在 Matlab 中求解得到参数 P、K_{11}、K_{12}，分别为

$$P=\widetilde{P}=\text{diag}(0.7017,0.7017,0.7017,0.7017)$$

$$K_{11}=\begin{bmatrix} -102.5416 & -167.8327 & -8.3326 & -10.0132 \\ -169.8016 & -102.6883 & -11.0509 & -9.5207 \\ -8.2392 & -7.1233 & -96.5704 & -2.6510 \\ -9.9868 & -9.9621 & -29.6011 & -91.0684 \end{bmatrix}$$

$$K_{12}=\begin{bmatrix} -102.5416 & -168.3759 & -8.2868 & -9.9810 \\ -168.3349 & -102.6883 & -8.4498 & -8.6798 \\ -8.2850 & -9.7244 & -96.5704 & -15.0152 \\ -10.0190 & -10.8030 & -17.2369 & -91.0684 \end{bmatrix}$$

将所求控制器的增益 K_{11}、K_{12} 代入分数阶水轮机调节系统（5.64）中，可以得到施加控制后的整数阶水轮机调节系统的动态方程。当仅仅采用模糊方法时，在 Matlab 中求得控制器的增益矩阵：

$$K_{21}=\begin{bmatrix} -0.2886 & -163.2499 & -0.0002 & -0.0022 \\ -13.2053 & -6.3086 & -0.0748 & -0.0014 \\ -0.0015 & -0.6937 & 0.8924 & -7.1508 \\ -0.0042 & -0.0809 & -5.2601 & 10.2103 \end{bmatrix}$$

$$K_{22}=\begin{bmatrix}-0.2802 & -157.5403 & -0.0002 & -0.0020\\ -12.7437 & -6.3169 & -0.0748 & -0.0014\\ -0.0015 & -0.7027 & 0.8924 & -7.1508\\ -0.0042 & -0.0822 & -5.2601 & 10.2103\end{bmatrix}$$

当调速器部分采用 PID 算法时，PID 控制器为

$$u=-k_p\omega-k_d\dot{\omega}-k_i\frac{\delta}{\omega_0} \tag{5.102}$$

式（5.102）中的参数选取为：$k_p=-20$，$k_i=2$，$k_d=10.5$。

在 Matlab 中作出三种不同方法下加入控制器后分数阶水轮机调节系统状态变量 x_1、x_2、x_3、x_4 的轨迹图，如图 5.2 所示。

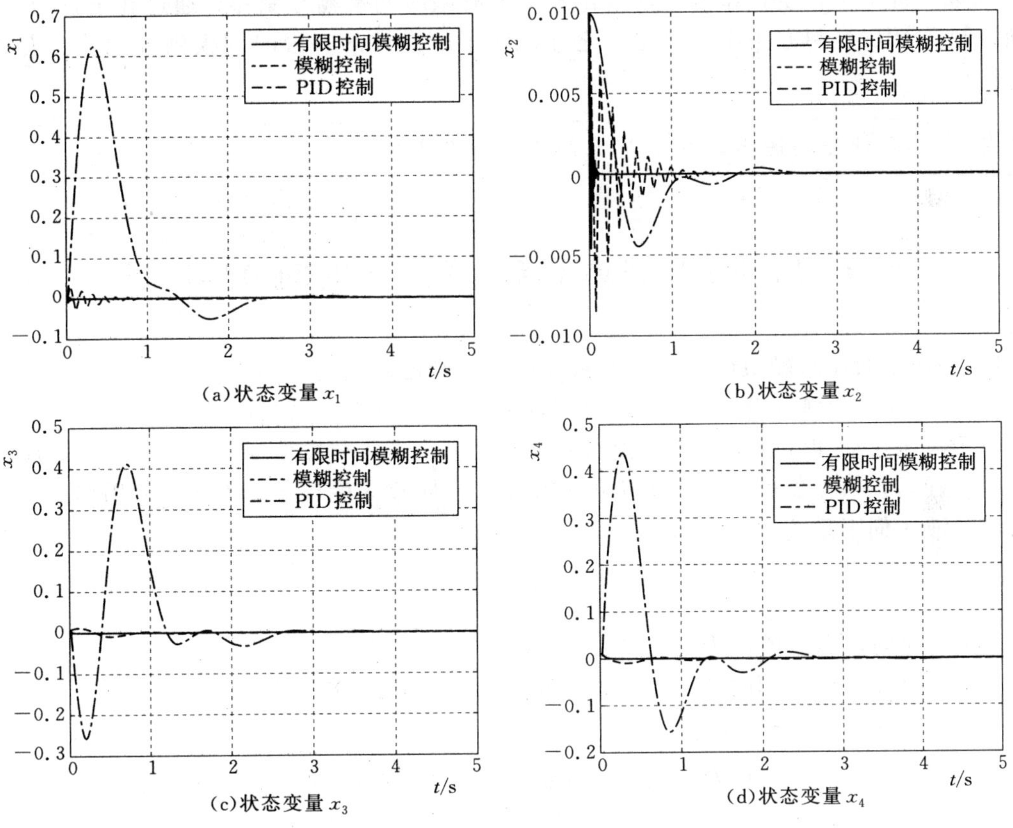

图 5.2　不同方法下加入控制器后分数阶水轮机调节系统状态变量 x_1、x_2、x_3、x_4 的轨迹图

图 5.2 给出了有限时间模糊控制方法和单纯的模糊控制方法下，施加控制后分数阶水轮机调节系统中状态变量 x_1、x_2、x_3、x_4 的轨迹图。从图中可以看出，三种控制方法都能使分数阶水轮机调节系统稳定到平衡点，说明三种控制策略都是有效的控制方法。对比三种控制方法下系统各变量的状态轨迹图，可以得到：①单独施加模糊控制时，分数阶水轮机调节系统经过一段时间的振荡之后趋于稳定，特别是水轮机系统的角频率经过较长时间的振荡才衰减至平衡点，这是模糊控制的最大缺点；②单独施加 PID 控制时，水轮机

调节系统的四个状态变量功角、角频率、输出转矩和导叶开度都有较大的超调量，这对输出的电能质量有很大影响，同时也会对电力系统的稳定运行造成一定的危害，这是 PID 调节的最大缺点；③有限时间模糊控制能够在有限的短时间让分数阶水轮机调节系统趋于稳定，暂态过渡过程衰减较快，水轮机系统具有良好的暂态性能；④有限时间模糊控制下，分数阶水轮机调节系统的状态轨迹振荡幅值较小，对电力设备的威胁较小，显示出了良好的鲁棒性，这是有限时间模糊控制所表现出来的很大的优势。

有限时间模糊控制与 PID 控制相比具有强大的优越性，因此，可以考虑将调速器中传统的 PID 控制器替换为有限时间模糊控制器，从而达到优化控制器的目的。

本节针对分数阶水轮机调节系统，分析了随机扰动下的系统状态轨迹图，研究了其非线性特性，将整数阶水轮机调节系统的有限时间稳定控制方法应用到了分数阶系统中；基于 J 函数，提出了稳定性条件，求解出相应的有限时间模糊控制器；通过和单独的 T－S 模糊控制及 PID 控制方法作了对比，充分说明了所设计的有限时间模糊控制器具有良好的鲁棒性。

思考	分数阶描述水轮机调节系统有什么优势？

5.4 时滞水轮机调节系统的有限时间模糊控制

5.4.1 整数阶时滞水轮机调节系统的有限时间模糊控制

5.4.1.1 时滞水轮机调节系统的 T－S 模糊模型

由于液压随动和导水系统具有较强的机械惯量，当负载发生变化时，信号与响应之间存在时间延迟，执行器难以实时快速跟踪和调整，导致滞后现象。因此，采用如下具有状态时滞的液压伺服系统：

$$\dot{y}=-\frac{1}{T_y}y(t-d) \tag{5.103}$$

式中：d 为时间延迟的值，为正实数。

根据 5.2 节可以得到时滞水轮机调节系统的非线性微分方程：

$$\begin{cases}\dot{\delta}=w_0 w\\ \dot{w}=\dfrac{1}{T_{ab}}\left(m_t-Dw-\dfrac{E_q'V_s}{x_{d\Sigma}'}\sin\delta-\dfrac{V_s^2}{2}\dfrac{x_{d\Sigma}'-x_{q\Sigma}}{x_{d\Sigma}'x_{q\Sigma}}\sin2\delta\right)\\ \dot{m}_t=\dfrac{1}{e_{qh}T_w}\left[-m_t+e_y y(t-d)+\dfrac{ee_yT_w}{T_y}y(t-d)\right]\\ \dot{y}=-\dfrac{1}{T_y}y(t-d)\end{cases} \tag{5.104}$$

为了便于分析，令状态变量 $x(t)=[\delta(t),\ w(t),\ m_t(t),\ y(t)]^T=[x_1(t),\ x_2(t),\ x_3(t),\ x_4(t)]^T$，则状态方程形式的系统表示为

$$\begin{cases}\dot{x}(t)=f[x(t)]+A_d x(t-d)+Bu(t)\\ z(t)=Cx(t)+Du(t)\end{cases} \tag{5.105}$$

其中 $f[x(t)]=\begin{bmatrix} w_0x_2(t) \\ \dfrac{1}{T_{ab}}\left[x_3(t)-Dx_2(t)-\dfrac{E_q'V_s}{x_{d\Sigma}'}\sin x_1(t)-\dfrac{V_s^2}{2}\dfrac{x_{d\Sigma}'-x_{q\Sigma}}{x_{d\Sigma}'x_{q\Sigma}}\sin 2x_1(t)\right] \\ -\dfrac{1}{e_{qh}T_w}x_3(t) \\ 0 \end{bmatrix}$

$$A_d=\begin{bmatrix} 0 & 0 & 0 & 0 \\ 0 & 0 & 0 & 0 \\ 0 & 0 & 0 & \dfrac{e_y}{e_{qh}T_w}+\dfrac{ee_y}{e_{qh}T_y} \\ 0 & 0 & 0 & -\dfrac{1}{T_y} \end{bmatrix}$$

式中：$f(\cdot)$为 Lipschitz 连续函数；$f[x(t)]$为没有状态延迟的非线性项；A_d 为时滞项的系数矩阵；$u(t)$为控制输入，$u(t)=[u_1(t),\ u_2(t),\ u_3(t),\ u_4(t)]^T$；$B$ 和 D 为控制输入系数矩阵；$z(t)$为控制输出；C 为输出向量的系数矩阵。

为建立时滞水轮机调节系统（5.105）的 T－S 模糊模型，考虑非线性系统混沌运动的有界性，令 $x_1\in[-\rho,\ \rho]$，其中 $\rho=2$，x_1 被选择为前件变量；接着对调节系统（5.105），建立以下模糊规则 R^1 和 R^2。

R^1：IF $x_1(t)$ is $M_{11}(x_1(t))$ （near 0）

$$\text{THEN}\begin{cases}\dot{x}(t)=A_1x(t)+A_{d1}x(t-d)+B_1u(t)\\ z(t)=C_1x(t)+D_1u(t)\end{cases}$$

R^2：IF $x_1(t)$ is $M_{21}(x_1(t))$ （near$\pm\rho$）

$$\text{THEN}\begin{cases}\dot{x}(t)=A_2x(t)+A_{d2}x(t-d)+B_2u(t)\\ z(t)=C_2x(t)+D_2u(t)\end{cases}$$

其中 A_1、A_2、A_{d1}、A_{d2}、C_1和 C_2 为 4×4 实系数矩阵，$A_i(i=1,\ 2)$通过应用忽略高阶项的 Taylor 级数法得到。对于水轮机调节系统（5.104），得到的各线性子系统系数矩阵为

$$A_1=\begin{bmatrix} 0 & 314 & 0 & 0 \\ \dfrac{17231}{16951} & -\dfrac{2}{9} & \dfrac{1}{9} & 0 \\ 0 & 0 & -\dfrac{5}{2} & 0 \\ 0 & 0 & 0 & 0 \end{bmatrix}$$

$$A_2=\begin{bmatrix} 0 & 314 & 0 & 0 \\ \dfrac{1577}{16951} & -\dfrac{2}{9} & \dfrac{1}{9} & 0 \\ 0 & 0 & -\dfrac{5}{2} & 0 \\ 0 & 0 & 0 & 0 \end{bmatrix}$$

$$A_{d1}=A_{d2}=\begin{bmatrix}0 & 0 & 0 & 0\\ 0 & 0 & 0 & 0\\ 0 & 0 & 0 & \dfrac{33}{2}\\ 0 & 0 & 0 & -10\end{bmatrix}$$

控制输入的系数矩阵为 $B_i\,(i=1,\ 2)$ 和 $D_i\,(i=1,\ 2)$，模糊集的隶属度函数选择为 $M_{11}[x_1(t)]=1-\dfrac{|x_1(t)|}{\rho}$ 和 $M_{21}[x_1(t)]=\dfrac{|x_1(t)|}{\rho}$。

将两个局部线性状态和输出模型乘以权值进行模糊混合，可以推导出模糊时滞水轮机调节系统的全局模糊模型：

$$\begin{cases}\dot{x}(t)=\sum\limits_{i=1}^{2}h_i[\xi(t)][A_ix(t)+A_{di}x(t-d)+B_iu(t)]\\ z(t)=\sum\limits_{i=1}^{2}h_i[\xi(t)][C_ix(t)+D_iu(t)]\end{cases}\tag{5.106}$$

控制器的设计采用并行分布式补偿（PDC），并遵循两条 IF - THEN 规则。调节系统（5.106）设计的模糊全局 PDC 无记忆状态反馈控制器为

R^1：IF $x_1(t)$ is $M_{11}(x_1(t))$（near 0）

THEN $u(t)=K_1x(t)$

R^2：IF $x_1(t)$ is $M_{21}(x_1(t))$（near$\pm\rho$）

THEN $u(t)=K_2x(t)$

$K_i(i=1,\ 2)$ 是第 i 条规则中需要确定的反馈增益，整个系统的控制器最后表达为

$$u(t)=\sum_{i=1}^{2}h_i[\xi(t)]K_jx(t)\tag{5.107}$$

将式（5.107）代入式（5.106），那么就得到：

$$\begin{cases}\dot{x}(t)=\sum\limits_{i=1}^{2}h_i[\xi(t)][A_ix(t)+A_{di}x(t-d)]+\sum\limits_{i=1}^{2}h_i[\xi(t)]B_i\sum\limits_{j=1}^{2}h_j[\xi(t)]K_jx(t)\\ z(t)=\sum\limits_{i=1}^{2}h_i[\xi(t)]C_ix(t)+\sum\limits_{i=1}^{2}h_i[\xi(t)]D_i\sum\limits_{j=1}^{2}h_j[\xi(t)]K_jx(t)\end{cases}\tag{5.108}$$

考虑到 $\sum\limits_{i=1}^{2}h_i[\xi(t])=1$，为便于推导过程，最终可得到时滞水轮机调节系统的闭环模糊模型为

$$\begin{cases}\dot{x}(t)=A_hx(t)+A_{hd}x(t-d)\\ z(t)=C_hx(t)\end{cases}\tag{5.109}$$

其中

$$A_h=\sum_{i=1}^{2}\sum_{j=1}^{2}h_i[\xi(t)]h_j[\xi(t)](A_i+B_iK_j)$$

$$A_{hd}=\sum_{i=1}^{2}h_i[\xi(t)]A_{di}$$

$$C_h=\sum_{i=1}^{2}\sum_{j=1}^{2}h_i[\xi(t)]h_j[\xi(t)](C_i+D_iK_j)。$$

5.4.1.2 时滞系统有限时间稳定性分析

在给出时滞水轮机调节系统有限时间模糊控制稳定性分析前，先讨论线性时滞系统的有限时间稳定性条件，从而可以使结论拓展到非线性水轮机调节系统的控制器设计中。

关于线性时滞系统的有限时间稳定定义如下。

定义 5.6：对于如下系统：

$$\begin{cases}\dot{x}(t)=A_hx(t)+A_{hd}x(t-d)\\ x(t)=\varphi(t),\quad t\in[-d,0]\end{cases}\tag{5.110}$$

如果存在常数 c_1、c_2、T，且 $0<c_1<c_2$、$T>0$，当 $\sup\varphi^T(t)\varphi(t)\leqslant c_1$ 时，$x^T(t)x(t)<c_2(\forall t\in[0,T])$ 成立，则线性时滞系统是有限时间稳定的。

通过定义 5.6，可以得到如下定理。

定理 5.7：给定常数 c_1、c_2 和常数 T（$T>0$），如果存在一个正常数 ρ，以及正定矩阵 P、Q，对任意时滞 d，当且仅当以下条件成立时，调节系统（5.110）满足有限时间稳定。

$$\psi=\begin{bmatrix}A_h^TP+P^TA_h-\rho P+Q & P^TA_{hd}\\ * & -Q\end{bmatrix}<0\tag{5.111}$$

$$\lambda_{\max}(P)c_1+d\lambda_{\max}(Q)c_1<e^{-\rho T}c_2\lambda_{\min}(P)\tag{5.112}$$

证明：选择如下 Lyapunov - Krasovskii 函数：

$$V[x(t)]=x^T(t)Px(t)+\int_{t-d}^{t}x^T(s)Qx(s)\mathrm{d}s\tag{5.113}$$

$V[x(t)]$ 沿时滞系统（5.110）轨迹的时间导数为

$$\begin{aligned}\dot{V}[x(t)]&=\dot{x}^T(t)Px(t)+x^T(t)P\dot{x}(t)+x^T(t)Qx(t)-x^T(t-d)Qx(t-d)\\&=[A_hx(t)+A_{hd}x(t-d)]^TPx(t)+x^T(t)P[A_hx(t)+A_{hd}x(t-d)]\\&\quad+x^T(t)Qx(t)-x^T(t-d)Qx(t-d)\end{aligned}\tag{5.114}$$

可以改写为

$$\begin{aligned}\dot{V}[x(t)]&=\begin{bmatrix}x(t)\\x(t-d)\end{bmatrix}^T\begin{bmatrix}A_h^TP+PA_h^T+Q-\rho P & P^TA_{hd}\\ * & -Q\end{bmatrix}[x(t)\quad x(t-d)]\\&\quad+\begin{bmatrix}x(t)\\x(t-d)\end{bmatrix}^T\begin{bmatrix}\rho P & 0\\ * & 0\end{bmatrix}[x(t)\quad x(t-d)]\\&=\begin{bmatrix}x(t)\\x(t-d)\end{bmatrix}^T\begin{bmatrix}A_h^TP+PA_h^T+Q-\rho P & P^TA_{hd}\\ * & -Q\end{bmatrix}[x(t)\quad x(t-d)]\\&\quad+\begin{bmatrix}x(t)\\x(t-d)\end{bmatrix}^T\begin{bmatrix}\rho P & 0\\ * & 0\end{bmatrix}[x(t)\quad x(t-d)]\end{aligned}\tag{5.115}$$

因此可以得到

$$\dot{V}[x(t)]<\begin{bmatrix}x(t)\\x(t-d)\end{bmatrix}^T\begin{bmatrix}\rho P & 0\\ * & 0\end{bmatrix}[x(t)\quad x(t-d)]\leqslant\rho V[x(t)]\tag{5.116}$$

可以得知：

$$\dot{V}[x(t)]<\rho V[x(t)]\tag{5.117}$$

也就是

$$e^{-\rho T}\dot{V}[x(t)]-\rho e^{-\rho T}V[x(t)]<0 \tag{5.118}$$

因此式（5.118）等价于式（5.119）。

$$\frac{de^{-\rho T}V[x(t)]}{dt}<0 \tag{5.119}$$

因此

$$V[x(t)]<\mathrm{e}^{\rho T}V[x(0)] \tag{5.120}$$

那么可以得到以下不等式：

$$\begin{aligned}&\lambda_{\min}(P)x^T(t)x(t)\leqslant x^T(t)Px(t)\leqslant V[x(t)]<e^{\rho T}V[x(0)]\\&\leqslant e^{\rho T}[\lambda_{\max}(P)x^T(t)x(t)+d\lambda_{\max}(Q)x^T(t)x(t)]\end{aligned} \tag{5.121}$$

不等式（5.121）可改写为

$$\begin{aligned}x^T(t)x(t)&\leqslant\frac{1}{\lambda_{\min}(P)}\{e^{\rho T}[\lambda_{\max}(P)x^T(t)x(t)+d\lambda_{\max}(Q)x^T(t)x(t)]\}\\&=\frac{1}{\lambda_{\min}(P)}\{e^{\rho T}[\lambda_{\max}(P)c_1+d\lambda_{\max}(Q)c_1]\}<c_2\end{aligned} \tag{5.122}$$

根据定义 5.6，系统是有限时间稳定的，定理得证。

模糊化的时滞非线性水轮机调节系统具备系统（5.110）的形式，在上述分析的基础上利用定理 5.7 来设计相应的有限时间模糊控制器。

5.4.1.3　有限时间模糊控制器设计

根据上一节内容，时滞水轮机调节系统的全局模糊模型可以表达为

$$\begin{cases}\dot{x}(t)=\sum_{i=1}^{2}\sum_{j=1}^{2}h_i[\xi(t)]h_j[\xi(t)](A_i+B_iK_j)x(t)+\sum_{i=1}^{2}h_i[\xi(t)]A_{id}x(t-d)\\x(t)=\varphi(t),\quad t\in[-d,0]\end{cases}. \tag{5.123}$$

对于系统（5.123），矩阵 ψ_g 具体形式为

$$\psi_g=\begin{bmatrix}A_g^TP+P^TA_g-\rho P+Q & P^TA_{gd}\\ * & -Q\end{bmatrix} \tag{5.124}$$

其中 $A_g=\sum_{i=1}^{2}\sum_{j=1}^{2}h_i[\xi(t)]h_j[\xi(t)](A_i+B_iK_j)$，$A_{gd}=\sum_{i=1}^{2}h_i[\xi(t)]A_{id}$。

式（5.124）也可写为

$$\begin{aligned}\psi_g&=\sum_{i=1}^{2}\sum_{j=1}^{2}h_i[\xi(t)]h_j[\xi(t)]\begin{bmatrix}(A_i+B_iK_j)^TP+P^T(A_i+B_iK_j)-\rho P+Q & P^T(A_{id})\\ * & -Q\end{bmatrix}\\&=\sum_{i=1}^{2}h_i^2[\xi(t)]\psi_{ii}+\sum_{i=1}^{2}\sum_{j=1}^{2}h_i[\xi(t)]h_j[\xi(t)](\psi_{ij}+\psi_{ji})\end{aligned} \tag{5.125}$$

其中

$$\psi_{ii}=\begin{bmatrix}(A_i+B_iK_i)^TP+P^T(A_i+B_iK_i)-\rho P+Q & P^TA_{id}\\ * & -Q\end{bmatrix}$$

$$\psi_{ij}=\begin{bmatrix}(A_i+B_iK_j)^TP+P^T(A_i+B_iK_j)-\rho P+Q & P^TA_{id}\\ * & -Q\end{bmatrix}\quad(i,j=1,2)$$

因此，基于定理 5.7，受控时滞水轮机调节系统有限时间稳定需满足：

$$\psi_g = \begin{bmatrix} A_g^T P + P^T A_g - \rho P + Q & P^T A_{gd} \\ * & -Q \end{bmatrix} < 0 \tag{5.126}$$

不等式（5.126）等价于式（5.127）和式（5.128）同时成立。

$$\psi_{ii} < 0 \tag{5.127}$$

$$\psi_{ij} + \psi_{ji} < 0 \quad (i,j=1,2) \tag{5.128}$$

详细的描述将在定理 5.8 中介绍。

定理 5.8：给定常数 ρ 和常数 $T(T>0)$，若存在矩阵 $X=P^{-T}$，以及正定矩阵 Q 满足如下线性矩阵不等式（LMIs），那么在控制器（5.107）作用下系统（5.109）可实现有限时间稳定。

$$\bar{\psi}_{ii} < 0 \qquad (i=1,2,3,\cdots,r) \tag{5.129}$$

$$\bar{\psi}_{ij} + \bar{\psi}_{ji} < 0 \qquad (j < i=1,2,3,\cdots,r) \tag{5.130}$$

$$\begin{bmatrix} X & 0 \\ * & \lambda_1 \end{bmatrix} < I \tag{5.131}$$

$$\begin{bmatrix} X & I \\ * & \lambda_2 I \end{bmatrix} > 0 \tag{5.132}$$

$$Q < \lambda_3 I \tag{5.133}$$

$$(\lambda_1 c_1 + d\lambda_2 c_1)e^{\rho T} < c_2 \tag{5.134}$$

其中

$$\bar{\psi}_{ij} = \begin{bmatrix} XA_i^T + N_j^T B_i^T + A_i X^T + B_i N_j - \rho X & A_{id} & X \\ * & -Q & 0 \\ * & * & Q-2I \end{bmatrix}$$

证明：首先证明不等式（5.129）。

给不等式（5.127）左边两侧分别乘以辅助变换矩阵 diag(P^{-T}，I）可以得到矩阵不等式：

$$\begin{bmatrix} P^{-T}A_i^T + P^{-T}K_i^T B_i^T + A_i P^{-} + B_i K_i P^{-} - \rho P^{-T} + P^{-T} Q P^{-} & A_{id} \\ * & -Q \end{bmatrix} < 0 \tag{5.135}$$

令 $N_i = K_i X^T$，式（5.135）可转换为

$$\begin{bmatrix} XA_i^T + N_i^T B_i^T + A_i X^T + B_i N_i - \rho X + XQX^T & A_{id} \\ * & -Q \end{bmatrix} < 0 \tag{5.136}$$

根据 Schur 补引理，不等式（5.136）可被替换为

$$\begin{bmatrix} XA_i^T + N_i^T B_i^T + A_i X^T + B_i N_i - \rho X & A_{id} & X \\ * & -Q & 0 \\ * & * & -Q^{-} \end{bmatrix} < 0 \tag{5.137}$$

为了能够求解不等式（5.137），矩阵参数 $-Q^{-}$ 可等价于 $Q-2I$，证明如下：

假设：

$$-Q^{-} < Q - 2I \tag{5.138}$$

给不等式（5.138）两边各乘以矩阵 Q，则可以得到

$$Q^2 - 2IQ + I > 0 \tag{5.139}$$

因为 $IQ=QI$，那么可以得到：

$$(Q-I)^2 > 0 \tag{5.140}$$

因此假设得到证明。

基于上述等价关系，不等式（5.137）可表达为

$$\begin{bmatrix} XA_i^T + N_j^T B_i^T + A_i X^T + B_i N_j - \rho X & A_{id} & X \\ * & -Q & 0 \\ * & * & Q-2I \end{bmatrix} < 0 \tag{5.141}$$

也就是说不等式（5.136）为式（5.141）成立的充分条件，不等式（5.129）得证。

第二步证明不等式（5.130）。

不等式（5.130）表达为

$$\bar{\psi}_{ij} + \bar{\psi}_{ji} = \begin{bmatrix} \Lambda - 2\rho X & A_{id} + A_{jd} & 2X \\ * & -2Q & 0 \\ * & * & 2Q-4I \end{bmatrix} < 0 \tag{5.142}$$

其中 $\Lambda = X(A_i^T + A_j^T) + (A_i + A_j)X^T + N_j^T B_i^T + B_i N_j + N_i^T B_j^T + B_j N_i$。

证明过程与不等式（5.129）相同，这里不赘述。

最后证明不等式（5.131）～式（5.134）。

由不等式（5.122），假设存在以下不等式：

$$\begin{cases} 0 < \lambda_1 < \lambda_{\min}(P) \\ \lambda_2 > \lambda_{\max}(P) \\ \lambda_3 > \lambda_{\max}(Q) \end{cases} \tag{5.143}$$

通过不等式（5.122），可以得到

$$[\lambda_{\max}(P)c_1 + d\lambda_{\max}(Q)c_1]e^{\rho T} < (\lambda_2 c_1 + d\lambda_3 c_1)e^{\rho T} < c_2\lambda_1 < c_2\lambda_{\min}(P)$$

根据定理 5.7，证明就完成。最后，根据上述步骤，定理 5.8 得证。

通过 Matlab 的 LMI 工具箱求解不等式（5.129）～式（5.134），可以很容易地得到反馈控制增益 K_1 和 K_2。

5.4.1.4　数值仿真分析

相关参数的取值分别为

$\omega_0=314\text{rad/s}$，$T_{ab}=9.0\text{s}$，$D=2.0$，$E'_q=1.35$，$x'_{d\Sigma}=1.15$，$x_{q\Sigma}=1.474$，$T_w=0.8\text{s}$，$T_y=0.1\text{s}$，$V_s=1.0$，$e_{qh}=0.5$，$e_y=1.0$，$e=0.7$，$\alpha=0.9$。

根据 5.4.1.3 节提出的方法，选取相应的参数为

$B=I_{4\times4}$，$c_1=0.01$，$c_2=20$，$T=2\text{s}$，$d=0.5\text{s}$，$\rho=9$。

使用上述参数计算出以下参数值。

$$P = \begin{bmatrix} 0.4973 & -0.0217 & 0.0008 & 0 \\ -0.0217 & 30.5759 & -0.0003 & -0.0001 \\ 0.0008 & -0.0003 & 0.8178 & -0.5081 \\ 0 & -0.0001 & -0.5081 & 7.7172 \end{bmatrix}$$

$$Q=\begin{bmatrix}1.0919 & 0.0131 & 0.0002 & 0\\ 0.0131 & 1.2876 & 0.0001 & 0\\ 0.0002 & 0.0001 & 1.1267 & -0.0023\\ 0 & 0 & -0.0023 & 1.1821\end{bmatrix}$$

$$K_1=\begin{bmatrix}-23.7322 & -212.5793 & -0.0271 & 0.1183\\ -3.2113 & -389.5237 & 0.0528 & -0.5817\\ -0.0251 & 0.0296 & -9.6449 & -17.4993\\ -0.0111 & 6.045 & 7.8847 & -88.7048\end{bmatrix}$$

$$K_2=\begin{bmatrix}-6.1518 & 6.9300 & -0.0062 & 0.0232\\ -0.1698 & -390.2501 & -0.1250 & 0.3159\\ -0.0167 & 3.2755 & -13.3636 & 32.3749\\ -0.0050 & -1.1858 & 3.8722 & -86.1915\end{bmatrix}$$

计算得到的 P 和 Q 是正定矩阵，满足定理 5.8 的要求。也就是说，所寻求的反馈增益是有效的。将控制增益 K 代入式（5.107），绘制出各状态变量的轨迹，如图 5.3 所示。

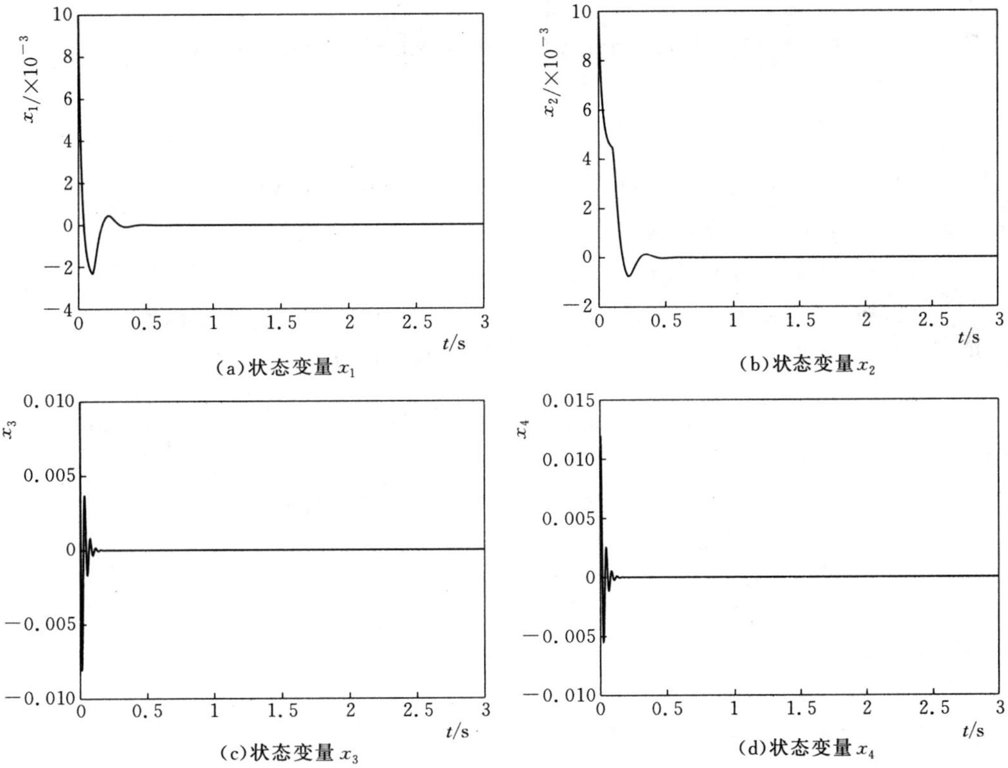

图 5.3 加入控制器后整数阶时滞水轮机调节系统状态变量 x_1、x_2、x_3、x_4 的轨迹图

由图 5.3 可知，状态变量轨迹最终是稳定的，到达稳定时间约 2.5s，验证了控制器的可行性。

思考	时滞控制系统还有哪些分析方法？

5.4.2 分数阶时滞水轮机调节系统的有限时间模糊控制

5.4.2.1 分数阶时滞水轮机调节系统及其 T-S 模糊模型

在前节的基础上，用 Caputo 分数阶导数来建立水轮机调节系统中液压随动系统的动力学模型，鉴于已有许多成功地将离散时滞引入模型的例子，在伺服电机的非线性动态函数中引入离散时滞，得到了时滞为 d 的伺服电机的分数阶非线性动力学方程：

$$D^{\alpha} y=\begin{cases}-\dfrac{1}{T_y} y(t-d), & t \in[d,+\infty) \\ y_0, & t \in[0, d]\end{cases} \tag{5.144}$$

式中：d 为正值的时间延迟。

因此，根据式（5.144）和 5.3.1 节可以得到带控制器的时滞分数阶水轮机调节系统的非线性微分方程：

$$\begin{cases}\dot{\delta}=w_0 w+u_1 \\ \dot{w}=\dfrac{1}{T_{ab}}\left[m_t-D w-\dfrac{E_q' V_s}{x_{d \Sigma}'} \sin \delta-\dfrac{V_s^2}{2} \dfrac{x_{d \Sigma}'-x_{q \Sigma}}{x_{d \Sigma}' x_{q \Sigma}} \sin 2 \delta\right]+u_2 \\ \dot{m}_t=\dfrac{1}{e_{qh} T_w}\left[-m_t+e_y y(t-d)+\dfrac{e e_y T_w}{T_y} y(t-d)\right]+u_3 \\ D^{\alpha} y=-\dfrac{1}{T_y} y(t-d)+u_4\end{cases} \tag{5.145}$$

为了便于分析，令状态变量 $x(t)=[\delta(t),\ w(t),\ m_t(t),\ y(t)]^T=[x_1(t),\ x_2(t),\ x_3(t),\ x_4(t)]^T$，则状态方程表示为

$$\begin{cases}D^{\alpha} x(t)=f[x(t)]+A_d x(t-d)+B u(t), & t \in[0, T] \\ x(t)=\phi(t), & t \in[-d, 0)\end{cases} \tag{5.146}$$

其中 $f[x(t)]=\begin{bmatrix}w_0 x_2(t) \\ \dfrac{1}{T_{ab}}\left[x_3(t)-D x_2(t)-\dfrac{E_q' V_s}{x_{d \Sigma}'} \sin x_1(t)-\dfrac{V_s^2}{2} \dfrac{x_{d \Sigma}'-x_{q \Sigma}}{x_{d \Sigma}' x_{q \Sigma}} \sin 2 x_1(t)\right] \\ -\dfrac{1}{e_{qh} T_w} x_3(t) \\ 0\end{bmatrix}$，

$$A_d=\begin{bmatrix}0 & 0 & 0 & 0 \\ 0 & 0 & 0 & 0 \\ 0 & 0 & 0 & \dfrac{e_y}{e_{qh} T_w}+\dfrac{e e_y}{e_{qh} T_y} \\ 0 & 0 & 0 & -\dfrac{1}{T_y}\end{bmatrix}。$$

式中：$f(\cdot)$为 Lipschitz 连续函数；$f[x(t)]$为没有状态延迟的非线性项；A_d 为时滞项的系数矩阵；$u(t)$为控制输入，$u(t)=[u_1(t),\ u_2(t),\ u_3(t),\ u_4(t)]^T$；$B$ 和 D 为控制输入系数矩阵；$z(t)$为控制输出。

广义 T-S 模糊模型是整阶模糊模型的推广，将 Talyor 级数应用到分数阶水轮机调节

系统（5.145）中，考虑到混沌运动的有界性，取 $\omega \in [-d, d]$，$d=2$。根据 5.1.1 节，对分数阶水轮机调节系统（5.145），建立 IF - THEN 规则 R^1、R^2。

R^1：IF δ is $x_1(t)$ (near 0)

$$\text{THEN}\ \frac{\mathrm{d}^\alpha x(t)}{dt^\alpha} = A_1 x(t) + A_{d1} x(t-d) + B_1 u(\tilde{t})$$

R^2：IF δ is $x_2(t)$ (near $\pm d$)

$$\text{THEN}\ \frac{\mathrm{d}^\alpha x(t)}{dt^\alpha} = A_2 x(t) + A_{d2} x(t-d) + B_2 u(\tilde{t})$$

隶属度函数取为

$$M_1[(x(t)] = \frac{1}{2}\left[1 + \frac{x_2(t)}{d}\right], M_2[x(t)] = \frac{1}{2}\left[1 - \frac{x_2(t)}{d}\right]$$

B_1 和 B_2 均取为四阶单位矩阵。

其中 A_1、A_2、A_{d1}、A_{d2}、C_1 和 C_2 为 4×4 实系数矩阵，$A_i\,(i=1, 2)$通过应用忽略高阶项的 Taylor 级数法得到，对于水轮机调节系统（5.146），由模糊规则，并根据 5.3 节引入 Taylor 级数的局部近似法处理非线性项，可得分数阶水轮机调节系统的系数矩阵：

$$A_1 = \begin{bmatrix} 0 & 314 & 0 & 0 \\ \dfrac{17231}{16951} & -\dfrac{2}{9} & \dfrac{1}{9} & 0 \\ 0 & 0 & -\dfrac{5}{2} & 0 \\ 0 & 0 & 0 & 0 \end{bmatrix}$$

$$A_2 = \begin{bmatrix} 0 & 314 & 0 & 0 \\ \dfrac{1577}{16951} & -\dfrac{2}{9} & \dfrac{1}{9} & 0 \\ 0 & 0 & -\dfrac{5}{2} & 0 \\ 0 & 0 & 0 & 0 \end{bmatrix}$$

$$A_{d1} = A_{d2} = \begin{bmatrix} 0 & 0 & 0 & 0 \\ 0 & 0 & 0 & 0 \\ 0 & 0 & 0 & \dfrac{33}{2} \\ 0 & 0 & 0 & -10 \end{bmatrix}$$

将两个局部线性状态和输出模型乘以权值进行模糊混合，可以推导出模糊时滞分数阶水轮机调节系统的全局模糊模型：

$$D^\alpha x[t] = \sum_{i=1}^{r} h_i[\xi(t)][A_i x(t) + A_{di} x(t-d) + B_i u(t)] \tag{5.147}$$

根据 5.1.1 节，相应的控制器可由下列规则 R^1、R^2 描述：

R^1：IF ω is $x_2(t)$ (near 0)

THEN $u(\tilde{t}) = K_1 x$

R^2：IF ω is x_2 (t) (near $\pm d$)

THEN $u(\tilde{t})=K_2 x$

控制器的总体输出为

$$u(t)=\sum_{j=1}^{2} h_j[z(t)]K_j x(t) \tag{5.148}$$

将式 (5.148) 代入式 (5.147)，得

$$D^\alpha x(t)=\sum_{i=1}^{2} h_i[\xi(t)][A_i x(t)+A_{di}x(t-d)]+\sum_{i=1}^{2} h_i[\xi(t)]B_i\sum_{j=1}^{2} h_j[\xi(t)]K_j x(t) \tag{5.149}$$

因此，分数阶水轮机调节系统的 T－S 模糊模型可以描述为

$$D^\alpha x(t)=\sum_{i=1}^{2}\sum_{j=1}^{2} h_i[z(t)]h_j[z(t)][(A_i+B_iK_j)x(t)+A_{di}x(t-d)] \tag{5.150}$$

考虑到 $\sum_{i=1}^{r} h_i[\xi(t)]=1$，为便于推导过程，最终可得到时滞水轮机调节系统的闭环模糊模型为

$$D^\alpha x(t)=A_h x(t)+A_{hd}x(t-d) \tag{5.151}$$

其中

$$A_h=\sum_{i=1}^{2}\sum_{j=1}^{2} h_i[\xi(t)]h_j[\xi(t)](A_i+B_iK_j)$$

$$A_{hd}=\sum_{i=1}^{2} h_i[\xi(t)]A_{di}$$

$$C_h=\sum_{i=1}^{2}\sum_{j=1}^{2} h_i[\xi(t)]h_j[\xi(t)](C_i+D_iK_j)$$

5.4.2.2　时滞分数阶系统有限时间稳定性分析

在进行水轮机调节系统的有限时间模糊控制器设计前，先分析线性时滞分数阶系统的有限时间稳定性，给出有关定义和引理。

定义 5.7：具有一个参数的 Mittag－Leffler 函数和具有两个参数的 Mittag－Leffler 函数分别定义如下：

$$E_\alpha(z)=\sum_{k=0}^{\infty}\frac{z^k}{\Gamma(k\alpha+1)}$$

$$E_{\alpha,\beta}(z)=\sum_{k=0}^{\infty}\frac{z^k}{\Gamma(k\alpha+\beta)}$$

其中 $\alpha>0$，$\beta>0$，$z\in C$。当 $\beta=1$ 时，有 $E_\alpha(z)=E_{\alpha,1}(z)$，另外，$E_{1,1}(z)=e^z$。

定义 5.8：考虑分数阶线性常系数微分系统：

$$D^\alpha x(t)=Ax(t),\quad t\in[0,T] \tag{5.152}$$

如果以下条件成立：$x_0^T R x_0\leqslant c_1\Rightarrow x(t)^T R x(t)\leqslant c_2$，$\forall t\in[0,\ T]$，其中 c_1、c_2、T 是正实数，$c_2>c_1$；$A\in R^{n\times n}$，R 是正定矩阵，则称系统 (5.152) 关于 (c_1，c_2，T，R) 是有限时间稳定的。

引理 5.2：设 $\alpha\in(0,\ 1)$，$x(t)\in R^n$ 是连续可微函数，那么对于任意时刻 $t>0$，下面的不等式成立：

$$\frac{1}{2}D^{\alpha}(x_0{}^TPx_0)\leqslant x^T(t)PD^{\alpha}x(t),\ \forall t\geqslant 0$$

其中 $P\in R^{n\times n}$ 是对称正定矩阵。

引理 5.3：设 u，$v\in R^n$，$k>0$，则 $2u^Tv\leqslant\frac{1}{k}u^Tu+kv^Tv$。

定理 5.9：对于系统

$$\begin{cases}D^{\alpha}x(t)=Ax(t)+A_dx(t-d), & t\in[0,T]\\ x(t)=\phi(t), & t\in[-d,0)\end{cases}\tag{5.153}$$

若存在常数 $\gamma>0$，$\mu>0$，矩阵 $Q>0$、$R>0$，$Q\in R^{n\times n}$、$R\in R^{n\times n}$，满足以下条件：① $PA+A^TP+\frac{1}{\mu}PA_dW^{-1}(W^{-1})^TA_d^TP+\mu P\leqslant\gamma P$；② $E_{\alpha}(\gamma T^{\alpha})\mathrm{cond}(Q)<\frac{c_2}{c_1}$，这里 $P=R^{1/2}QR^{1/2}$，$T>0$，$\mathrm{cond}(Q)=\frac{\lambda_{\max}(Q)}{\lambda_{\min}(Q)}$，则称系统（5.153）关于$(c_1,c_2,T,R)$是有限时间稳定的。

证明：令 $V(t,x)=x^T(t)Px(t)$，因为 P 是对称正定的，所以存在可逆矩阵 W 使得 $P=W^TW$。根据引理 5.2，有：

$$\begin{aligned}D^{\alpha}V(t,x)&\leqslant 2x^T(t)PD^{\alpha}x(t)\leqslant 2x^T(t)P[Ax(t)+A_dx(t-d])\\&\leqslant 2x^T(t)PAx(t)+2x^T(t)PA_dx(t-d)\\&\leqslant 2x^T(t)PAx(t)+2x^T(t)PA_dW^{-1}Wx(t-d)\end{aligned}$$

再由引理 5.3 得到，存在 $\mu>0$，使得

$$\begin{aligned}D^{\alpha}V(t,x)\leqslant{}&2x^T(t)PAx(t)+\frac{1}{\mu}x^T(t)PA_dW^{-1}(W^{-1})^TA_d^TPx(t)\\&+\mu x^T(t-d)W^TWx(t-d)\end{aligned}$$

因为 $x(t)$ 是系统（5.153）的解，当 $x(t)\leqslant x(t+\theta)$，$\theta\in[-d,0]$ 时，系统（5.153）在有限时间内是稳定的。因此只需讨论当 $x(t)\geqslant x(t+\theta)$，$\theta\in[-d,0]$ 时，系统是不是有限时间稳定的。因为 P 是正定对称矩阵，所以有 $x^T(t-d)Px(t-d)\leqslant x^T(t)Px(t)$，则

$$\begin{aligned}D^{\alpha}V(t,x)&\leqslant x^T(t)(PA+A^TP)x(t)+\frac{1}{\mu}x^T(t)PA_dW^{-1}(W^{-1})^TA_d^TPx(t)+\mu x^T(t)Px(t)\\&\leqslant x^T(t)\left[PA+A^TP+\frac{1}{\mu}PA_dW^{-1}(W^{-1})^TA_d^TP+\mu P\right]x(t)\\&\leqslant\gamma x^T(t)Px(t)=\gamma V(t,x)\end{aligned}$$

即

$$D^{\alpha}V(t,x)\leqslant\gamma V(t,x),\quad t\in[0,T]\tag{5.154}$$

则对于不等式（5.154）存在一个非负函数 $M(t)$，满足：

$$D^{\alpha}V(t,x)+M(t)=\gamma V(t,x)\tag{5.155}$$

对式（5.155）进行拉普拉斯变换，由引理 5.1 得到：

$$s^{\alpha}V(x[s])-s^{\alpha-1}V[x(0)]+M(s)=\gamma V[x(s)]$$

等价于：

$$V[x(s)]=(s^{\alpha}-\gamma)^{-1}\{s^{\alpha-1}V[x(0)]-M(s)\}\tag{5.156}$$

再对式（5.156）进行拉普拉斯逆变换，得到：

$$V[x(t)]=V[x(0)]E_{\alpha}(\gamma t^{\alpha})-\int_{0}^{t}M(\tau)\{(t-\tau)^{\alpha-1}E_{\alpha,\alpha}[\gamma(t-\tau)^{\alpha}]\}\mathrm{d}\tau \quad (5.157)$$

因为 $(t-\tau)^{\alpha-1}$ 和 $E_{\alpha,\alpha}[\gamma(t-\tau)^{\alpha}]$都是非负函数，所以 $V[x(t)]\leqslant E_{\alpha}(\gamma t^{\alpha})V[x(0)]$，即

$$x^{T}(t)Px(t)\leqslant E_{\alpha}(\gamma T^{\alpha})x^{T}(0)Px(0)$$

又因为 $P=R^{1/2}QR^{1/2}$，所以：

$$x^{T}(t)R^{1/2}QR^{1/2}x(t)\leqslant E_{\alpha}(\gamma T^{\alpha})x^{T}(0)R^{1/2}QR^{1/2}x(0)$$

即

$$\lambda_{\min}(Q)x^{T}(t)Rx(t)\leqslant\lambda_{\min}(Q)E_{\alpha}(\gamma T^{\alpha})x^{T}(0)Rx(0)$$

再由定理 5.9 和 $x_0^TRx_0\leqslant c_1$，得到：

$$x(t)^{T}Rx(t)<c_2,\forall t\in[0,T]$$

即系统（5.153）关于(c_1,c_2,T,R)是有限时间稳定的。定理得证。

5.4.2.3　有限时间模糊控制器设计

模糊化的时滞分数阶非线性水轮机调节系统具备系统（5.153）的形式，因此在上述分析的基础上利用定理 5.9 来设计相应的有限时间模糊控制器。

定理 5.10：如果存在常数 $\gamma>0$、$\mu>0$，以及正定对称矩阵 $X=P^{-1}$ 和矩阵 N_i，$Q>0$，$R>0$，满足如下线性矩阵不等式：

$$\begin{bmatrix}A_iX+B_iN_i+XA_i^T+N_i^TB_i^T+(\mu-\gamma)X & A_{di}\\ * & -\mu(X-2I)\end{bmatrix}<0,\quad(i=1,2,\cdots,r) \quad (5.158)$$

$$\begin{bmatrix}A_iX+B_iN_j+XA_i^T+N_j^TB_i^T+2(\mu-\gamma)X & 2A_{di}\\ +A_jX+B_jN_i+XA_j^T+N_i^TB_j^T & \\ * & -2\mu(X-2I)\end{bmatrix}<0,\quad(1\leqslant i\neq j\leqslant r) \quad (5.159)$$

$$E_{\alpha}(\gamma T^{\alpha})\,\mathrm{cond}(Q)<\frac{c_2}{c_1} \quad (5.160)$$

其中 $P^{-1}=R^{1/2}QR^{1/2}$，$T>0$。

则水轮机调节系统在反馈控制器 $u(t)=\sum_{i=1}^{r}h_i[z(t)]K_ix(t)$（其中 $K_i=N_iX^{-1}$）的作用下关于(c_1,c_2,T,R)是有限时间稳定的。

证明：

应用状态反馈控制器 $u(t)=\sum_{i=1}^{r}h_i[z(t)]K_ix(t)$ 于系统（5.151），得到分数阶闭环微分系统为

$$\begin{cases}D^{\alpha}x(t)=\sum_{i=1}^{2}\sum_{j=1}^{2}h_i[z(t)]h_j[z(t)][(A_i+B_iK_j)x(t)+A_{di}x(t-d)], & t\in[0,T]\\ x(t)=\phi(t), & t\in[-d,0)\end{cases} \quad (5.161)$$

简写为

$$\begin{cases} D^{\alpha}x(t)=A_h x(t)+A_{hd}x(t-d), & t\in[0,T] \\ x(t)=\phi(t), & t\in[-d,0) \end{cases} \tag{5.162}$$

其中

$$A_h=\sum_{i=1}^{2}\sum_{j=1}^{2}h_i[\xi(t)]h_j[\xi(t)](A_i+B_iK_j)$$

$$A_{hd}=\sum_{i=1}^{2}h_i[\xi(t)]A_{di}$$

应用定理 5.9 条件（I），可得

$$PA_h+A_h^TP+\frac{1}{\mu}PA_{hd}W^{-1}(W^{-1})^TA_{hd}^TP+\mu P\leqslant\gamma P \tag{5.163}$$

P 是对称正定的，存在可逆矩阵 W，使得 $P=W^TW$。

根据 Schur 补引理，式（5.163）可改写为

$$\psi_g=\sum_{i=1}^{2}\sum_{j=1}^{2}h_i[\xi(t)]h_j[\xi(t)]\begin{bmatrix}P(A_i+B_iK_j)+(A_i+B_iK_j)^TP+(\mu-\gamma)P & PA_{di}\\ * & -\mu P\end{bmatrix}$$

$$=\sum_{i=1}^{2}h_i{}^2[\xi(t)]\psi_{ii}+\sum_{i=1}^{2}\sum_{j=1}^{2}h_i[\xi(t)]h_j[\xi(t)](\psi_{ij}+\psi_{ji})<0 \qquad \text{式 (5.164)}$$

其中

$$\psi_{ij}=\begin{bmatrix}PA_i+PB_iK_j+A_i^TP+K_j^TB_i^TP+(\mu-\gamma)P & PA_{di}\\ * & -\mu P\end{bmatrix}$$

由于 $\sum_{i=1}^{2}\sum_{j=1}^{2}h_i[\xi(t)]h_j[\xi(t)]=1, h_i[\xi(t)]\geqslant0$，$h_j[\xi(t)]\geqslant0$，以下不等式等价于式（5.164）：

$$\psi_{ii}<0,\quad (i=1,2) \tag{5.165}$$

$$\psi_{ij}+\psi_{ji}<0,\quad (1\leqslant i\neq j\leqslant 2) \tag{5.166}$$

给不等式（5.165）左边两侧分别乘以辅助变换矩阵 diag(P^{-}，I)，则可以得到

$$\bar{\psi}_{ii}=\begin{bmatrix}P^{-1} & 0\\ 0 & I\end{bmatrix}\begin{bmatrix}PA_i+PB_iK_j+A_i^TP+K_j^TB_i^TP+(\mu-\gamma)P & PA_{di}\\ * & -\mu P\end{bmatrix}\begin{bmatrix}P^{-1} & 0\\ 0 & I\end{bmatrix}$$

$$=\begin{bmatrix}A_iP^{-1}+B_iK_jP^{-1}+P^{-1}A_i^T+P^{-1}K_j^TB_i^T+(\mu-\gamma)P^{-1} & A_{di}\\ * & -\mu P\end{bmatrix}<0 \tag{5.167}$$

令 $P^{-1}=X$ 和 $N_i=K_iX$，则式（5.167）可转换为

$$\bar{\psi}_{ii}=\begin{bmatrix}A_iX+B_iN_j+XA_i^T+N_j^TB_i^T+(\mu-\gamma)X & A_{di}\\ * & -\mu X^{-1}\end{bmatrix}<0 \tag{5.168}$$

根据 5.4.1.3 节中定理 5.8，$-X^{-1}$ 可被证明等价于 $X-2I$，因此得到

$$\bar{\psi}_{ii}=\begin{bmatrix}A_iX+B_iN_j+XA_i^T+N_j^TB_i^T+(\mu-\gamma)X & A_{di}\\ * & \mu(X-2I)\end{bmatrix}<0 \tag{5.169}$$

因此，不等式（5.158）得证。

同理，不等式（5.166）经过同样的变换处理可以得到不等式（5.159），而不等式

(5.160) 的证明过程与定理 5.9 相同，这里不再赘述。定理 5.10 证明完成。

通过 Matlab 的 LMI 工具箱求解不等式 (5.158) ～式 (5.160) 组成的凸优化问题，可以得到有限时间模糊反馈控制增益 K_1、K_2。

5.4.2.4　数值仿真分析

相关参数的取值分别为

$\omega_0=314\text{rad/s}$，$T_{ab}=9.0\text{s}$，$D=2.0$，$E_q'=1.35$，$x_{d\Sigma}'=1.15$，$x_{q\Sigma}=1.474$，$T_w=0.8\text{s}$，$T_y=0.1\text{s}$，$V_s=1.0$，$e_{qh}=0.5$，$e_y=1.0$，$e=0.7$，$\alpha=0.9.\gamma=1$，$\mu=0.5$。

根据第 5.4.2 节提出的方法，选取相应的参数为

$B=I_{4\times4}$，$c_1=0.01$，$c_2=20$，$T=2\text{s}$，$d=0.5\text{s}$。

使用上述参数计算出以下参数值。

$$K_2=\begin{bmatrix}-38.2250 & -141.1079 & -0.1686 & 0.0297\\ -173.9086 & -38.1197 & -2.0550 & -1.4138\\ 0.1307 & 1.7708 & -53.3726 & 57.6343\\ -0.0067 & 1.5513 & -53.7771 & -35.5659\end{bmatrix}$$

$$K_1=\begin{bmatrix}-38.2250 & -160.1871 & 0.0066 & 0.0754\\ -153.9059 & -38.1197 & 0.7289 & -0.1502\\ -0.0145 & -0.6046 & -53.1057 & 55.9072\\ -0.0704 & 0.0423 & -51.7785 & -35.8329\end{bmatrix}$$

计算得到的 P 和 Q 是正定矩阵，满足定理 5.10 的要求。也就是说，所寻求的反馈增益是有效的。将控制增益 K 代入式 (5.148)，绘制出各状态变量的轨迹，如图 5.4 所示。

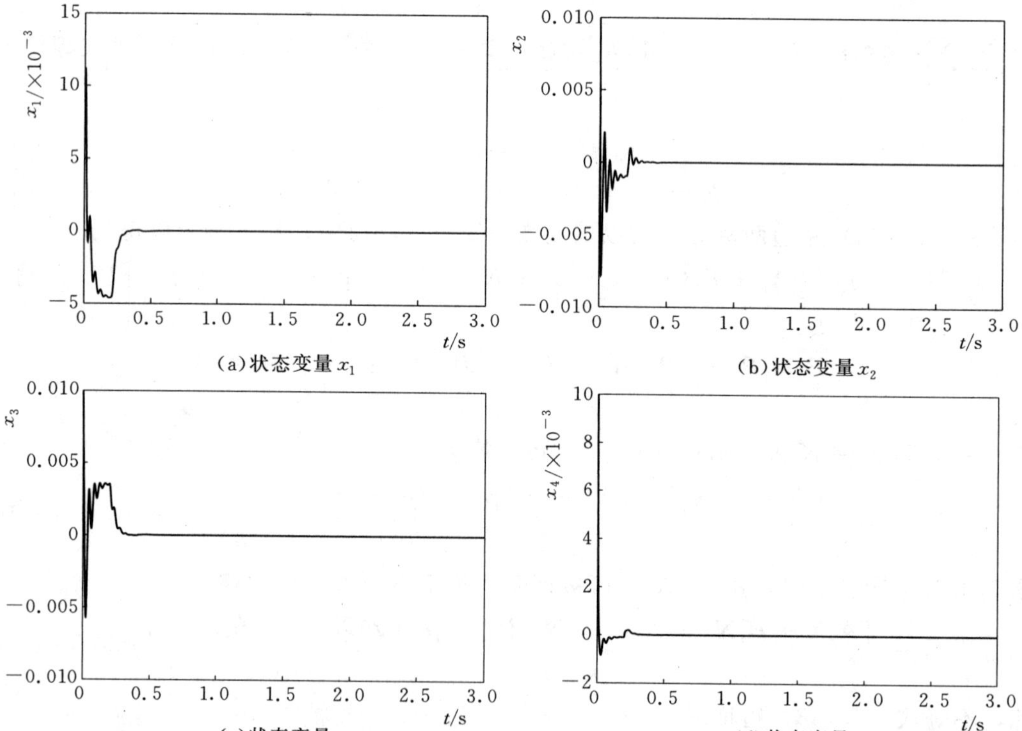

图 5.4　加入控制器后分数阶时滞水轮机调节系统状态变量 x_1、x_2、x_3、x_4 的轨迹图

由图 5.4 可知，状态变量轨迹最终是稳定的，到达稳定时间约 1.5s，验证了控制器的有效性。

本节主要研究了分数阶时滞水轮机调节系统的有限时间模糊反馈控制问题。通过构造适用于分数阶计算的 Lyapunov 函数，利用线性矩阵不等式分析技巧给出了构造模糊反馈控制器的方法，解决了调节系统运行有限时间稳定的问题。目前，针对分数阶含有时滞的微分系统的有限时间稳定性问题主要基于 Gronwall 不等式和 Hölder 不等式取得结果，本节采用 T－S 模糊方法和利用线性矩阵不等式分析法，为智能微机调速器控制算法设计以及非线性分数阶系统控制提供了一种新的参考。

思考	分数阶系统稳定性分析方法还有哪些？

课后阅读

[1] 俞立．鲁棒控制—线性矩阵不等式处理方法 [M]. 北京：清华大学出版社，2002.

[2] 田钰强．水轮机调节系统非线性预测控制研究 [D]. 咸阳：西北农林科技大学，2021.

[3] CAO S G，REES N W. Analysis and design of fuzzy control systems using dynamic fuzzy－state space models [J]．IEEE Transactions on Fuzzy Systems，1999 (7)：192－2005.

[4] FENG G. Stability analysis of discrete time fuzzy dynamic systems based on piecewise Lyapunov functions [J]. IEEE Transactions on Fuzzy Systems，2004，12 (1)：22－28.

[5] TIAN Yuqiang，WANG Bin，CHEN Peng，et al. Finite－time Takagi－Sugeno fuzzy controller design for hydraulic turbine governing systems with mechanical time delays [J]. Renewable Energy，2021，173：614－624.

课后思考题

(1) 分数阶微积分相比于整数阶在工程应用上具有哪些特点？

(2) 从理论上讲，模糊控制方法有哪些优势？

第6章　工 程 案 例 分 析

6.1　三峡左岸电站10F机组导流板撕裂

导流板撕裂产生的原因可能是什么，你觉得需要安装的传感器有哪些？监测的指标有哪些？结合你的思考，我们来看下面的案例。

三峡左岸电站10F机组为ALSTOM机组。2005年11月24日02:44:42，机组的振动摆度突然增大，其中下导X向、Y向摆度，上机架水平振动及顶盖的水平、垂直振动均超过报警值，机组连续报警，于11月24日04:50:27机组停机。根据TN8000机组状态监测系统所记录的10F机组（ALSTOM机组）的数据，利用TN8000系统提供的专业分析工具，分析其产生的原因。

6.1.1　机组的运行状况

6.1.1.1　机组事故前后趋势

图6.1～图6.7为事故前后机组的摆度及振动和各导轴承温度变化趋势图，由图中可以非常明显地看出，11月24日02:44:42机组的各振动、摆度的通频、1倍频明显地突然增大，1倍频相位发生突变，以后维持不变。

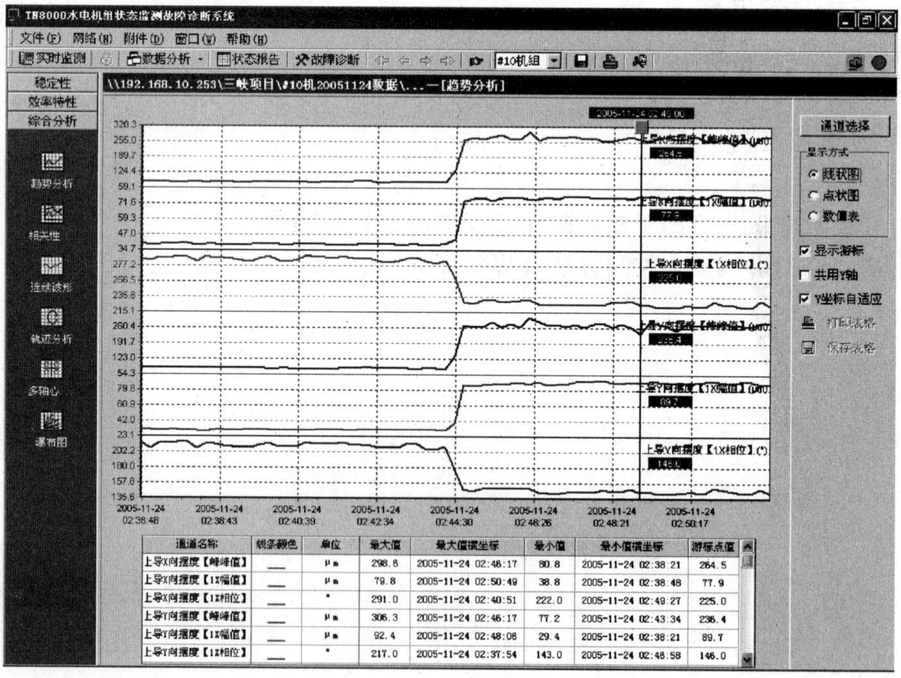

图6.1　上导趋势图

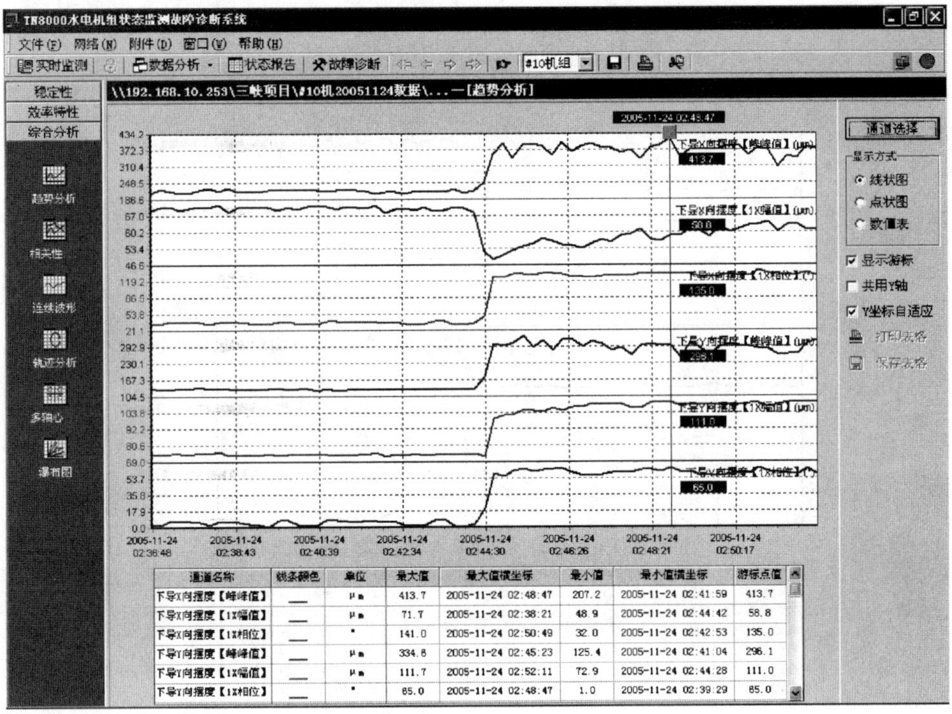

通道名称	线条颜色	单位	最大值	最大值横坐标	最小值	最小值横坐标	游标点值
下导X向摆度【峰峰值】	——	μm	413.7	2005-11-24 02:48:47	207.2	2005-11-24 02:41:59	413.7
下导X向摆度【1X幅值】	——	μm	71.7	2005-11-24 02:38:21	48.9	2005-11-24 02:44:42	58.8
下导X向摆度【1X相位】	——	°	141.0	2005-11-24 02:50:49	32.0	2005-11-24 02:42:53	135.0
下导Y向摆度【峰峰值】	——	μm	334.8	2005-11-24 02:45:23	125.4	2005-11-24 02:41:04	296.1
下导Y向摆度【1X幅值】	——	μm	111.7	2005-11-24 02:52:11	72.9	2005-11-24 02:44:28	111.0
下导Y向摆度【1X相位】	——	°	65.0	2005-11-24 02:48:47	1.0	2005-11-24 02:39:29	65.0

图 6.2　下导趋势图

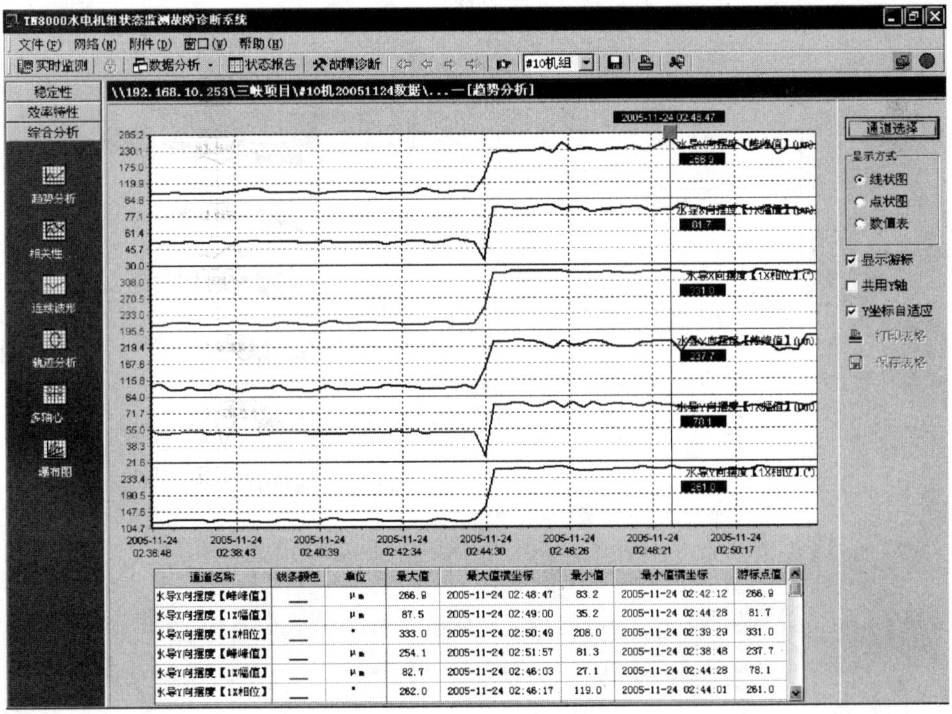

通道名称	线条颜色	单位	最大值	最大值横坐标	最小值	最小值横坐标	游标点值
水导X向摆度【峰峰值】	——	μm	266.9	2005-11-24 02:48:47	83.2	2005-11-24 02:42:12	266.9
水导X向摆度【1X幅值】	——	μm	87.5	2005-11-24 02:49:00	35.2	2005-11-24 02:44:28	81.7
水导X向摆度【1X相位】	——	°	333.0	2005-11-24 02:50:49	208.0	2005-11-24 02:39:29	331.0
水导Y向摆度【峰峰值】	——	μm	254.1	2005-11-24 02:51:57	81.3	2005-11-24 02:38:48	237.7
水导Y向摆度【1X幅值】	——	μm	82.7	2005-11-24 02:46:03	27.1	2005-11-24 02:44:28	78.1
水导Y向摆度【1X相位】	——	°	262.0	2005-11-24 02:46:17	119.0	2005-11-24 02:44:01	261.0

图 6.3　水导趋势图

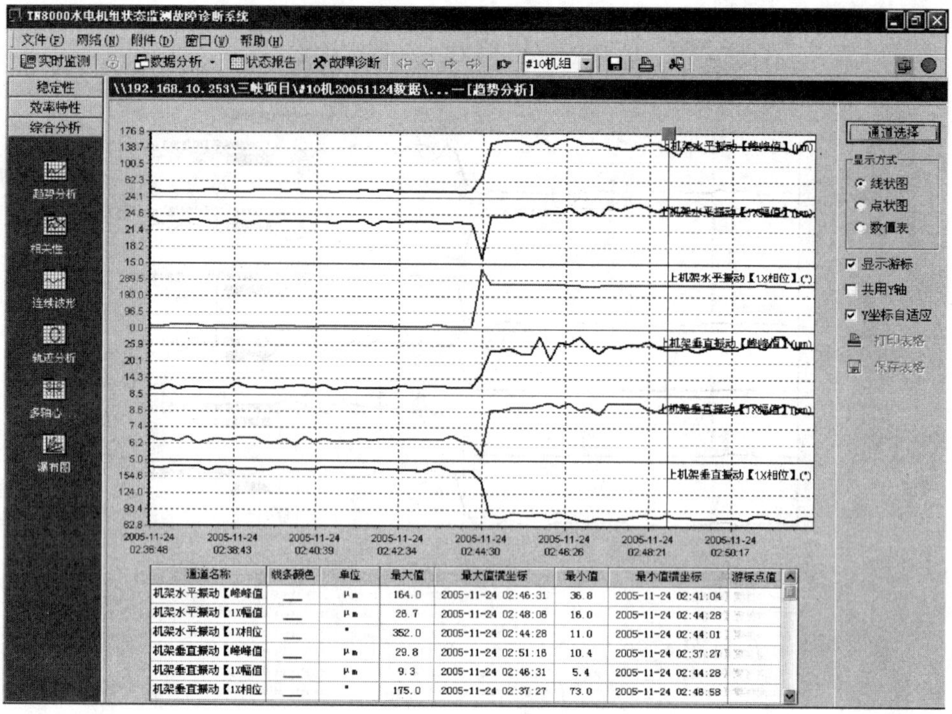

图 6.4　上机架趋势图

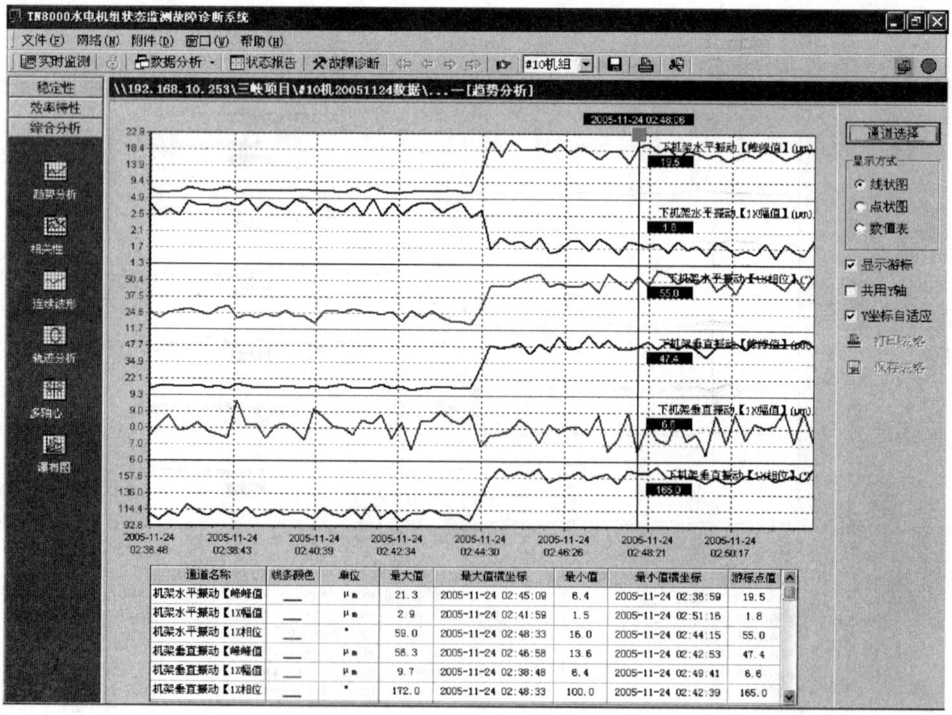

图 6.5　下机架趋势图

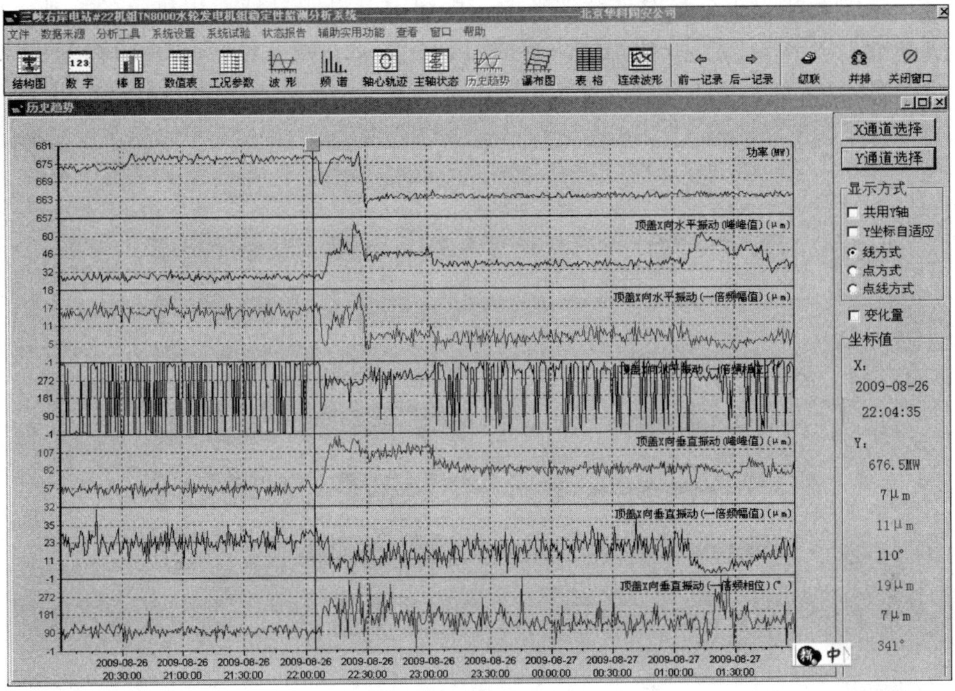

图 6.6 顶盖趋势图

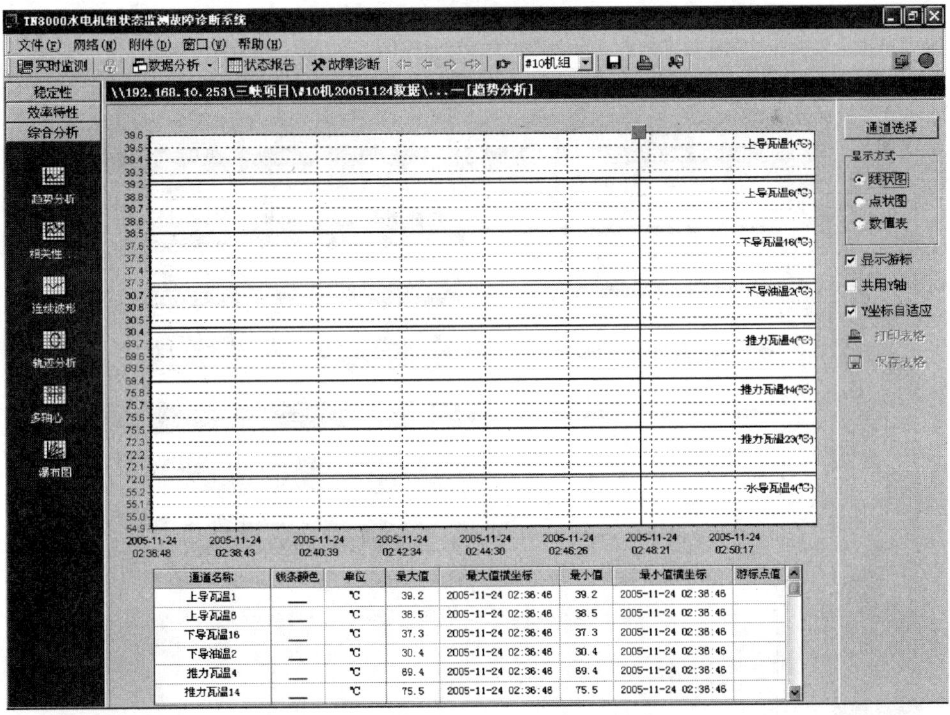

图 6.7 温度变化趋势图

图6.8、图6.9为机组当时连续波形图，由图中可以明显地看出机组的振动、摆度的变化趋势。从图中可以得知，机组发生事故时，各振动、摆度值同时在1s内发生突变。

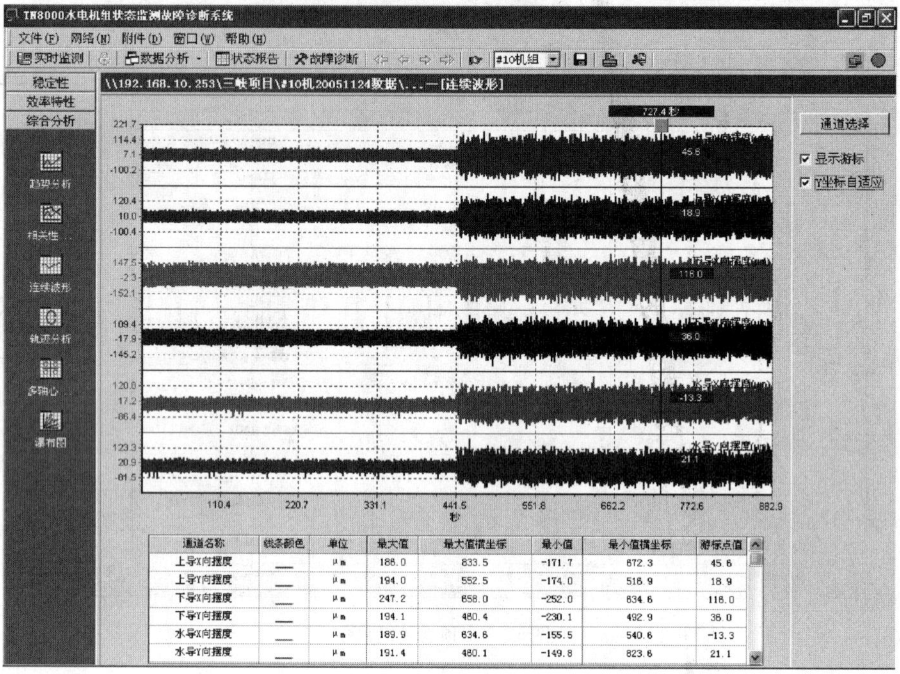

图6.8 摆度连续波形图

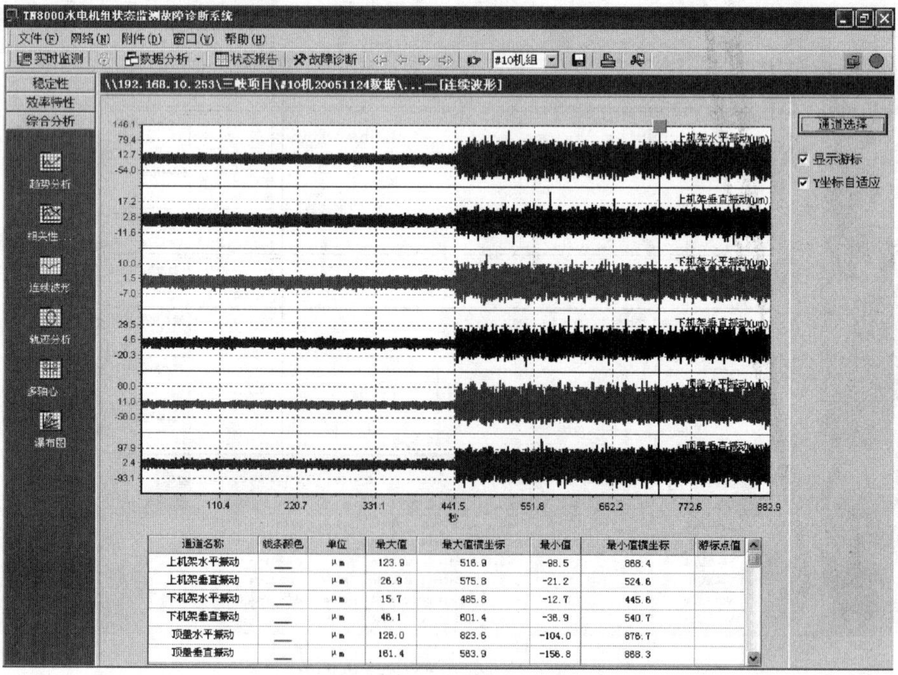

图6.9 振动连续波形图

表6.1为事故前后各测点的峰值、1X幅值、1X相位变化值。比较两不同时刻的相应数据可知，各测点的峰值、1X幅值均有不同程度的上升，而相应的1X相位有不同程度的变化。

表6.1 **事故前后各测点值**

序号	测点名称	02:41:04			02:52:11		
		峰值	1X幅值	1X相位	峰值	1X幅值	1X相位
1	上导X向摆度/μm	81	39	289	279	76	224
2	上导Y向摆度/μm	78	31	213	286	88	144
3	下导X向摆度/μm	222	70	39	376	61	130
4	下导Y向摆度/μm	125	74	8	317	112	58
5	水导X向摆度/μm	92	52	216	246	80	324
6	水导Y向摆度/μm	87	50	128	250	81	254
7	上机架水平振动/μm	37	23	18	160	25	255
8	上机架垂直振动/μm	11	6	171	26	9	79
9	下机架水平振动/μm	7	3	0	19	2	0
10	下机架垂直振动/μm	17	8	110	48	7	169
11	顶盖水平振动/μm	32	13	155	169	61	31
12	顶盖垂直振动/μm	53	19	14	227	77	220
13	定子铁芯水平振动/μm	2	0	0	2	0	0
14	定子铁芯垂直振动/μm	2	1	0	2	1	0
15	顶盖下压力1/kPa	8			3		
16	蜗壳进口压力/kPa	699			700		
17	蜗壳进口压力脉动/kPa	14			14		
18	补气量/(m/s)	0.17			0.23		
19	蜗壳差压压力/kPa	33.56			34.21		
20	有功/MW	539			539.3		
21	无功/MVar	147			143.6		
22	导叶开度/%	66.33			67.59		

6.1.1.2 事故分析

（1）由于机组在此过程中工况没有明显变化，因此可以排除由于工况变化引起的振动、摆度大。由图6.7可知，各导轴承的温度没有变化，因此可以判断机组导轴瓦间隙没有变化，且大轴与轴瓦没有碰磨。

（2）由于所有振动、摆度瞬间发生变化，1倍频变化量最大，变化后1倍频幅值和相位基本维持不变，可见机组在瞬间失去平衡。导致机组瞬间失去平衡的主要因素有机械因素、电气因素和水力因素。而机械因素和电气因素造成的失衡只会造成1倍频发生变化，而从图6.10～图6.21所有摆度和振动的瀑布图上可以看出，除1倍频发生变化外，所有信号在2X～5X之间均有明显振动成分出现，因此可以初步确定是水力因素导致机组运行异常。

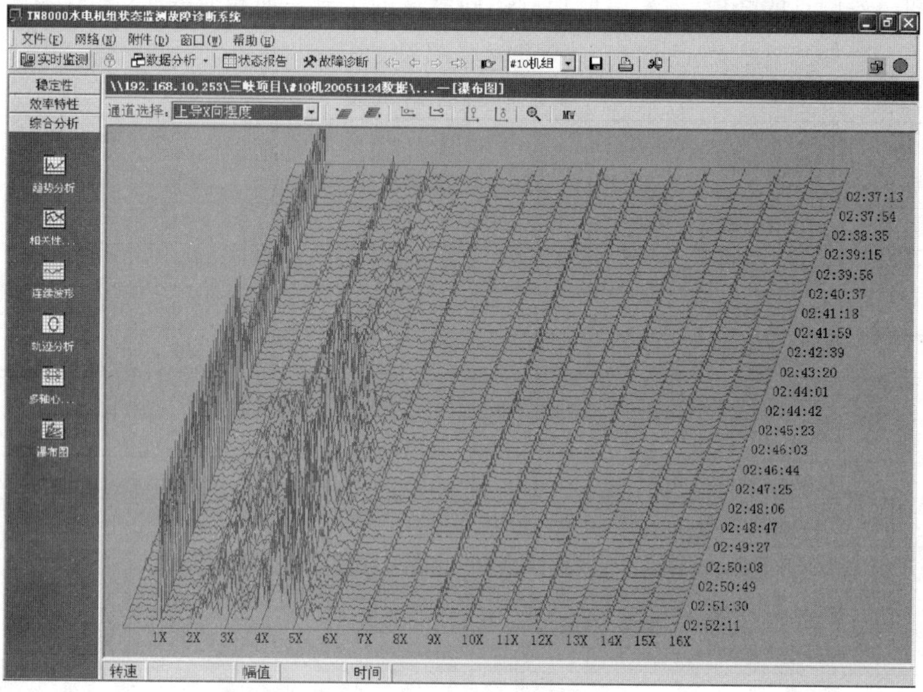

图 6.10　上导 X 向瀑布图

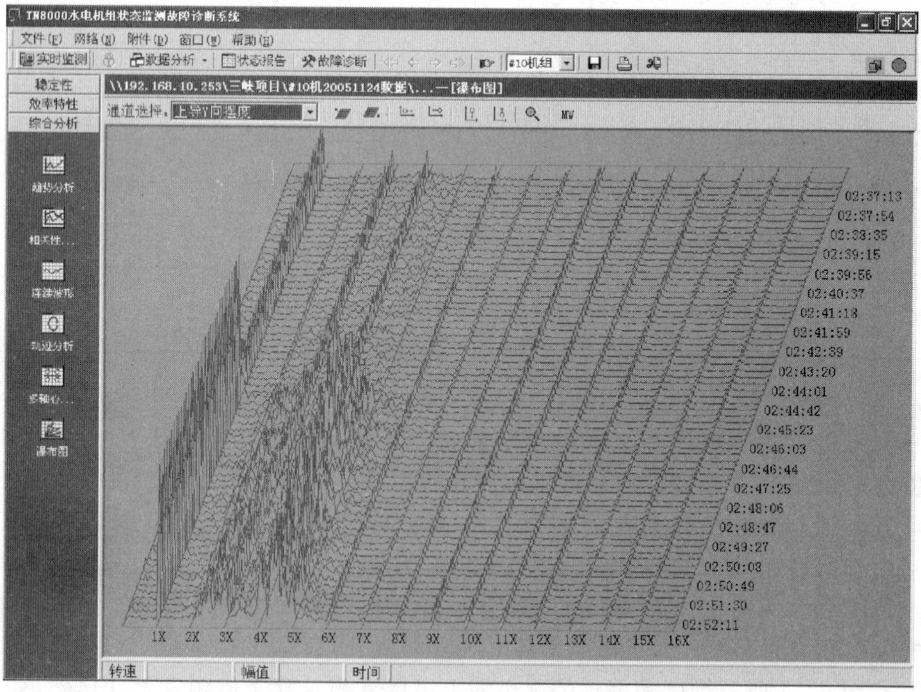

图 6.11　上导 Y 向瀑布图

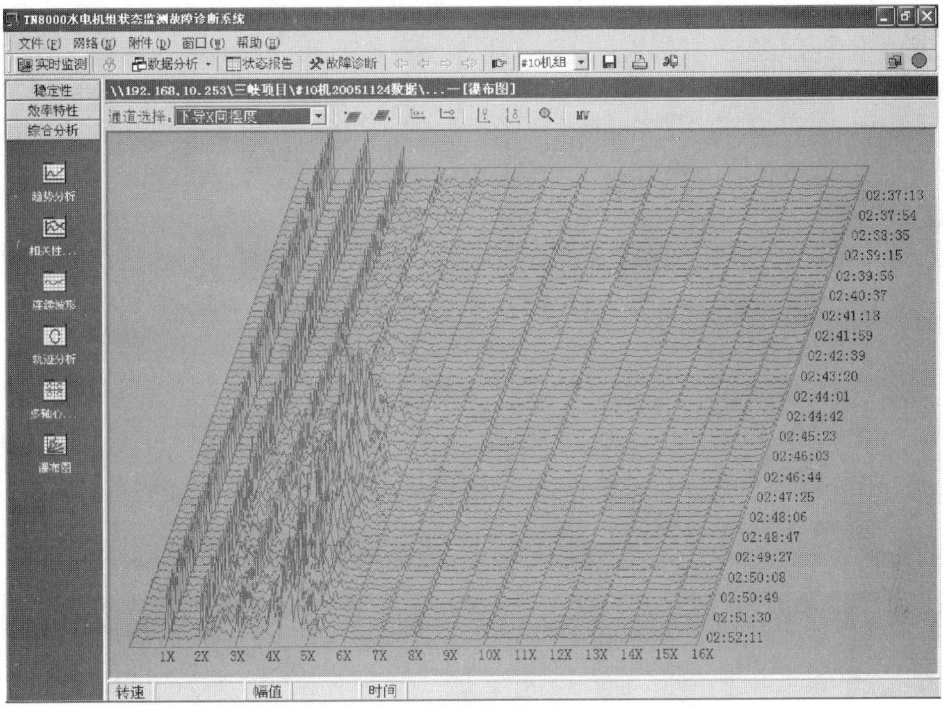

图 6.12　下导 X 向瀑布图

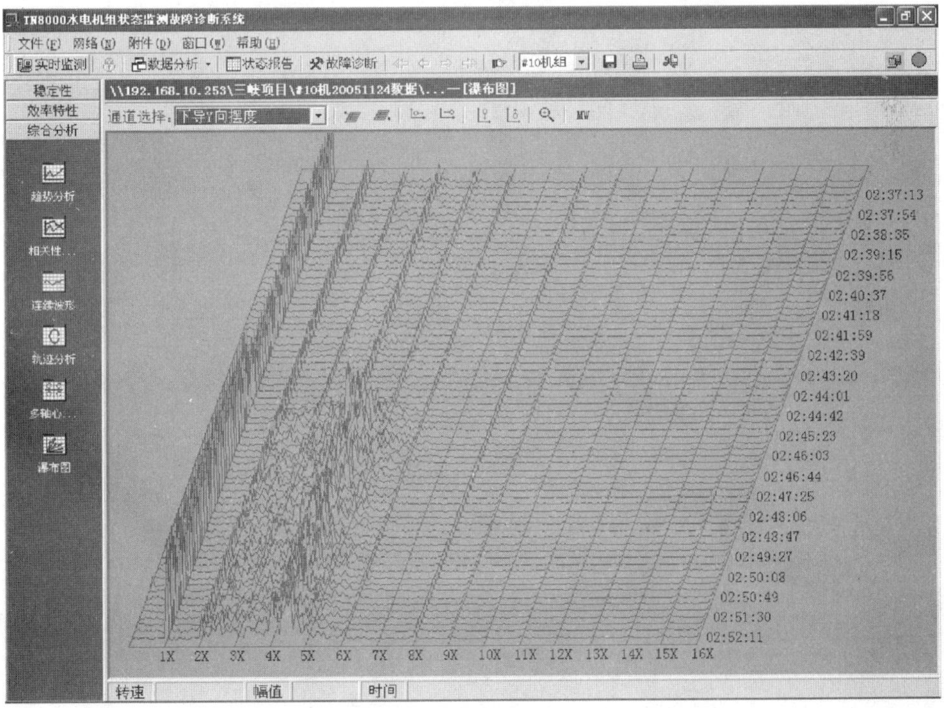

图 6.13　下导 Y 向瀑布图

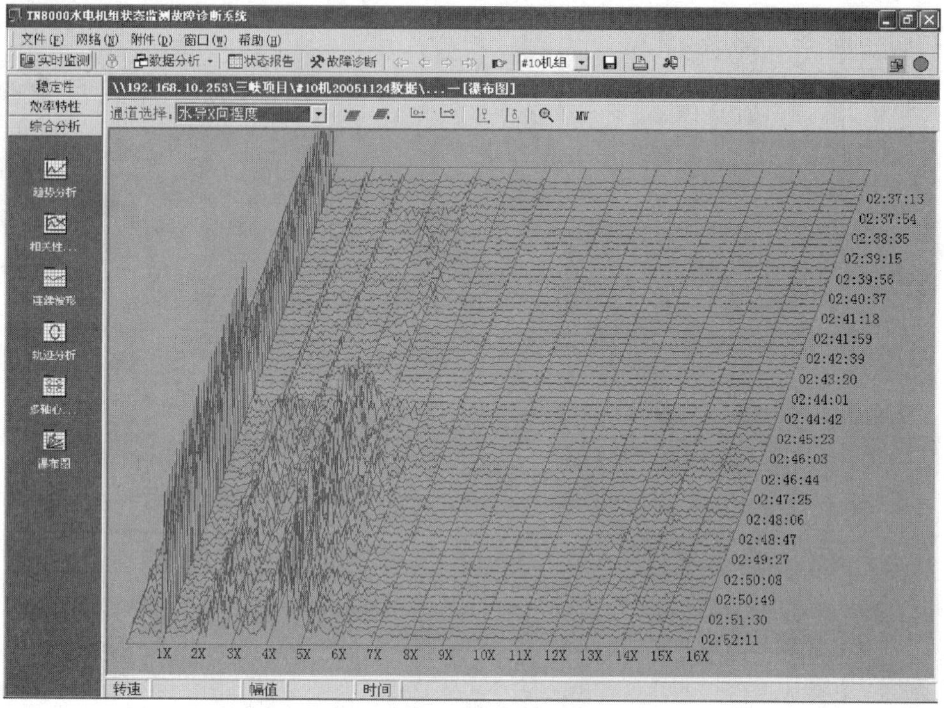

图6.14　水导X向瀑布图

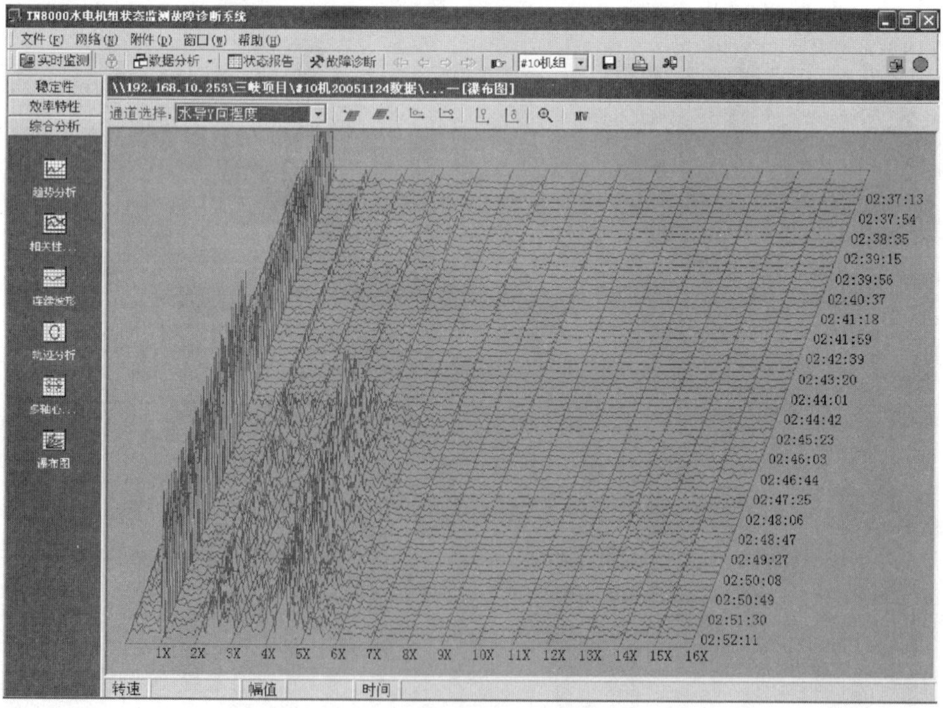

图6.15　水导Y向瀑布图

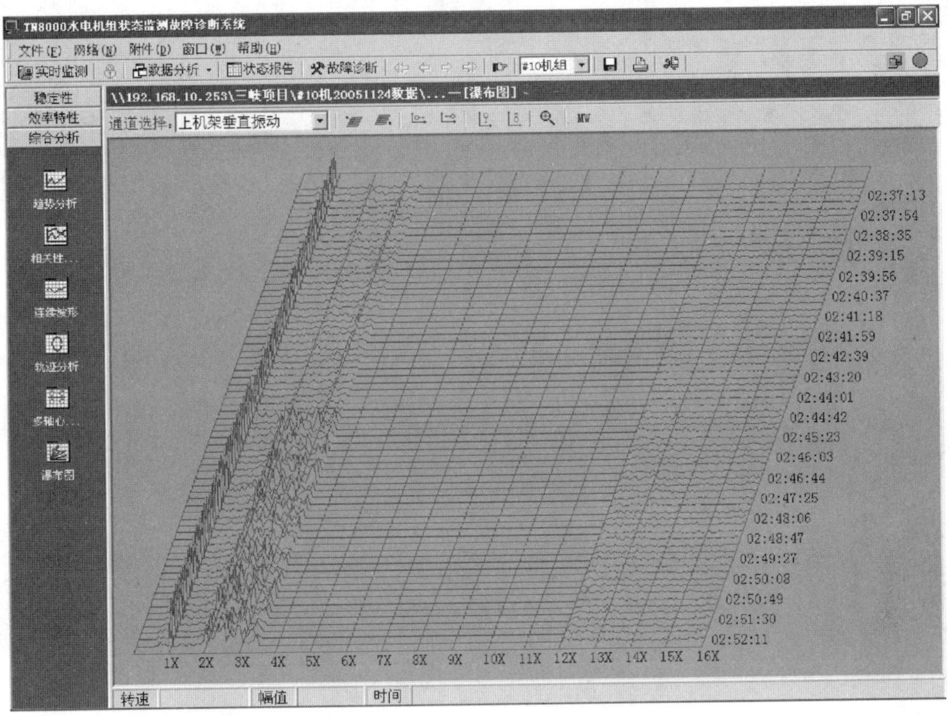

图 6.16　上机架垂直振动瀑布图

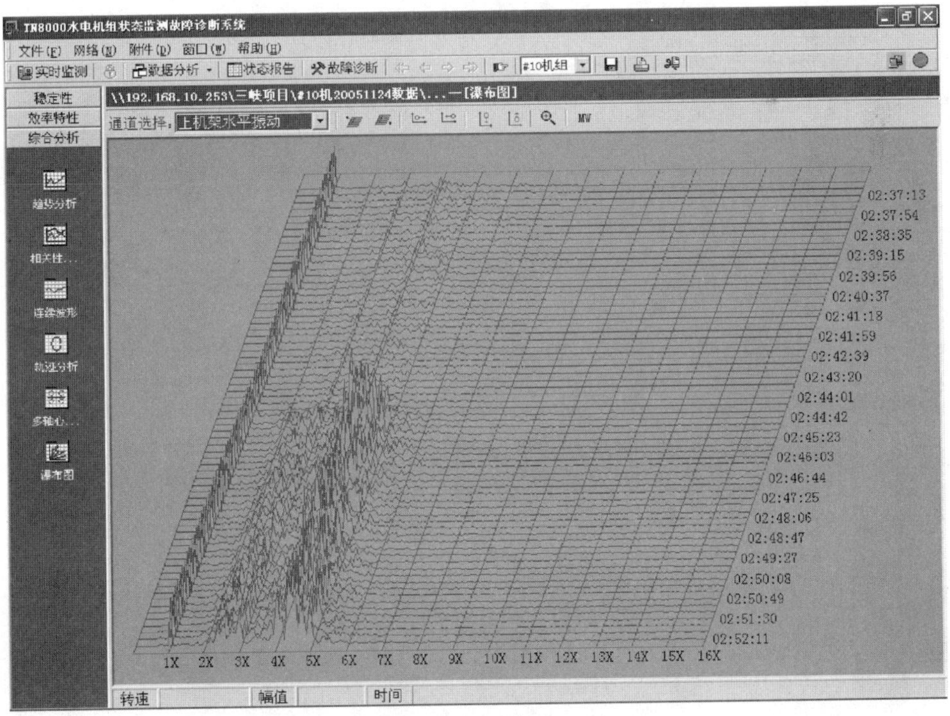

图 6.17　上机架水平振动瀑布图

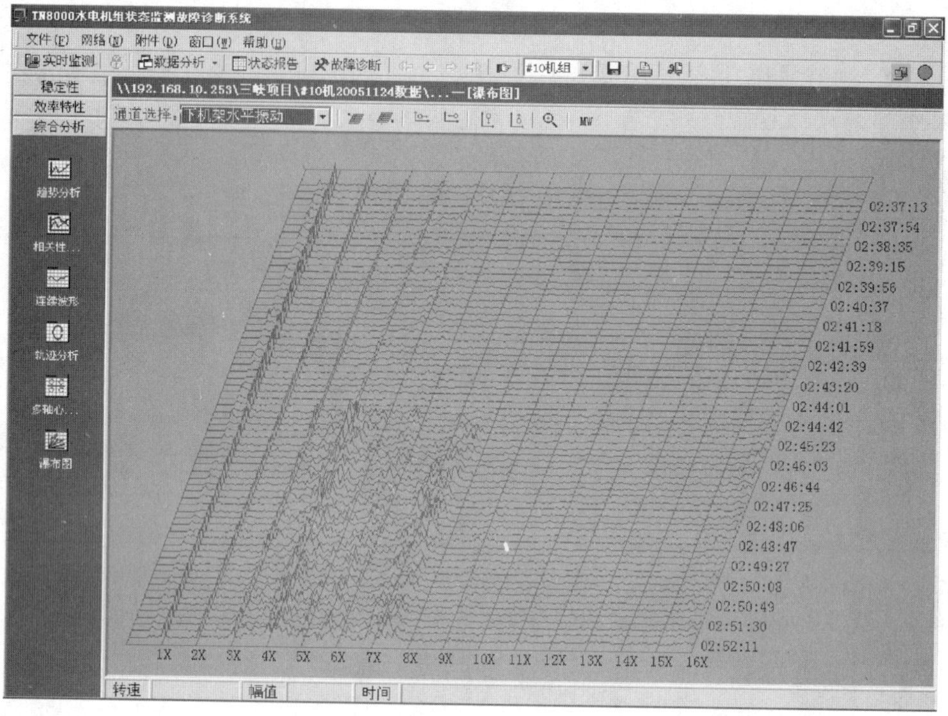

图 6.18　下机架水平振动瀑布图

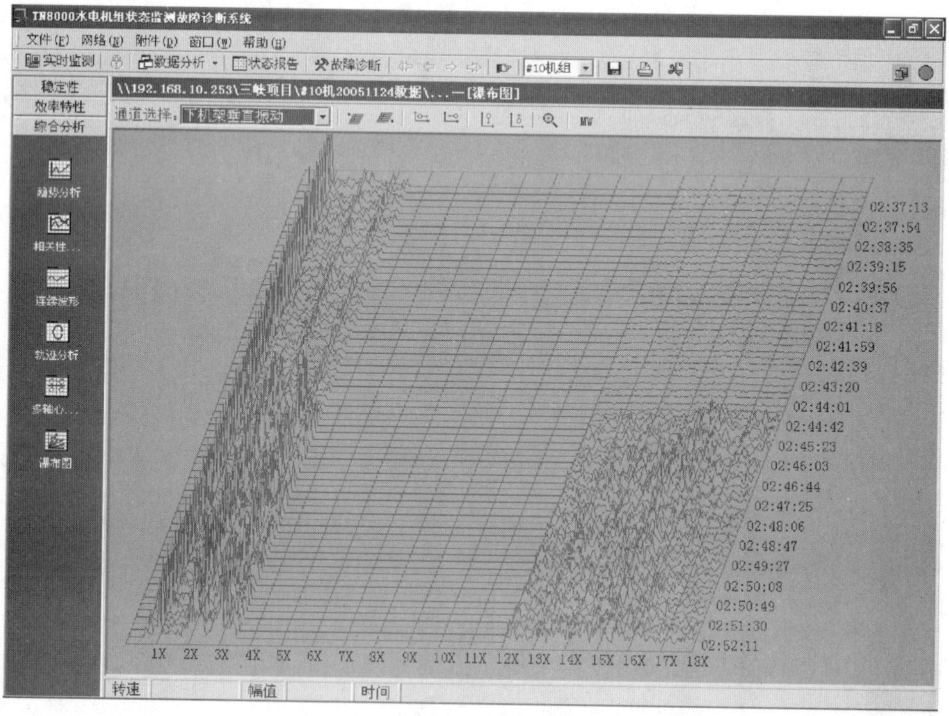

图 6.19　下机架垂直振动瀑布图

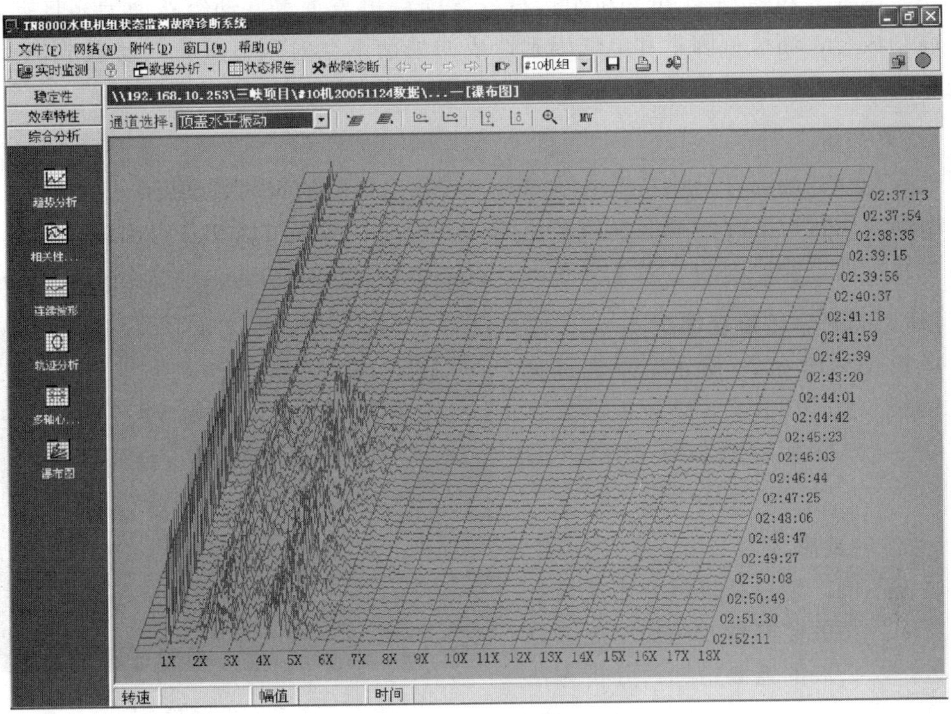

图 6.20 顶盖水平振动瀑布图

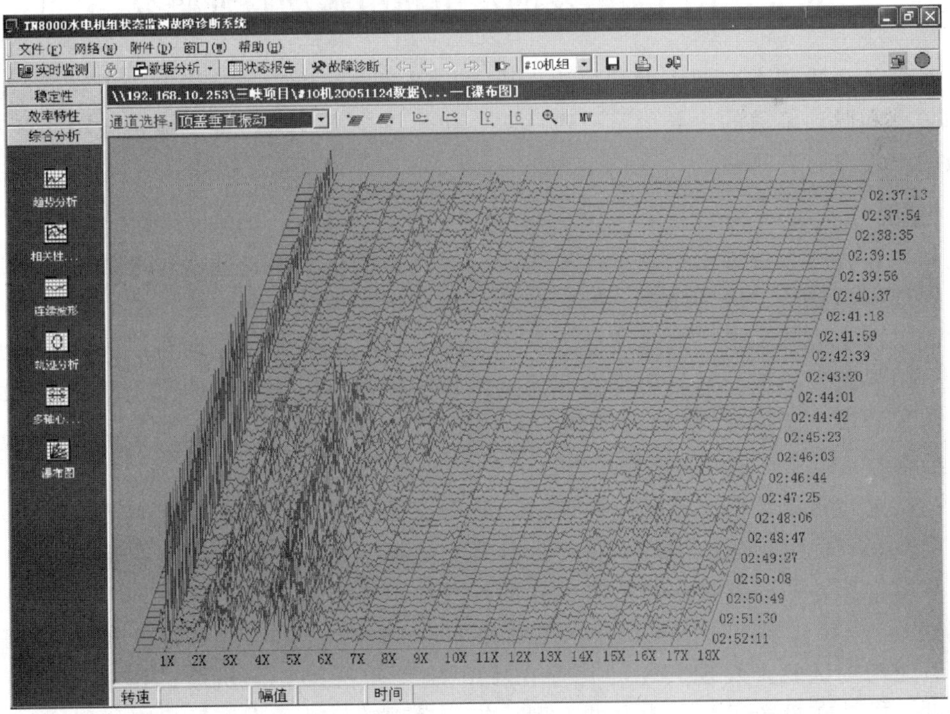

图 6.21 顶盖垂直振动瀑布图

（3）由图6.6和图6.21可知机组运行异常前后顶盖垂直振动突然增大，且存在较大的中、高频成分，而机械因素和电气因素造成的失衡不会对顶盖垂直振动造成很大影响，因而进一步印证了机组异常是由于存在水力不平衡造成的。

6.1.2 结果分析

通过TN8000系统对三峡左岸电站10F水轮发电机组的振动、摆度、压力脉动、机组相对效率和机组运行工况的在线采集、监测、分析和诊断，可以初步得出以下结论：10F机组运行异常的主要原因为水力不平衡。

6.1.3 蜗壳门开启后检查情况

现场检查如图6.22所示，发现部分导流板撕裂，其中20号下导流板部分掀开并脱落，25号下导流板部分掀开并脱落。

图6.22 现场检查图

6.1.4 总结和反思

通过该案例，请总结机组导流板撕裂产生的原因，相关监测量的变化情况，以及可以进一步拓展的监测指标、分析方法有哪些？

6.2 卡门涡诱发的水电机组振动特性研究

针对近年来我国大中型水电站接连发生卡门涡诱发的机组振动问题，你知道影响叶片卡门涡频率和脉动幅值的主要因素有哪些吗？机组振动有什么特征？避免或消除叶片卡门涡共振的工程措施有哪些？

6.2.1 概述

近年来，我国大中型水电站接连发生卡门涡诱发的机组振动问题，导致机组在局部负荷区域出现剧烈振动、异常噪声、转轮叶片疲劳破坏甚至叶片断裂等现象，对机组的安全运行构成了严重危害。卡门涡是流体力学中重要的现象，在流体流动与结构物的相互作用中，由卡门涡诱发的振动通常出现在非流线型物体和具有出流厚度的流线型物体后面的尾迹区。由于旋涡交替地从物体的两侧泄出，从而在物体上产生一个周期性的作用力，引起振动和噪声。

卡门涡是当雷诺数增大至某一数值后，叶栅（固定导叶、活动导叶或转轮叶片）尾流区发生的流动不稳定现象。卡门涡将产生具有一定振幅且频率较高的交变载荷，该交变载荷如与某结构部件的固有频率相近将引起部件共振，导致部件疲劳破坏。

20世纪70年代末，浙江黄坛口水电站的HL310－LJ－230型水轮机出现大面积叶片裂纹，后经现场试验，发现转轮叶片存在120Hz严重振动。同机型的湖南水府庙电站、江西省洪门电站在投产运行一年有的不到一年就发现转轮叶片有不同程度的裂纹。当时最初分析认为是轮转产生共振引起转轮叶片产生裂纹，在离叶片出水边约50mm处沿着上环与下环中心焊上 30cm×2 根无缝钢管把各叶片连接起来焊牢，使转轮和叶片成为坚固整体。试运行一段时间后裂纹似有减轻，但机组出力受到影响，没有根本解决共振问题。最终经有关专家研究分析，确定引起转轮叶片裂纹的原因是卡门涡诱发的叶片共振，后经叶片出水边修型后，共振现象消除。

2000 年以后，我国相继投运的棉花滩、大朝山、小浪底、刘家峡 1 号机组改造、三峡右岸 22F 和 26F 等大中型机组也发生过卡门涡诱发的机组振动和叶片裂纹问题。

6.2.2 叶片出水边卡门涡列的形成

在水轮机转轮叶片或导叶间的流道内，水流可以近似地认为由明显的两个区域组成，靠近叶片表面的一层为黏性边界层，另一区域为叶片之间的非黏性流区域。边界层对非黏性流只有微小的影响，而边界层的增长是由非黏性流区域的压力梯度决定的。

边界层在前驻点开始形成，在边界层沿叶片体增长一小段距离后，边界层到达由层流变为紊流的临界点，这种过渡是由于边界层接近临界边界层厚度所致，或者是由于边界层接近临界厚度处叶片型线的突变或表面缺陷所引起的。在非黏性流影响下，紊流边界层继续沿叶片的两侧表面增加厚度，直到边界层从叶片表面分离。

实际流体绕流叶片体时，边界层的分离将使叶片尾流区内出现不稳定的、非对称的、排列规则的、相互间旋转方向相反的脱体旋涡，这些排列有序的涡列即为卡门涡列，如图 6.23 所示。叶片尾部卡门涡列的生成及脱落，将在叶片尾流区产生与卡门涡列脱落频率相同的水压脉动。如果这种水压脉动足够大，并且其脉动频率与叶片的固有频率接近时，将诱发共振，引起叶片的大幅值振动。如果其振动幅值足够大，将影响边界层分离点的位置，导致“锁定”现象，即在较大的水流速度范围内，卡门涡列的脱落频率被迫与叶片的固有频率相同。叶片的涡激振动幅值还可能由于在叶片间的空腔产生水力共振而进一步增大。

图 6.23 转轮叶片卡门涡列

6.2.3 卡门涡的频率

理论上讲，任何具有出水边厚度的绕流体都有卡门涡泄出。卡门涡泄出频率不与叶片的固有频率耦合发生共振就不会产生异常噪声，此时，卡门涡的作用能量较小，对叶片无明显的有害影响，也不会对叶片造成损害。卡门涡诱发振动的频率和振幅受很多因素控制。目前几乎所有关于这方面的研究均基于平板流动，对水轮机中环列叶栅的卡门涡研究很少，对于转轮旋转环叶栅研究得更少，在水轮机设计中对卡门涡频率进行校核也主要依据对平板的研究结果。影响卡门涡频率的因素很多，其中两个主要因素是绕过叶片的流态和出水边几何形状与尺寸。

卡门涡泄出频率由下式计算：

$$f_{vk} = Sh\frac{W}{d} \tag{6.1}$$

式中：f_{vk} 为卡门涡泄出频率，Hz；Sh 为斯特鲁哈数（Strouhal）；W 为流动分离点的平均速度，m/s；d 为分离点叶片的厚度，m，$d=d_{b1}+d_b$，d_{b1} 为分离点叶片的厚度，d_b 为分离点的边界层厚度，m。

式（6.1）所表述的斯特鲁哈数称为通用斯特鲁哈数，该值与几何形状无关，与尾流状态的雷诺数也无关，是一个经验值或试验统计值，是根据经验统计并得出适用于原型水轮机卡门涡频率计算的斯特鲁哈数，但不同的研究者得出的数据范围变化比较大。国内目前普遍采用的取值为 $Sh=0.225\sim0.25$，是一个基本固定的值。

尽管理论上可以求出斯特鲁哈数，但由于目前所普遍采用的水力计算方法，只能计算出水边处分离流的尾迹厚度，而很难给出卡门涡分离点的确切位置，在研究作用于叶片的尾流流体动力的实际应用中还存在一定的困难，使得估计水轮机的斯特鲁哈数存在某些不确定性。

以往的大多数试验都是在圆柱体上做的，并且其雷诺数往往比水轮机中的低得多。对平板出水边的流态研究相对较少，并且各种结果还不一致，有的用出水边厚度尺寸计算，有的用板厚度计算，个别还考虑边界层的厚度。在图 6.24 中，所有试验板都有相同的特征尺寸“d”，但由于出水边形状不同，其边界层分离点的旋涡脱落频率差值达 2 倍之多。

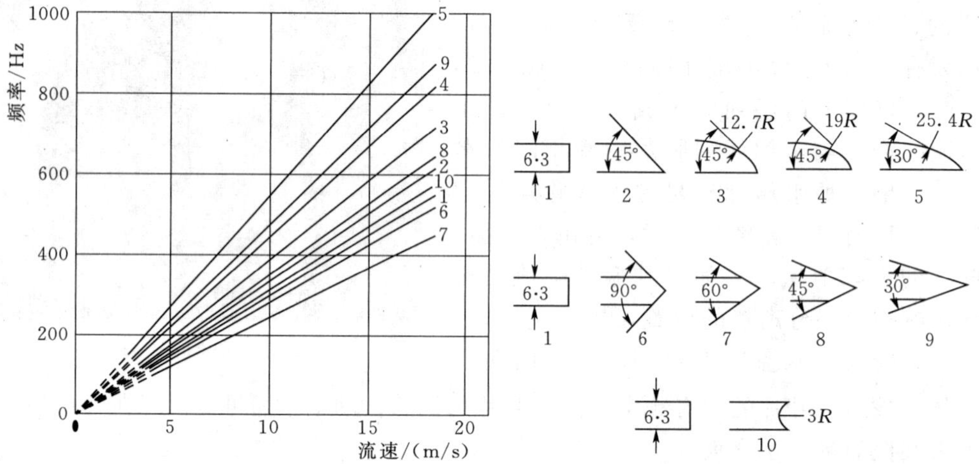

图 6.24 出水边形状对卡门涡频率的影响

除叶片几何形状和边界层厚度外，斯特鲁哈数的取值在很大程度上取决于雷诺数 Re：当 $40\leqslant Re<150$ 时，层流尾迹中开始出现交替从圆柱体上脱落的旋涡，逐步形成稳定的、非对称的、排列有规则的、旋转方向相反的层流涡带。交替脱落的旋涡将会在圆柱体上产生横向交变的作用力，迫使圆柱体振动，称为诱导振动。斯特鲁哈数的规律近似为 $Sh=0.212\left(1-\frac{21.2}{Re}\right)$。

当 $150\leqslant Re<300$ 时，层流涡开始转变为紊流涡，$Sh=0.16\sim0.20$。

当 $300\leqslant Re<3\times10^5$ 时，称为亚临界区，此时边界层仍为层流分离，而尾迹已转化

为紊流涡街。在此雷诺数范围，$Sh\approx0.20$。

当 $3\times10^5\leqslant Re<3.5\times10^6$ 时，经历了临界区和超临界区，边界层的分离已从层流分离转变为紊流分离，旋涡由规则脱落变成不规则脱落，流动呈现出随机性。

当 $Re=3.5\times10^6$ 时，称为临界区，此时紊流涡街又重新建立，尾迹又呈现出周期性特征。

在上述的整个雷诺数范围内，圆柱体的斯特鲁哈数变化规律如图 6.25 所示。雷诺数 Re 在 $3\times10^5\sim3.5\times10^6$ 范围内，尾迹的斯特鲁哈数是不确定的。

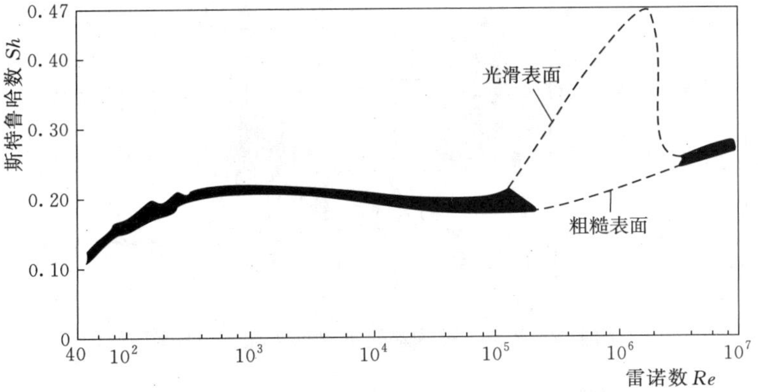

图 6.25　圆柱绕流时斯特鲁哈数与雷诺数的关系

对于原型水轮机，雷诺数通常在 10^7 左右，通用斯特鲁哈数约 0.28。转轮叶片出口卡门涡频率计算，采用全三维非黏性流动分析，确定转轮叶片流动分离点的平均速度 W 和分离点叶片厚度 d_{b1}，目前基本都还没有考虑边界层厚度，而是在选取斯特鲁哈数时进行综合考虑。近几年法国阿尔斯通公司，斯特鲁哈数取值为 0.15～0.25；瑞士洛桑理工学院（EPFL）水力机械实验室，斯特鲁哈数取值为 0.18～0.24。

6.2.4　卡门涡诱发的机组振动特征

卡门涡诱发的机组振动具有如下特征：

（1）振动发生在机组运行负荷的局部区域，大多发生在较大负荷区。这是因为卡门涡诱发共振不仅需要卡门涡激振频率和固有频率接近，而且还需要有一定的激振幅值。对于水轮机转轮叶片，只有在较大负荷区，叶片出水边的相对速度才比较均匀，且达到一定数值，才能使卡门涡具有足以激发叶片共振的频率和能量。

（2）振动频率为高频，这种高频振动很容易引起疲劳破坏，直接受影响的是转轮叶片和导叶。对于转轮叶片共振频率一般在 100～500Hz，有时会出现 2 个甚至 2 个以上的共振频率和振动区域，如图 6.26 所示。对于固定导叶振动频率要低一些，一般情况下只出现一个共振频率和振动区域。这是因为水轮机转轮叶片的固有频率非常密集，各阶振动频率间隔较小。而对于固定导叶，其各阶振动频率间隔较大。另外，激发共振的另一个重要条件是激振幅值，也就是激振力的能量。在卡门涡能量一定的情况下，频率越高其幅值就越低，因此，要在更高频率下激发共振，就需要更高的卡门涡能量，这样就必须加大流量，提供叶片出水边的相对流速。所以，在水轮机正常运行范围内，超过 500Hz 的共振频率也比较少见。

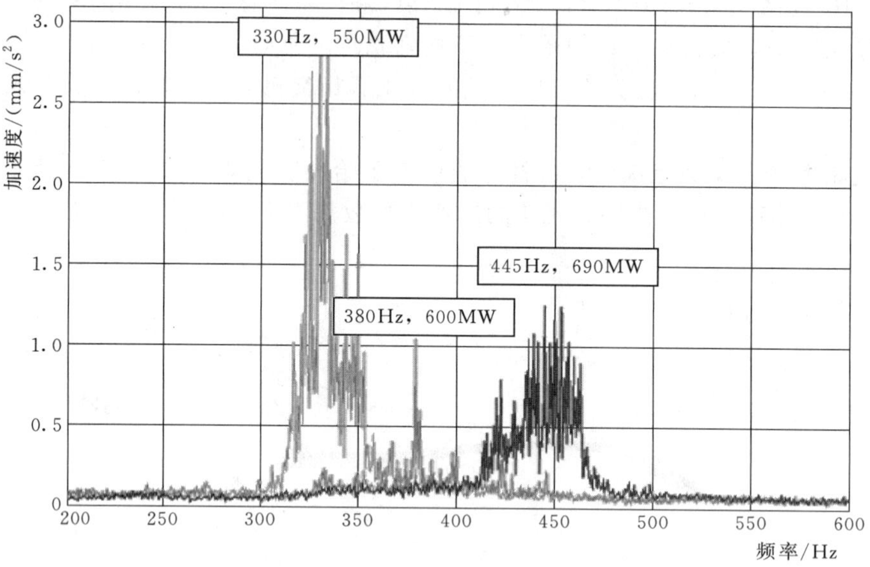

图 6.26　卡门涡诱发的机组振动频谱分析图

（3）在振动区域伴随异常金属啸叫声。噪声主要频率与机组振动频率一致（机组振动测量需要采用加速度振动传感器来进行测量，如采用用于常规振动测量的低频速度振动传感器测量，则无法测得此高频振动），也是 100～500Hz，有时会出现 2 个甚至 2 个以上的主要频率区域，如图 6.27 所示，且幅值随机组负荷的变化趋势也与顶盖振动基本相同。

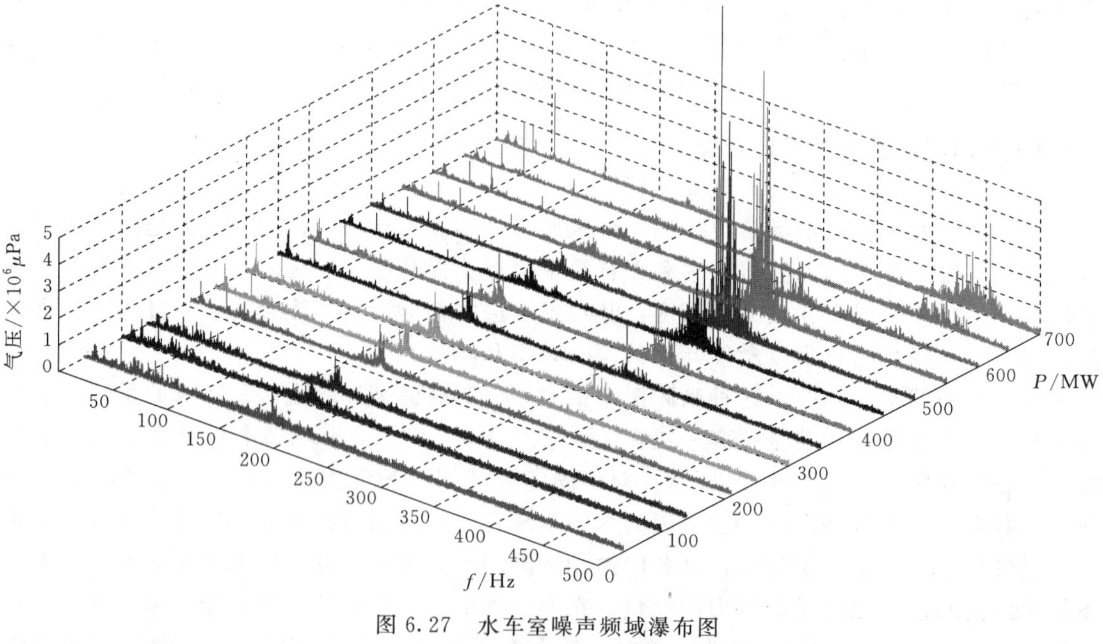

图 6.27　水车室噪声频域瀑布图

通过对以上 3 个卡门涡诱发的机组振动和噪声的分析判断，可以基本确定水轮机是否存在卡门涡共振问题。

6.2.5　避免或消除卡门涡共振的措施

卡门涡本身的作用能量较小，如果不诱发共振，就不会产生异常噪声，也不会对转轮叶片造成损害。由于转轮叶片或导叶卡门涡具有高频特性，容易诱发转轮叶片或固定导叶产生共振，导致疲劳破坏。能否诱发转轮叶片或固定导叶产生共振，取决于两个条件：①卡门涡频率和叶片或导叶固有频率的比值；②卡门涡的激振幅值。

因此，从理论上讲，避免或消除卡门涡共振的措施主要是：①改变卡门涡的频率，避免卡门涡激振频率与叶片或导叶固有频率重叠；②降低卡门涡的激振幅值，降低叶片或导叶的激振动态荷载。

实际上，对于水轮机转轮叶片，要避免卡门涡激振频率与叶片固有频率的重叠是几乎不可能的。因为转轮叶片固有频率有很多很多阶，且各阶固有频率的间隔较小，频率范围较大。另外，卡门涡频率也是随着机组运行工况的变化在不断改变（包括开停机过程、空载以及不同负荷运行工况等），其可能的频率范围也是比较大的。

因此，要避免或消除卡门涡共振问题就必须要降低卡门涡的激振幅值。在实际工程应用中，一般采取削薄的非对称出水边形状（如图 6.24 中的“5”类型），以提高卡门涡频率，减低卡门涡的激振幅值，达到避免或消除卡门涡共振的效果。

6.2.6　总结和反思

（1）理论上讲，任何具有出水边厚度的绕流体都有卡门涡泄出，卡门涡本身的作用能量较小，如果不诱发共振，就不会引起机组异常振动，也不会对机组造成损害。由于转轮叶片或导叶卡门涡具有高频特性，容易诱发转轮叶片或固定导叶产生共振，导致疲劳破坏。

（2）卡门涡的频率主要取决于叶片出水边的厚度和几何形状、叶片出水边处的相对速度等因素，选择合适的叶片出水边的厚度和几何形状，对消除卡门涡共振问题起到关键性的作用。

（3）卡门涡诱发的机组振动发生在机组运行负荷的局部区域，大多发生在较大负荷区。振动频率为高频，对于转轮叶片一般在 100～500Hz，在振动区域伴随异常金属啸叫声，噪声主要频率与机组振动频率一致，也为 100～500Hz。通过对以上 3 个卡门涡诱发的机组振动和噪声的分析判断，可以基本确定水轮机是否存在卡门涡共振问题。

（4）卡门涡频率和叶片或导叶固有频率的比值以及卡门涡的激振幅值，是诱发卡门涡共振的两个基本条件。在实际工程应用中，一般采取削薄的非对称出水边形状，以提高卡门涡频率，减低卡门涡的激振幅值，达到避免或消除卡门涡共振的效果。

思考	你认为还可以采取哪些工程措施避免或消除卡门涡共振？

参 考 文 献

[1] 曾云，王煜，张成立．非线性水轮发电机组哈密顿系统研究 [J]. 中国电机工程学报，2008 (29)：88 - 92.

[2] PÉREZ - DÍAZ J，SARASÚA J，WILHELMI J. Contribution of a hydraulic short - circuit pumped - storage power plant to the load - frequency regulation of an isolated power system [J]. Int J Elec Power，2014，62：199 - 211.

[3] 郭文成，杨建东，王明疆．基于 Hopf 分岔的变顶高尾水洞水电站水轮机调节系统稳定性研究 [J]. 水利学报，2016；47：189 - 199.

[4] YANG W，YANG J，GUO W，et al. Response time for primary frequency control of hydroelectric generating unit [J]. Int J Elec Power，2016，74：16 - 24.

[5] XU B，CHEN D，ZHANG H，et al. Hamiltonian model and dynamic analyses for a hydro - turbine governing system with fractional item and time - lag [J]. Communications in nonlinear science & numerical simulation，2017，47：35 - 47.

[6] XU B，CHEN D，BEHRENS P，et al. Modeling oscillation modal interaction in a hydroelectric generating system [J]. Energ Convers Manage，2018，174：208 - 217.

[7] XU B，CHEN D，TOLO S，et al. Model validation and stochastic stability of a hydro - turbine governing system under hydraulic excitations [J]. Int J Elec Power，2018，95：156 - 165.

[8] LI H，CHEN D，GAO X，et al. Fast - slow dynamics of a hydropower generation system with multi - time scales [J]. Mech Syst Signal Pr，2018，110：458 - 468.

[9] SHARAFUTDINOV K，RYDIN GORJÃO L，MATTHIAE M，et al. Rotor - angle versus voltage instability in the third - order model for synchronous generators [J]. Chaos：An Interdisciplinary Journal of Nonlinear Science，2018，28：33117.

[10] ZHANG H，CHEN D，WU C，et al. Dynamics analysis of the fast - slow hydro - turbine governing system with different time - scale coupling [J]. Commun Nonlinear Sci，2018，54：136 - 147.

[11] GIL - GONZÁLEZ W，GARCES A，ESCOBAR A. Passivity - based control and stability analysis for hydro - turbine governing systems [J]. Appl Math Model，2019，68：471 - 486.

[12] ZHANG J，MAHMUD A，GOVAERTS W，et al. Sensitivity analysis and low frequency oscillations for bifurcation scenarios in a hydraulic generating system [J]. Renewable Energy，2020，162：334 - 344.

[13] XU B，LI H，CAMPANA PE，et al. Dynamic regulation reliability of a pumped - storage power generating system：Effects of wind power injection [J]. Energy Convers Manage. 2020，222：113226.

[14] TIAN Y，WANG B，CHEN P，et al. Finite - time Takagi - Sugeno fuzzy controller design for hydraulic turbine governing systems with mechanical time delays [J] . Renewable Energy，2021，173：614 - 624

[15] 胡建军，常黎，丁坦，等．一种可逆式机组的鲁棒控制策略研究 [J] . 水电能源科学，2016，34 (11)：142 - 147.

[16] 陈帝伊，杨朋超，马孝义，等．水轮机调节系统的混沌现象分析及控制 [J] . 中国电机工程学报，2011，31 (14)：113 - 120.

[17] 吴道平，鄢波，刘冬，等．适用于水电机组的改进滑模控制策略研究 [J] . 水力发电学报，

2020，39（10）：82－91.

［18］ AMATO，FRANCESCO，ARIOLA，et al. Finite－Time Stability of Linear Time－Varying Systems：Analysis and Controller Design［J］. IEEE Transactions on Automatic Control，2010，55（4）：1003－1008.

［19］ LIANG J，YUAN X，YUAN Y，et al. Nonlinear dynamic analysis and robust controller design for Francis hydraulic turbine regulating system with a straight－tube surge tank［J］. Mechanical Systems and Signal Processing，2017，85：927－946.

［20］ 王斌，王武辉，张诚，等. 水轮机调节系统的非线性模糊预测控制研究［J］. 长江科学院院报，2016，33（12）：148－152.

［21］ ZHANG Y，ZHAO J，ZHANG F，et al. Approximate finite－time control for a class of uncertain nonlinear systems with dynamic compensation［J］. International Journal of Robust and Nonlinear Control，2017，27（18）：4296－4311.

［22］ BIN W，JIANYI X，FENGJIAO W，et al. Finite time takagi－sugeno fuzzy control for hydro－turbine governing system［J］. Journal of Vibration and Control，2016，22（10）：2356－2369.

［23］ GUO W，YANG J. Modeling and dynamic response control for primary frequency regulation of hydro－turbine governing system with surge tank［J］. Renewable Energy，2018，121（6）：173－187.

［24］ MA T，WANG B，ZHANG Z，et al. Takagi－Sugeno fuzzy sampled－data model－based less conservative stability criterion for a Francis hydropower unit′s governing system［J］. IET Renewable Power Generation，2020，14（17）：3508－3517.

［25］ 段开林，张波. 三峡左岸电站 ALSTOM 机组导流板应力试验研究［J］. 水电站机电技术，2007（6）：35－39，73.

［26］ 魏先导. 涡列引起的水轮机叶片振动［J］. 水力发电学报，1989，27（4）：77－85.

［27］ 尹国军，石清华. 大朝山电站水轮机转轮卡门涡共振分析［J］. 水电站机电技术，2005，28（4）：80－82.

［28］ 胡宝玉，张利新，钟光华. 小浪底转轮叶片裂纹产生原因分析及处理措施［J］. 中国水利，2004，510（12）：41－43.

［29］ 高云涛，张敬军，付廷勤. 刘家峡水电厂 1＃水轮机转轮叶片裂纹分析［J］. 大电机电技术，2007，191（2）：42－46.

［30］ 梁明华，任中秋，丁新. 帕图卡Ⅲ水电站水轮机活动导叶振动原因分析与处理［J］. 小水电，2022（3）：49－52.